Farbatlas Meeresfauna
Niedere Tiere

Werner Baumeister

Farbatlas Meeresfauna

Niedere Tiere

Rotes Meer
Indischer Ozean (Malediven)

392 Arten in Wort und Bild
344 Farbfotos

E.U.
VERLAG
EUGEN
ULMER

Farbatlas Meeresfauna
Rotes Meer, Indischer Ozean (Malediven)
in zwei Bänden

Erster Band: Niedere Tiere
Zweiter Band: Fische

Umschlagfotos:
Links Oben: Neopetrolisthes maculatus
Rechts oben: Dendrophyllia sp.
Links unten: Fromia monilis
Rechts unten: Phyllidia indica

Die Deutsche Bibliothek – CIP-Einheitsaufnahme

Baumeister, Werner:
Farbatlas Meeresfauna : Rotes Meer, Indischer Ozean
(Malediven) ; / Werner Baumeister. – Stuttgart
: Ulmer.
NE: HST

Niedere Tiere : Arten in Wort und Bild. – 1993
ISBN 3-8001-7265-8

Wollgrasweg 41, 7000 Stuttgart 70 (Hohenheim)
Printed in Germany
Lektorat: Ulrich Commerell
Herstellung: Otmar Schwerdt
Einbandgestaltung: A. Krugmann, Freiberg am Neckar
Satz: Typobauer, Scharnhausen
Druck und Bindung: Georg Appl, Wemding

Vorwort

Meiner lieben
Frau Maren

Von den tropischen Ländern dieser Erde werden die Länder am Roten Meer, am Indischen Ozean und am Westrand des Pazifiks mit Abstand am häufigsten von europäischen Touristen besucht. Die meisten von Ihnen kommen in diese Länder, um dem kalten Winter ihrer Heimatländer zu entfliehen. Fast immer gehört zu solch einem Tropenurlaub der Strand und das Meer. Weit über 90% der beliebtesten Urlaubshotels liegen denn auch direkt am Meer, nur wenige von ihnen findet man fernab der Küste.
Schon aus diesem Grund kommen die meisten Urlauber früher oder später in direkten oder indirekten Kontakt mit den Lebewesen des Meeres. Ob man nun als Taucher oder Schnorchler zu den häufig vorhandenen Korallenriffen abtaucht, ob man als Strandwanderer nur gelegentlich auf Meerestiere stößt oder ob die Bekanntschaft mit den »Früchten« des Meeres auf dem Fischmarkt oder beim Abendessen stattfindet, immer ist die Neugierde groß und die Frage, um welche Tiere es sich handelt, wo sie herkommen und wie sie leben, stellt sich bald.
Diese Fragen soll der vorliegende Führer so gut wie möglich beantworten – in der gebotenen Kürze. Er ist also gedacht für alle diejenigen, die von der Vielfalt der Meereslebewesen fasziniert sind und die sie näher kennenlernen wollen. Für Taucher, Schnorchler oder Aquarianer ist er unentbehrlich, für alle anderen soll er auch als Anregung dienen, selbst in die Gewässer der Tropen einzutauchen und zum Entdecker zu werden. Zum Entdecker einer Wunderwelt, die ihresgleichen sucht!

Stuttgart, im März 1993
Werner Baumeister

Inhaltsverzeichnis

Vorwort 5
Inhaltsverzeichnis 7
Einleitung 9

Die Indopazifische Riffregion 11
Korallenriffe im Indischen Ozean 11
Wie entsteht ein Korallenriff 12
Benachbarte Lebensräume 15

Die wichtigsten Riffgebiete 17
Das Rote Meer 17
Der Indische Ozean 17

Bedrohte Korallenriffe 19

Meeresfrüchte 22

Die Wirbellosen Tiere 26
Schwämme (Porifera) 27
Hohltiere (Coelenterata) 47
Nesseltiere (Cnidaria) 47
Hydratiere (Hydrozoa) 47
Schirmquallen (Scyphozoa) 54
Blumentiere (Anthozoa) 56
Sechsstrahlige Korallen (Hexacorallia) 56
Dörnchenkorallen (Antipatharia) 56
Zylinderrosen (Ceriantharia) 59
Scheibenanemonen (Corallimorpharia) 61
Krustenanemonen (Zoantharia) 63
Seeanemonen (Actiniaria) 68
Steinkorallen (Madreporaria) 78
Achtstrahlige Korallen (Octocorallia) 124
Röhrenkorallen (Stolonifera) 124
Leder- und Weichkorallen (Alcyonacea) 126
Hornkorallen (Gorgonacea) 145
Seefedern (Pennatulacea) 161
Moostierchen (Bryozoa) 162
Plattwürmer (Plathelminthes) 164
Strudelwürmer (Turbellaria) 164
Igelwürmer (Echiurida) 168
Ringelwürmer (Annelida) 170
Vielborster (Polychaeta) 170
Weichtiere (Mollusca) 178
Käferschnecken (Placophora) 178
Schnecken (Gastropoda) 180
Tintenfische, Kopffüßer (Cephalopoda) 206
Muscheln (Bivalvia) 210
Gliederfüßer (Arthropoda) 223
Krebse (Crustacea) 223
Stachelhäuter (Echinodermata) 259
Haarsterne (Crinoidea) 259
Seegurken (Holothuroidea) 270
Seeigel (Echinoidea) 279
Seesterne (Asteroidea) 294
Schlangensterne (Ophiuroidea) 304
Manteltiere (Tunicata) 307

Literaturverzeichnis 315
Verzeichnis der lateinischen Artnamen 316
Verzeichnis der deutschen Artnamen 319

Küstenlinie der Sinai-Halbinsel bei Sharm-El-Sheikh mit den direkt vorgelagerten Korallenriffen.

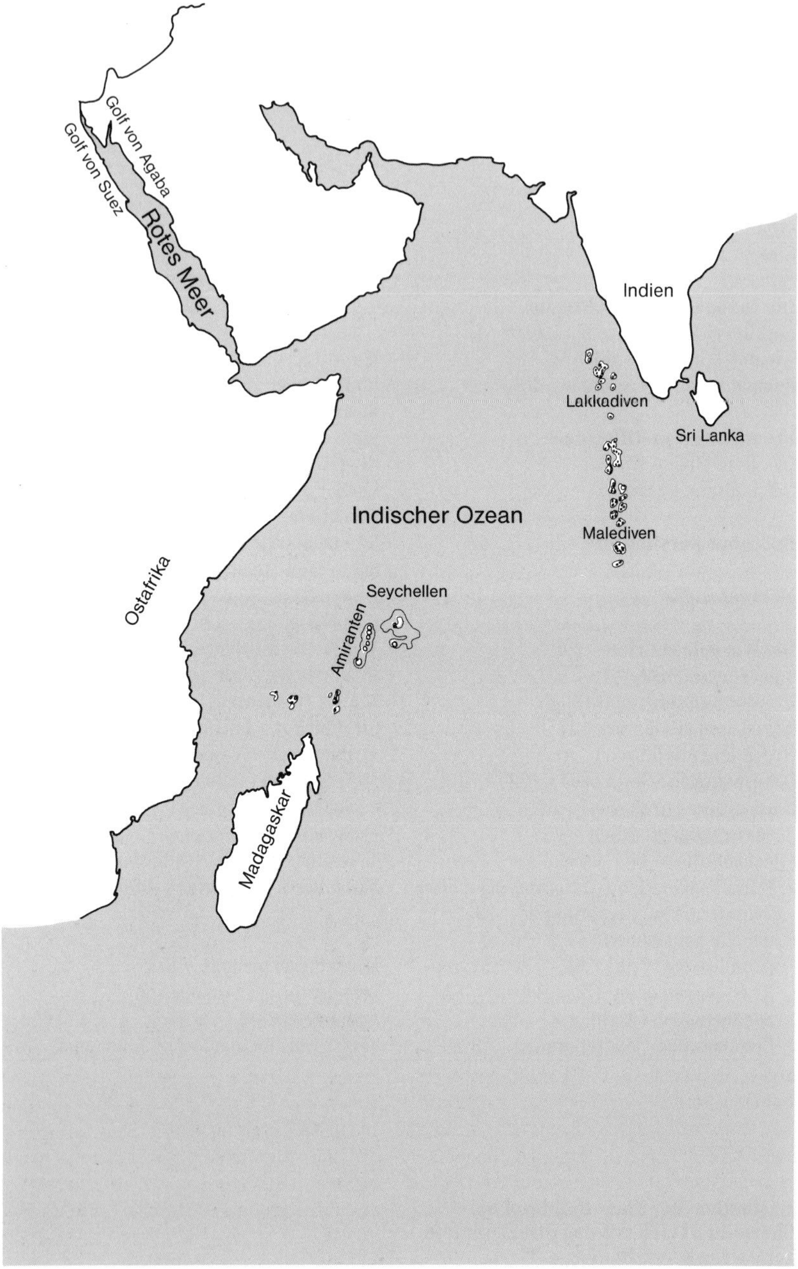
Golf von Suez
Golf von Aqaba
Rotes Meer
Indien
Lakkadiven
Sri Lanka
Malediven
Indischer Ozean
Ostafrika
Seychellen
Amiranten
Madagaskar

Einleitung

Dieser Führer stellt eine Auswahl der wichtigsten Niederen Tiere des westlichen Indischen Ozeans und des Roten Meeres in Wort und Bild vor (s. Karte linke Seite). Die Fauna dieser Meeresgebiete in einem einzigen Feldführer gemeinsam vorzustellen erscheint durchaus vertretbar, da die besprochenen Gebiete biologisch und geographisch eng miteinander verbunden sind und die häufigen Arten dadurch fast im gesamten Gebiet vorkommen.

Natürlich gibt es in vielen Gebieten endemische (d.h. nur dort vorkommende) Arten. Dies gilt besonders für das Rote Meer, das aufgrund seiner etwas isolierteren Lage Endemiten begünstigt, wenn auch in weitaus geringerem Maße als früher angenommen. Auch solche endemischen Arten wurden aufgenommen, wenn sie häufig vorkommen oder besonders auffällig sind.

Was die wichtigsten Arten oder zumindest Gattungen betrifft, so findet man praktisch alle von ihnen in den besprochenen Meeren mehr oder weniger häufig. Ja sogar über diese Gebiete hinaus hat der Führer seine Gültigkeit. So kann auch der Reisende, der z. B. den Zentralpazifik, Hawaii, Neukaledonien oder das australische Barriereriff besucht, regen Gebrauch davon machen. Wenn auch nicht alle besprochenen Arten dort vorkommen, so doch zumindest alle aufgeführten Familien.

Wenn man sich vorstellt, daß allein von den Krebstieren rund 30 000 Arten weltweit vorkommen, so kann man sich leicht ausrechnen, daß in diesem Führer nur ein kleiner Ausschnitt der tatsächlichen Vielfalt aufgezeigt werden kann. Anhand der Fotos und Beschreibungen kann aber, zumindest in den meisten Fällen, die Gattung festgestellt werden. Letztendlich genügt das dem Nichtspezialisten in den meisten Fällen vollauf, da er ohnehin nicht in der Lage ist z. B. alle Garnelenarten zu bestimmen, sondern damit zufrieden ist, wenn er die wichtigsten Arten, z. B. die interessanten Putzergarnelen aus der Familie der Stenopodidae, als solche erkennt und eindeutig von anderen Krebsgruppen unterscheiden kann.

Zur Erleichterung der Tierbestimmung wird jede Familie zunächst einleitend vorgestellt, wobei auf besondere Merkmale und Eigenheiten der jeweiligen Tiere eingegangen wird. Charakteristische Merkmale, die die Unterscheidung und Abgrenzung zu ähnlichen Tiergruppen ermöglichen, werden dabei besonders hervorgehoben. Schließlich wird auf Lebensweise und Verhalten eingegangen, soweit dies für die ganze Tiergruppe typisch ist. Bei den einzelnen Arten werden diese Aspekte dann noch vertieft. Dort wo es möglich und sinnvoll ist, werden im Text weitere Arten aufgeführt und beschrieben. Wenn möglich, wird sowohl der lateinische als auch der deutsche Name aufgeführt. Nicht immer kann aber eine Art eindeutig bestimmt werden. So gibt es z. B. durchaus häufige Weichkorallen, die man aber nur bis zur Gattung einigermaßen exakt bestimmen kann, da zur weiteren Identifikation Gewebeproben benötigt werden. Dies gilt besonders für die Schwämme, aber auch für andere Tiergruppen. Hier muß man sich häufig mit dem Gattungs- oder Familiennamen zufrieden geben (Beispiel: *Alpheus* sp. Das »sp.« steht für Spezies einer bekannten Familie, nämlich die der *Alpheidae*, aber einer unbekannten Art hiervon.). In einigen wenigen Fällen sind sogar Arten aufgeführt, von denen dem Autor weder der Gattungs- noch der Familienname bekannt ist (»Unbekannte Spezies).

Diese Tiere sind aber am Riff teilweise so häufig, daß trotz der fehlenden Angaben auf eine Darstellung nicht verzichtet wurde. Der Autor ist für klärende Angaben hierzu sehr dankbar, denn es ist unmöglich für eine Einzelperson, sämtliche vorhandene Primärliteratur zu allen Tiergruppen ausreichend ausführlich zu beschaffen und durchzuarbeiten. Dort wo auffindbar, wurde der Name des Erstbeschreibers der jeweiligen Art dem lateinischen Namen beigefügt. Für den engagierten Meeresbiologen ist diese Angabe wichtig, denn sie gibt einen Hinweis auf die eindeutige Identität der Art. Leider war dies nur bei wenigen, besser bearbeiteten Tiergruppen konsequent möglich. Für den Naturliebhaber ist diese Angabe unerheblich. Der Spezialist möge mir meine «Oberflächlichkeit» nachsehen. Für ihn ist dieses Buch nicht geschrieben.

Auch die deutschen Bezeichnungen sind nicht für alle Arten vorhanden. Diese Populärnamen ermöglichen aber dem nicht wissenschaftlich arbeitenden Naturliebhaber eher, sich einzelne Arten zu merken. Daher wurden die bislang bekannten deutschen Namen aus der Literatur zusammengetragen und eingebracht. Dort, wo keine deutschen Namen zur Verfügung standen, wurden neue, möglichst gut auf die betreffende Tierart passende hinzugefügt. Es ist dem Verfasser bewußt, daß dies völlig unwissenschaftlich ist und daß der Wert der deutschen Bezeichnungen sehr zweifelhaft ist. Dennoch wird es für alle diejenigen eine Hilfe sein, die sich keine lateinischen Namen merken wollen oder können.

Die Artbeschreibung beginnt mit allgemeinen Angaben zu Farbe, Größe und weiteren äußeren Merkmalen der abgebildeten Art. Auch ähnliche Arten werden aufgeführt und die wichtigsten Unterschiede dargestellt.

Kommen einzelne Arten nur in bestimmten Meeresgebieten vor, so ist dies vermerkt. Beobachtungshinweise sollen außerdem helfen, die verschiedenen Arten in den unterschiedlichen Riffzonen aufzufinden. Wichtig sind daher Hinweise auf den Lebensraum des jeweiligen Tieres, etwa auf den Standort am Riff oder auf die Tiefe, in der die Art typischerweise vorkommt.

Erwähnenswerte Besonderheiten, wie z. B. besondere Verhaltensweisen, gefährliche Eigenschaften oder auffällige Symbiosepartner, werden ebenso beschrieben. Schließlich runden Angaben über die Aquarienhaltung die Beschreibung ab.

Die Indopazifische Riffregion

Korallenriffe im Indischen Ozean

Die Weltmeere bedecken fast 80% der Fläche unseres Planeten. Der Meeresbiologe teilt diese riesigen Wasserflächen und die dort vorkommenden Riffgebiete in zwei große Regionen ein: in die Indopazifische Riffregion (das Rote Meer, den westlichen und östlichen Indischen Ozean, den West-, Ost- und Zentralpazifik und das Barriereriff Australiens) und in die Atlantische Riffregion, zu der die Bermudas, die karibisch-westindische Riffregion, die brasilianische Riffregion und die Riffgebiete Westafrikas gehören.

Diese beiden großen Riffregionen unterscheiden sich aber nicht nur geographisch voneinander, sondern auch durch die jeweils typischen Tierarten und damit auch im Aussehen der Korallenriffe. So kann der Geübte schon anhand von Unterwasseraufnahmen in der Regel erkennen, in welcher Riffregion die betreffenden Fotos gemacht wurden.

Was die biologische Vielfalt betrifft, so ist die Indopazifische Region der Atlantischen Riffregion weit überlegen. Während im ersten Gebiet etwa 2200 Fischarten vorkommen, findet man im atlantischen Bereich nur 600 Arten. Für die große Gruppe der Wirbellosen kann man eine ähnliche Rechnung aufmachen. So kommen in der Indopazifischen Riffregion etwa 500 Korallenarten vor, in der Atlantischen nur etwa 80 (nach SCHUHMACHER 1976). Dies zeigt, daß die hier besprochenen Gebiete zu den artenreichsten Biotopen unserer Welt gehören, an Formenreichtum und Pracht lediglich mit den üppigen tropischen Regenwäldern vergleichbar.

Möglich wird die biologische Vielfalt der Korallenriffe durch viele verschiedene Faktoren. Allein das Vorhandensein der Steinkorallen schafft einen Lebensraum, der durch seine unterschiedliche Strukturierung eine dichte Besiedelung mit Lebewesen hervorragend unterstützt. Der Wechsel von sonnendurchfluteten, dem Licht ausgesetzten und stark beschatteten oder sogar ständig im Dunkel liegenden Abschnitten, das zerklüftete Kalkgestein, das die Korallen produzieren und die dadurch im Überfluß vorhandenen Ritzen, Spalten und Löcher bieten unzähligen Tieren Unterschlupf. Aber nicht nur die Löcher, Risse und Höhlen werden besiedelt, sondern bohrende Organismen, wie z.B. Bohrmuscheln oder -schwämme, schaffen es, sogar das Innere der Korallenskelette zu bewohnen; sie zerstören das Riffgestein von innen und machen es brüchig. Hinzu kommt, daß ein ständiger Konkurrenzkampf um den knappen Platz auf dem Korallenriff stattfindet. Die Korallen machen sich untereinander den Lebensraum streitig, überwuchern einander und werden wieder von konkurrenzstärkeren oder besser an die Lebensumstände angepaßten Bewohnern überwachsen und verdrängt. So sind Korallenriffe einem ständigen Wechsel aus Aufbau, Abbau und Zerstörung unterworfen.

All diese Abhängigkeiten verlangen eine entsprechende Anpassung der einzelnen Lebewesen, die diesen Lebensraum besiedeln wollen. Das Ergebnis ist eine Artenvielfalt, die in Zahlen kaum ausgedrückt werden kann, da viele Arten, vor allem aus dem unüberschaubaren Reich der Wirbellosen, noch gar nicht entdeckt und beschrieben sind. Um diese Vielfalt besser zu begreifen, ist es wichtig, sich einige Gedanken zu den verschiedenen Rifformen und ihrer Entstehung zu machen.

Typisches Saumriff bei Hurghada, Ägypten.

Wie entsteht ein Korallenriff?
Korallenriffe gibt es fast überall, wo das Wasser selbst in der kalten Jahreszeit nicht kälter als 20 °C wird. Aus diesem Grund liegen die nördlichsten Korallenriffe an der Nordspitze des Roten Meeres; die Wassertemperaturen reichen dort gerade noch für ein üppiges Korallenwachstum aus. Außerdem benötigen Steinkorallen aber klares, sauberes Wasser und viel Licht sowie einen festen Untergrund, auf dem sie siedeln können. Daher finden wir z. B. an reinen Sandküsten keine Korallenriffe.
Es gibt vier verschiedene Formen von Korallenriffen, die sich aufgrund ihrer Entstehung voneinander unterscheiden. Die häufigste Form ist das **Saumriff**, das Küsten und Inseln wie mit einem Saum umgibt. Die Korallenpolypen siedeln sich als Larven auf festem, hartem Untergrund an und wachsen dann möglichst nahe an der Wasseroberfläche in Richtung offenes Meer. Dabei werden sie immer wieder neu von Larven besiedelt und überwuchert. So schiebt sich das Riff langsam meerseits. Das Wachstum endet erst, wenn das Wasser schließlich so tief wird, daß die unteren Korallenstöcke nicht mehr genug Licht erhalten um den kleinen, symbiotisch lebenden Algen, den Zooxanthellen, die Photosynthese zu ermöglichen. Nach einiger Zeit sterben auch die Korallen direkt am Ufer ab, da sie bei Ebbe häufig trockenliegen und auch nicht mehr ausreichend mit Nahrung versorgt werden, wie die weiter außen liegenden Teile des Riffs. Es bildet sich eine sandige **Lagune**, die sich mit der Zeit durch Erosion eintieft. Ist sie tief genug, so wächst hier bald Seegras, und ein eigenes Biotop bildet sich (siehe Seite 15). Häufig entstehen starke Strömungen in diesen Lagunen, die mit dem offenen Meer durch mehr oder weniger schmale Durchlässe (Riffkanäle) verbunden sind. Von der Lagune aus in Richtung des Meeres trifft

Bei Ebbe trockengefallenes Riffdach (Mombasa, Kenia).

man auf das geschützte **Rückriff**. Hier leben empfindlichere Arten, wie bizarre, verzweigte Steinkorallen oder Weichkorallen, also Tiere, die die Brandung am Außenriff nicht vertragen. Auch viele Jungfische finden dort Zuflucht. An das Rückriff schließt sich das **Riffdach** an. Bei Ebbe liegen häufig Teile davon trocken, und es bilden sich Ebbetümpel. Sie bergen reiches Leben, da sich all die Tiere dorthin zurückziehen, die das Riffdach nicht rechtzeitig verlassen konnten. Sie verbergen sich unter Steinen, um der oft gnadenlosen Hitze zu entgehen, denn in Ebbetümpeln herrschen extreme Bedingungen. Nach längerer Sonneneinstrahlung können die Wassertemperaturen dort auf über 40 °C ansteigen.

Am meerseitigen Rand des Riffs, dem **Vorriff**, trifft die Brandung mit ihrer ganzen Gewalt auf die Korallen. Die Sauerstoff- und Planktonversorgung ist hier optimal; die Korallen wachsen besonders üppig. Immer wieder werden aber durch große Wellen und bei Stürmen Korallenstöcke abgeschlagen und fallen hinunter an den Fuß des Riffs, wo sie die artenreiche **Schuttzone** bildet. An die Schuttzone schließt sich meist ein größeres Sandareal an, das langsam auf größere Tiefe abfällt. Hier gibt es zwar weniger Arten als am Riff direkt, aber gerade sie können besonders interessant sein. Für Taucher ist dieses Gebiet oft schon zu tief.

Die Form eines Riffs wird aber auch von anderen Faktoren beeinflußt. So können Schwankungen des Wasserspiegels durch die Eiszeiten (sinkender Wasserspiegel, da Wasser als Eis gebunden wird) oder durch das Abschmelzen der Polkappen in Warmzeiten (steigender Wasserspiegel) die Gestalt von Korallenriffen prägen. Es entstehen durch sinkenden Wasserspiegel und dadurch trockenfallende Korallenriffe oft hohe Steilküsten, die erst bei näherer Betrachtung als massive fossile Korallenriffe

Eine Insel im Nord-Male-Atoll (Malediven).

identifiziert werden können. Die an steilen Korallenriffen unter Wasser oft vorhandenen , langgezogenen Höhlensysteme sind häufig Brandungskehlen, die das Wasser in den Korallenfels grub, als der Wasserspiegel an dieser Stelle noch tiefer lag.
Alle die für das Saumriff beschriebenen Riffzonen kann man in mehr oder weniger veränderter Form auch bei den nachfolgenden anderen Rifftypen erkennen. Keineswegs muß ein Korallenriff aber aus all diesen Zonen bestehen. Je nach Entwicklungszustand des Riffs oder den äußeren Umständen, wie Strömungen, Gezeiten, Klima etc., kann diese Zonierung in weitem Rahmen variieren. So findet man durchaus Riffe, denen eine Lagune und ein Rückriff fehlt. Andere Riffe bestehen aus ausgedehnten Lagunen mit einem winzigen meerseitigen Saum lebender Korallen. Wieder andere Riffe fallen senkrecht in scheinbar endlose Tiefen ab (Drop-Offs), ohne daß ein Vorriff oder eine Schuttzone zu unterscheiden wären. Viele Riffe haben ein Riffdach, daß so tief liegt, daß es bei Ebbe nie trockenfällt. Manche Riffe fallen nur bei extremen Niedrigebben trocken, wieder andere bei jeder Ebbe mehr oder weniger. Dies hängt vor allem auch damit zusammen, daß in den verschiedenen Riffgebieten sehr unterschiedlich starke Tidenschwankungen vorkommen. Im Roten Meer schwankt der Wasserspiegel zwischen Ebbe und Flut um kaum mehr als 40 cm, vor der Küste Kenias um weit über zwei Meter. Allein schon dadurch entwickelt sich sehr ungleiches Leben auf dem Riffdach der verschiedenen Riffe.
Das **Barriereriff** entsteht an einer seichteren Stelle des Kontinentalschelfrands, meist weitab vom Festland. Ein typisches Beispiel ist das Große Barriereriff vor der australischen Ostküste.
An Stellen im offenen Meer, an denen der Meeresboden bis dicht unter die Wasser-

Ausgedehnte Seegraswiese bei Kilifi, Kenia.

oberfläche emporragt, können sich ebenfalls Korallenlarven ansiedeln. Man nennt diese Riffe **Plattformriffe**. Äußerlich sind sie kaum von Barriereriffen zu unterscheiden.

Atolle sind Saumriffe, die sich um Inseln herum ansiedeln. Durch das langsame Absinken solcher Inseln werden diese Riffe gezwungen, nach oben weiterzuwachsen. Verläuft das Absinken der Insel so langsam, daß die Korallen mit dem Wachstum nachkommen, so entsteht ein Atoll. In der Mitte des Riffs sind die Lebensbedingungen für die Korallen schlechter, und durch Bioerosion wird hier das Riff langsam zerstört. Es entsteht eine Vertiefung, die dem Atoll die charakteristische Form verleiht. Atolle kennt man zum Beispiel von den Malediven oder aus dem Pazifik; sie besitzen oft riesige Ausdehnungen. Die Atolle der Malediven z. B. können einen Durchmesser von über 100 Kilometern erreichen.

Benachbarte Lebensräume

Seegraswiesen gehören zu den artenreichsten Biotopen überhaupt. Unzählige Lebewesen verstecken sich zwischen den Blättern und Wurzeln der Seegräser, die die einzigen Vertreter der Blütenpflanzen im Meer sind. Wie in einem Hochhaus sind hier alle Etagen dicht besiedelt. Angefangen von den Blattspitzen und Blättern, auf denen epiphytische Tiere und Pflanzen leben, bis hinunter zu den dichten, filzigen Wurzeln, die vielfältigen Lebewesen Unterschlupf bieten, ist jede Nische bewohnt. Am bekanntesten sind sicher die Seepferdchen und Seenadeln, die im Dschungel der Seegraswiese kaum auffallen. Verschiedene Garnelen und andere Krebse verstecken sich hier tagsüber und durchstreifen bei Nacht die an Nahrung reichen Areale, die nicht vom Seegras eingenommen werden. Auf dem Boden zwischen den Seegräsern finden sich verschiedene Muscheln und Schnecken. Farb-

Die Mangrovenart Avicennia marina dringt am weitesten ins Meer vor.

lich sind die Bewohner der Seegraswiesen meist gut an ihre Umgebung angepaßt. Dies macht sie gegenüber den farbenprächtigen Riffbewohnern äußerlich weniger attraktiv. Ihr Verhalten ist aber oft so interessant, das dieser Nachteil leicht aufgewogen wird.

In der Nähe von Korallenriffen findet man häufig **Mangroven**. Sie sind salztolerante, meist niedrig wachsende Bäume, die vor allem an Flußmündungen und Meeresarmen große Flächen bedecken können. Bei Flut werden diese Gebiete mehr oder weniger stark überschwemmt. Zwischen den Wurzeln der Mangroven setzt sich mit der Zeit Sand und Schlamm ab. So entsteht ein interessanter Lebensraum, der in enger Beziehung zu den Korallenriffen steht, da hier viele Larven und Jungtiere von Fischen und Wirbellosen aufwachsen. Das Mangal, wie die Mangrovenwälder auch genannt werden, ist außerdem für die angrenzenden Gebiete besonders wichtig, da es wie die Korallenriffe als effektiver Küstenschutz wirkt und zudem auch Holz und Nahrung für die anliegenden Bewohner liefert.

Die nördliche Verbreitungsgrenze der Mangrovevorkommen deckt sich mit dem Vorkommen von Korallenriffen.

Auch **Sandstrände** können reiches Leben bergen. Man findet zwar keine große Artenvielfalt, da die Lebensbedingungen doch recht gleichförmig sind, die Individuendichte ist aber oft hoch. Typisch sind die Reiterkrabben, die ihre Wohnlöcher über der Wasserlinie bauen (s. Seite 225). Zwischen den Sandkörnern leben ebenfalls zahlreiche Tiere (Sandlückenfauna), die aber meist sehr klein sind. Auch für das bloße Auge sichtbar sind aber die vielen verschiedenen Seeigel, die im Sand eingegraben leben und deren Gehäuse man gelegentlich angeschwemmt finden kann (Sanddollar, s. Seite 293). Auch eine Vielzahl von Muscheln und Schnecken leben im Sand.

Die wichtigsten Riffgebiete

Das Rote Meer
Das Rote Meer nimmt eine gewisse Sonderstellung ein. Vor allem die Nordspitze – der Golf von Aqaba und der Golf von Suez – liegen schon am Rande der gemäßigten Breiten. Nur durch die hohen Lufttemperaturen im Sommer und durch eine kräftige Umwälzung des gesamten Meeres kann sich das Wasser so erwärmen, daß es im Winter nicht wesentlich kälter als 20 °C wird und dadurch reiches Korallenwachstum ermöglicht. Das Rote Meer stellt somit auch die nördliche Verbreitungsgrenze von riffbildenden Steinkorallen dar.
Es ist Teil des afrikanischen Grabenbruchs, des »Rift Valley«. Nur an zwei Stellen steht es mit anderen Meeren in Verbindung. In nördlicher Richtung ist es durch den Suezkanal mit dem Mittelmeer verbunden, in südlicher Richtung bildet die Straße von Bab El Mandeb die einzige Verbindung zum Indischen Ozean. Da diese Meerenge nur 27 km breit ist, hält sich der Wasseraustausch in Grenzen. Das Rote Meer ist aus diesem Grund fast schon ein Binnenmeer und hat aufgrund der hohen Verdunstung – es ist umgeben von heißen und trockenen Wüstengebieten – einen höheren Salzgehalt (42‰) als der Indische Ozean (38‰). Es ist 2200 km lang, aber an der breitesten Stelle nur etwa 350 km breit. Dennoch erreicht es eine Maximaltiefe von 2600 m.
Das Rote Meer, und hier vor allem der Golf von Aqaba und die Sinai-Halbinsel, sind bei Tauchern und Schnorchlern besonders beliebt, da die Küsten von flachen, fast bis an die Oberfläche emporragenden Saumriffen gesäumt sind. Da der Schelf sehr schmal ist, fallen diese Riffe schnell in große Tiefen ab. Die Korallenriffe des Roten Meeres gehören zu den schönsten und artenreichsten der Welt.

Der Indische Ozean
Die wichtigsten Riffgebiete des Indischen Ozeans liegen an und vor der ostafrikanischen Küste, um die Insel Madagaskar und die vielen kleineren Inseln von Réunion bis zu den Seychellen, vor allem aber um die Malediven und Lakkadiven bis Sri Lanka. Hier endet der westliche Indische Ozean und es beginnt der östliche Teil, der sich von den Andamen und Nikobaren über den westlichen Teil der asiatischen Inseln bis nach Westaustralien erstreckt. In diesem Buch soll der westliche Indische Ozean aber nicht eigens besprochen werden, da er sich über ein riesiges Gebiet mit einer teilweise abweichenden Fauna und Flora erstreckt, deren Abhandlung den Rahmen dieses Buches sprengen würde. Dennoch kommen die meisten hier besprochenen Tierarten auch in diesem Gebiet vor.
Vor der Küste Kenias und Tanzanias liegen ausgedehnte Saumriffe, die, wenn sie direkt vom Ufer ausgehen, bei Ebbe trockenfallen können, da die Ebbe-Flut-Schwankungen hier relativ groß sind. Typisch für diese Riffgebiete sind die ausgeprägten Unterschiede in der Wasserqualität zwischen Winter und Sommer. Im Winter (von Oktober bis Februar) ist das Tauchen und Schnorcheln ein Genuß, denn die Strömungen sind schwach und das Wasser ist klar. Im Sommer, wenn überall in Ostafrika die Regenzeit herrscht, ist das Wasser trüb und die Strömungen nehmen zu. Vor allem das sedimentbelastete Wasser aus den Flußmündungen und ebenfalls trübes Wasser aus dem nördlichen Indischen Ozean sorgen dann für Bedingungen, die das Tauchen erheblich erschweren und die Sicht unter Wasser verschlechtern. Im Winter sind diese Riffgebiete jedoch wunderschön, zumal man hier die Gelegen-

heit hat, auch größere Tiere zu sehen, da das Wasser verglichen mit den Riffgebieten im Roten Meer oder bei den Malediven relativ planktonreich ist. Typisch für die ostafrikanische Küste sind auch die Mangrovegebiete in der Umgebung der Riffe, besonders an Flußmündungen und Meeresarmen.

Beliebte Tauchgebiete sind auch die Seychellen, die weit vor der ostafrikanischen Küste liegen und sich durch klares Wasser und schöne, fischreiche Riffe auszeichnen. Die meisten der etwa 80 Inseln und Inselchen sind aus Granit aufgebaut, was eine Besonderheit der Seychellen ist. Diese größeren Inseln sind reich bewaldet und durch ihre landschaftliche Eigenart von großem Reiz. Die kleineren Inseln sind meist Koralleninseln, doch auch die touristisch erschlossenen Granitinseln sind von Saumriffen umgeben.

Eine herausragende Rolle spielen aber die Malediven, die in den letzten Jahren zum bevorzugten Reiseziel für Taucher und Schnorchler geworden sind. Sie bestehen aus 19 großen Atollen, die einen Durchmesser von weit über 50 Kilometer erreichen können. Auf den sich bis zur Wasseroberfläche erhebenden Ringen dieser Atolle sind die etwa 800 kleinen und kleinsten Inseln wie Perlen auf einer Kette aneinandergereiht. Nur verhältnismäßig wenige Inseln sind bewohnt, noch weniger für den Tourismus freigegegeben. Alle Malediven-Inseln sind reine Koralleninseln, die aus Korallenkalk, Korallensandsteinen und Korallensand aufgebaut sind. Um die Inseln erstrekken sich mit die schönsten und artenreichsten Korallenriffe, die wir kennen. Zusammen mit den Inseln im Zentralpazifik sind die Malediven **die** klassischen Atollinseln der Erde. Das Wort Atoll leitet sich denn auch vom maledivischen »Atolu« ab.

Die anderen Riffgebiete im westlichen Indischen Ozean werden eher sporadisch bereist und sind touristisch noch lange nicht so erschlossen, wie die bisher genannten Gebiete. Auch sie weisen teilweise wunderschöne Korallenriffe auf – man denke nur an die selten bereisten Lakkadiven oder an die Riffe um Mauritius und Madagaskar. Von der Unterwasserwelt aus betrachtet sind sie trotz etlicher endemischer Arten dennoch den bisher erwähnten Tauchgebieten ähnlich. In diesem Zusammenhang muß aber erwähnt werden, daß selbst dicht beieinander liegende Korallenriffe, beispielsweise an der Luv- und an der Leeseite einer kleinen Koralleninsel, eine völlig unterschiedliche Fauna und Flora aufweisen können. Dementsprechend können dann weiter entfernte Riffe, obwohl sie zum selben Riffgebiet gehören, einen völlig anderen Charakter haben. Es lohnt sich also, mit dem Boot verschiedene Riffe desselben Gebiets anzufahren. Keines von ihnen wird völlig gleich sein.

Bedrohte Korallenriffe

Wie alle empfindlichen und komplexen Lebensräume unserer Erde, so sind auch die Korallenriffe von der fortschreitenden Umweltverschmutzung in hohem Maße bedroht. Der Grad der Schädigung ist sehr unterschiedlich und auf viele verschiedene Faktoren zurückzuführen.

Ganz allgemein ist die Verschmutzung der Weltmeere durch Einleitungen wie Öl, Abwasser und Chemikalien ein vorrangiges Problem. Zwar spielt die Schmutzfracht von Flüssen bei den Korallenriffen keine so große Rolle wie z. B. am Mittelmeer, da Riffe selten an Flußmündungen liegen, es gibt aber eine Vielzahl anderer Verschmutzungen, auf die die Korallen sehr empfindlich reagieren. Hierzu gehört vor allem die Überdüngung des Wassers durch die Einleitung von Fäkalien (Hotelabwässer) oder der Staub von Düngemitteln, der beim Verladen auf Schiffe entstehen kann (Phosphat-Verladung im Golf von Aqaba). An der kenianischen Küste können Abwässer aus der Sisalproduktion dasselbe bewirken. Durch die lokale Überdüngung des Wassers explodiert das ansonsten durch die übliche Nährstoffarmut der klaren Gewässer um die Korallenriffe eher geringe Algenwachstum und überwuchert und erstickt die Steinkorallen regelrecht. Diesem Problem kann nur durch das Klären der Abwässer entgegengewirkt werden. In den Entwicklungsländern selbst ist dafür kein Geld vorhanden.

Nach wie vor lassen skrupellose Kapitäne ihr Altöl auf hoher See ab. Gelangt es in Küstennähe, verschmutzt es auch die Korallenriffe und schädigt sie über viele Jahre hinweg. Der Golfkrieg zeigte die Folgen der Ölverschmutzung drastisch. Die Riffe im Meer vor Kuwait werden wohl Jahrzehnte brauchen, um sich von dieser Katastrophe zu erholen. Doch auch einer der immer wieder stattfindenden Tankerunfälle hätte in bestimmten Meeresgebieten schwerwiegende Folgen. Besonders das empfindliche, weil schlecht mit Frischwasser versorgte Rote Meer ist Durchgangspassage für Schiffstransporte in den Indischen Ozean. Viele Öltanker fahren außerdem von den Fördergebieten durch den Suez-Kanal nach Europa. Es ist nur eine Frage der Zeit, bis hier eine Katastrophe größeren Ausmaßes geschieht.

Aber auch viel banalere Eingriffe können das Korallenriff beeinträchtigen. Die Fischerei mit Dynamit war lange Zeit übliche Praxis in den arabischen Staaten oder in Asien (aber auch im Mittelmeer). Durch die Explosionen werden alle Tiere im Einzugsbereich der Druckwelle getötet; nur ein Bruchteil davon kann genutzt werden. Solche leergefischten Riffe wirken auf den ersten Blick äußerlich intakt, sind aber aller größeren Fische beraubt. Inzwischen ist das Dynamitfischen streng verboten. Dennoch wird es in abgelegenen Gebieten weiterhin praktiziert.

Das gleiche gilt für die Praxis, im Golf von Aqaba in unregelmäßigen Abständen Wasserbomben gegen feindliche Kampftaucher zur Detonation zu bringen. Jeder, der nachts dort schon einmal getaucht hat, kennt das beängstigende Gefühl, das die Druckwelle und der Knall verursachen. Solche Gegenden werden von Großfischen stets gemieden. Die ökologischen Folgen sind verheerend.

Doch auch Taucher selbst beteiligen sich an der Zerstörung der Riffe. Es kann nur immer wieder darauf hingewiesen werden, daß Anfänger ohne erfahrene Begleitung in einem Korallenriff nichts zu suchen haben. Erst der fortgeschrittene Taucher, der in der

Auf den Malediven werden Korallenbrocken aus dem Riff zum Hausbau verwendet (Insel Ellaidhoo).

Lage ist, sich einwandfrei auszutarieren, kann das unfreiwillige Zerbrechen von Korallen einigermaßen sicher vermeiden. Tauchschulen sollten ihre Kurse in sandigen Lagunen durchführen und nicht in unmittelbarer Nähe des Riffs. Die ersten Tauchgänge der Neulinge sollten nicht über sondern entlang der Riffe führen.

Zum schonenden Tauchen gehört auch, daß nichts unnötig angefaßt wird. Bereits die Berührung von Steinkorallen mit den Fingern zerstört einen kleinen Teil der schützenden Schleimschicht, die die Tiere überzieht. Hier können nun Parasiten oder bohrende Organismen leichter angreifen und ihr zerstörendes Werk beginnen.

Häufig wird dem Fang von Aquarientieren die Schuld an geschädigten Korallenriffen angelastet. Früher wurde teilweise mit Gift gefischt und die Tiere starben oft schon beim Transport. Entsprechend hoch waren die Ausfallquoten. Die heutigen Fangstationen, ausnahmslos staatlich lizensierte Betriebe, bemühen sich aber, mit den geringstmöglichen Verlusten zu arbeiten, schon, um ihre Einnahmequelle auf Dauer zu sichern. Die für die Aquaristik geeigneten Tiere kommen ohnehin meist sehr häufig vor und reagieren auf die Entnahme durch stärkere Vermehrung. Seltene oder ungeeignete Arten unterliegen inzwischen strengen Beschränkungen. Selbstbeschränkungen der Zoobranche allein genügen aber nicht, um bedrohte Meerestiere zu schützen. Fang und Export müssen kontrolliert, Exporteure mit zu hohen Ausfallquoten bestraft werden. Verglichen mit den Mengen an Meerstieren, die für die menschliche Ernährung gefangen werden, spielt der Fang für aquaristische Zwecke aber eine geringe Rolle.

Daher ist nicht einzusehen, warum es in Zukunft den Aquarianern nicht mehr möglich sein soll, Meerstiere in Aquarien zu halten. Gerade diejenigen, die sich intensiv mit Fischen und Wirbellosen aus dem Meer beschäftigen, sind am ehesten bereit, auch für ihren Schutz einzutreten. Ohnehin sind viele Tierarten nur deshalb der Wissenschaft bekannt, weil sie für die Aquaristik eingeführt und von engagierten Aquarianern beobachtet und beschrieben wurden. Die Einheimischen achten auf die unversehrte Existenz der Korallenriffe erst in größerem Maße, seit sie bemerkt haben, daß damit Geld zu verdienen ist.

Wesentlich folgenreicher ist die Entnahme von lebendem Korallengestein für Bauzwecke. Bei diesem Abbau, der teilweise mit schwerem Gerät durchgeführt wird, werden die Riffe irreparabel zerstört. Solange dieses Baumaterial nur für die Häuser der Einheimischen verwendet wird, fällt es schwer, diese Praxis zu verurteilen. Leider werden aber auch die Touristenbungalows aus diesem Material gebaut. Für wenige Mark Aufschlag auf den Reisepreis könnte ein Transportschiff eine für Jahre ausreichende Ladung geeigneter Bausteine in das betreffende Gebiet (vor allem die Malediven) schaffen. Bislang hat sich jedoch noch niemand die Mühe gemacht, dies durchzusetzen, obwohl nach Umfragen die meisten Touristen gerne bereit wären, einen zusätzlichen Aufschlag zu bezahlen, wenn sichergestellt wäre, daß er für den Umweltschutz verwendet würde.

In den letzten Jahren machte besonders eine Erkrankung der Korallen von sich reden, die »Korallenbleiche« (coral bleaching). Lange Zeit war völlig unklar, was die Ursache dieser Krankheit ist. Inzwischen scheint klar zu sein, daß – außer der allgemeinen Umweltverschmutzung – der Hauptgrund eine Erwärmung des Meerwassers ist, ausgelöst durch das El-niño-Phänomen. Diese warme Strömung verursacht bei ihrem unregelmäßig alle paar Jahre stattfindenden Auftreten ungeahnte Klimaänderungen, deren Folgen oft verheerend sind.

Da El-niño in den letzten Jahren mehrfach »zuschlug«, hat sich das Meerwasser weltweit, vor allem aber in den Riffgebieten der Karibik, um mehrere Grad erwärmt. Dies führte teilweise zu einem Absterben der die Korallen begleitenden Zooxanthellen (s. Seite 78) und damit zum Ausbleichen der Korallenstöcke. Kehren die symbiontischen Algen nicht schnell genug zurück, muß die Koralle absterben.

Bei den Nachforschungen zur Korallenbleiche wurde noch eine weitere Krankheit der Korallen entdeckt. Die »Black-Band-Disease« ist eine Viruserkrankung, die sich als dunkles Band über der Koralle ausbreitet und sie abtötet. Auch hier sind die Ursachen nicht eindeutig und vermutlich auf die allgemein verschlechterten Umweltbedingungen zurückzuführen, die den Virus begünstigen.

Die Bedrohung der Korallenriffe ist also global und nur ein Symptom der fortschreitenden Umweltzerstörung, deren Hauptschuldiger der Mensch selbst ist. Der vernünftige und schonende Umgang mit unserer Umwelt ist also gefordert. Besonders für alle diejenigen, die auch weiterhin von der Natur profitieren und die sie genießen wollen, und hierzu gehören gerade Taucher und Aquarianer. Am Urlaubsort selbst kann schon einiges getan werden. So muß der mitgenommene Müll – Sonnenölflaschen, Batterien etc. – wieder mit nach Hause genommen werden, wo er fachgerecht entsorgt oder recycled werden kann; in den Urlaubsländern wird er sonst schlicht und einfach im Meer versenkt. Hotels mit Kläranlagen werden anderen vorgezogen. Wo möglich, wird auf den unnötigen Verbrauch von Süßwasser, Waschmittel etc. verzichtet. Souvenirs aus dem Meer sind Tabu. Ohnehin werden sie später meist weggeworfen, weil sie sich verfärben oder stinken. Lebende Tiere für die Aquaristik dürfen nur mitgenommen werden, wenn die schriftliche Genehmigung des betreffenden Landes vorliegt.

Wenn alle mithelfen, kann der Lebensraum Korallenriff weiterbestehen. denn ohne ein intaktes Meer ist dieser Planet nicht lebensfähig.

Meeresfrüchte

Auch wer nicht schnorchelt oder taucht, wird an seinem Urlaubsort zumindest auf der Speisekarte mit den verschiedensten Meerestieren konfrontiert, die er nicht kennt. Meist handelt es sich um Fische, daneben aber auch um wirbellose Tiere.

Meeresfrüchte werden oft von einheimischen Fischern angeboten. Auch wenn die Einheimischen sowohl für die eigene Küche wie für den Verkauf auf dem Markt fangen, bekommt man in den meisten tropischen Ländern keine so herrlich bunten und überreichen Fischmärkte zu sehen, wie z. B. in den Fischerstädtchen am Mittelmeer. Dies hängt damit zusammen, daß Fisch – und dies gilt gleichermaßen für die »wirbellosen« Meeresfrüchte – in den heißen Ländern ohne effektive Kühlmöglichkeiten sehr schnell verdirbt und daher meist in irgendeiner Form konserviert wird. Konserviert heißt in den meisten Entwicklungsländern jedoch getrocknet. Da wir Europäer aber nur ungern derartig aufbereiteten Fisch essen, wird sich wohl kaum ein Urlauber auf dem örtlichen Markt mit Fisch eindecken wollen, zumal in den meisten Urlaubshotels, die sich in den Tropen befinden, kaum eigene Kochmöglichkeiten geboten sind.

Die Meeresfrüchte werden uns Urlaubern also meistens fertig zubereitet serviert, und es fällt dann oft schwer, noch zu erkennen, wie das betreffende Tier vorher ausgesehen hat. In den meisten Fällen zeigt der Koch dem Gast das noch nicht verarbeitete Tier jedoch gerne; man muß nur rechtzeitig danach fragen.

Fischmarkt bei Kilifi, Kenia.

Ein Einheimischer hat mit einer primitiven Harpune eine Languste erbeutet (Kenia).

Eigenartigerweise ist die Auswahl an Meeresgetier in vielen Strandhotels oft recht mäßig, was vor allem daran liegt, daß Meeresgebiete mit Korallenriffen und klarem Wasser lange nicht so produktiv sind wie z. B. der kalte und trübe Atlantik oder die Nordsee. Häufig sind Taucher auch nicht besonders an Meerestieren auf dem Teller interessiert, die sie lieber unter Wasser betrachten möchten. Es läßt sich trefflich streiten, ob diese Rücksicht auf die Tierwelt des Riffs berechtigt ist oder nicht. Man muß sich im klaren sein, daß mit und ohne Touristen in den tropischen Ländern einfach alles aus dem Meer verzehrt wird, dessen man habhaft werden kann. Bei den ärmlichen Lebensverhältnissen in diesen Ländern ist es den Menschen dort wohl kaum zu verdenken, wenn sie ihren Eiweißbedarf auf diese Art decken. Und außerdem wird die Hotelleitung oder die ortsansässige Tauchbasis ohnehin darauf achten, daß nicht gerade am Hausriff in großem Stil gefischt wird. Die Touristen sollen ja schließlich wiederkommen. Dennoch tut es manchmal schon weh, wenn der Fischer, der das Hotel versorgt, direkt vor dem Hausriff seine Reußen auslegt, und der herrliche »Lobster«, der jeden Tag an der selben Stelle lag, eines Tages auf Nachbars Tisch steht.

So sind wir damit schon beim beliebtesten Meerestier angekommen, das auf fast jeder besseren Speisekarte in Urlaubshotels zu finden ist. Allerdings ist das englische Wort Lobster schon an ein anderes Tier, nämlich an den Hummer vergeben, der in warmen Gewässern nicht vorkommt, sondern stets in kühlen, besonders aber in kalten Meeren gefangen oder gezüchtet wird. Bei den »Lobstern« auf unserer Speisekarte handelt es sich um Langusten, wovon es etliche Arten gibt (s. Seite 249). Normalerweise schmekken Langusten hervorragend. Leider werden sie manchmal zu lange und nicht sachgemäß

Käfig zum Frischhalten lebender Langusten (Malediven).

eingefroren und schmecken dann oft strohig. Man sollte also auf frisch gefangenen Langusten bestehen. Zu diesem Zweck haben manche Hotels , z. B. auf den Malediven, Langustenkäfige in unmittelbarer Nähe des Hotels versenkt, aus denen die Tiere abends kurz vor der Zubereitung geholt werden. Frischer geht es dann wirklich nicht.

Manchmal erhält man auch sogenannte »Shrimps«, kleine Garnelen, die entweder am Stück oder bereits geschält serviert werden. Glücklicherweise kommen diese Garnelen in größeren Mengen nur an Flußmündungen oder über Schlammflächen in großer Tiefe vor, so daß die wunderschönen Garnelen des Korallenriffs nicht geschädigt werden. In Kenia z. B. werden Garnelen in Farmen gezüchtet und von dort an die Hotels verkauft oder sogar exportiert. Die Zuchttiere stammen übrigens aus Japan, sind also keine echten »Kenianer«.

Damit sind eigentlich schon 99% der wirbellosen Meerestiere besprochen, die am Roten Meer, an der ostafrikanischen Küste, auf den Malediven, den Seychellen oder auf Sri Lanka in den Strandhotels serviert werden. Natürlich kann man noch viele andere Krebse essen, sie werden aber eher nur zufällig angeboten. Gelegentlich gibt es Tintenfisch (s. Seite 206), der fritiert oder gekocht wird. Hier handelt es sich fast immer um *Sepia*-Arten, da der Octopus (*Octopus vulgaris*), an den Gestaden des Mittelmeeres ein häufiges und oft verzehrtes Weichtier, in den Tropen vergleichsweise selten ist. Andere eßbare Meerestiere wird man dagegen auf keiner Hotelspeisekarte finden. So wird vor allem in Asien Trepang gegessen. Dies sind getrocknete Seegurken (s. Seite 270), die durch ein kompliziertes Verfahren entgiftet werden. Kein Europäer wird die schleimige und unappetitlich aussehende Kost vermissen und sie mit Freuden

Diese aufwendige Reusenanlage dient dem Fischfang (Kenia).

den japanischen Touristen überlassen. Das gleiche gilt für Seescheiden, die z. B. von den Mittelmeeranrainern trotz des fürchterlichen Jodgeruchs durchaus verspeist werden. Auch die vor allem in Frankreich beliebten Seeigel, von denen lediglich die orangegelben Gonaden »ausgelöffelt« werden, werden an tropischen Ufern nicht verzehrt. Ob man dies bedauern soll sei dahingestellt. Fraglich ist vor allem, ob sie sehr bekömmlich wären. Dies gilt vor allem für Muscheln, die selbst in kühleren Meeren manchmal völlig ungenießbar sind, da sie als Filtrierer natürlich auch alle Keime einfangen, die im Wasser schweben. In tropischen Ländern ist diese Gefahr durch die hohen Wassertemperaturen noch größer, und so findet man Muscheln nirgends auf dem Fischmarkt, obwohl die Einheimischen durchaus gelegentlich Muscheln oder Schnecken sammeln und dann kochen und essen. Bei den großen Mördermuscheln kann so eine Muschel das Abendessen für eine mehrköpfige Familie sein. Zum Glück lassen sich die großen Exemplare der *Tridacna*-Arten nur mit roher Gewalt vom Riff entfernen; sie werden daher nicht überall gesammelt. Ironischerweise sind diese Muscheln für Meeresaquarianer verboten. Es werden vor allem in Asien zwar riesige Mengen gegessen, die Ausfuhr für aquaristische Zwecke, also lebend, ist jedoch bei Strafe untersagt.

Anders als bei den Wirbellosen sieht es bei den Fischen aus. Hier ist die Auswahl je nach Meeresgebiet oft reichhaltig. Viele wohlschmeckende Fische bekommt auch der Taucher oder Schnorchler zu Gesicht. Die meisten Arten sind aber Hochseefische und werden weit draußen mit Netz oder Angel gefangen. Im Band 2 (Fische) dieses Werkes wird auf Speisefische näher eingegangen.

Die Wirbellosen Tiere

Stammbaum

Um einen Überblick über die hier besprochenen Stämme und Klassen zu ermöglichen und um eine gewisse Hierarchie in der Entwicklung der einzelnen Stämme darzustellen, sind hier alle Stämme und Klassen mit den deutschen und lateinischen Bezeichnungen aufgeführt. Von oben nach unten läßt sich so eine Einteilung von den eher primitiven Schwämmen bis zu den relativ hochentwickelten Seescheiden durchführen. Man sollte sich jedoch davor hüten, bestimmte Tiere wegen ihrer stammesgeschichtlichen »Primitivität« als weniger interessant oder wertvoll einzustufen. Das Gegenteil ist oft der Fall.

Stamm	Klasse
Schwämme (Porifera)	– Kalkschwämme (Calcispongiae) – Hornschwämme (Demospongiae)
Nesseltiere (Cnidaria)	– Hydratiere (Hydrozoa) – Schirmquallen (Scyphozoa) – Blumentiere (Anthozoa)
Plattwürmer (Plathelminthes)	– Strudelwürmer (Turbellaria)
Igelwürmer (Echiurida)	
Ringelwürmer (Annelida)	– Vielborster (Polychaeta)
Weichtiere (Mollusca)	– Käferschnecken (Placophora) – Schnecken (Gastropoda) – Tintenfische (Cephalopoda) – Muscheln (Bivalvia)
Moostierchen (Bryozoa)	
Gliederfüßer (Arthropoda)	– Krebse (Crustacea)
Stachelhäuter (Echinodermata)	– Haarsterne (Crinoidea) – Seegurken (Holothuroidea) – Seeigel (Echinoidea) – Schlangensterne (Ophiuroidea)
Manteltiere (Tunicata)	– Seescheiden (Ascidiacea)

Foto rechts oben:
In einem Schwamm (Callyspongia sp.) verbirgt sich ein Schlangenstern (Ophiotrix purpurea).

Stamm Porifera (Schwämme)

Die Schwämme sind eine vielfältige Gruppe von Tieren, deren Bestimmung trotz der Farbigkeit und den häufig skurrilen Formen oft große Schwierigkeiten bereitet. Es sind etwa 5000 Arten weltweit bekannt, die man in vier Klassen einteilt, wovon aber nur die Calcispongiae (Kalkschwämme) und die Demospongiae (Hornschwämme) von größerer Bedeutung sind.

Der Grundaufbau der Schwämme ist relativ einfach. Sie bestehen aus einem mit feinen Kanälen durchzogenen Gewebe. Alle diese Kanäle enden in einem Hohlraum, der nach außen durch eine mehr oder weniger große Öffnung sichtbar ist (Osculum). Durch die feinen Kanäle, nach außen nur als Poren sichtbar, wird Meerwasser eingestrudelt und filtriert. Die im Wasser vorhandenen Mikroorganismen, die kleiner als 0,01 mm sein müssen, werden als Nahrung verwertet. Das überflüssige Wasser wird durch das Osculum wieder ausgestoßen. Auf diese Art und Weise schaffen es große Schwämme, bis zu 2000 l Wasser pro Tag zu filtrieren.

Schwämme bieten einer Vielzahl von Lebewesen Unterschlupf oder Nahrung. So verkriechen sich kleine Krebse in den Höhlungen, bestimmte Krustenanemonen lassen sich teilweise überwachsen und Nacktschnecken fressen vom Schwammgewebe.

Da Schwämme aufgrund des einfachen Körperbaus sehr vielgestaltig wachsen können – ein und dieselbe Art kann inkrustierend, röhrenförmig oder kugelig geformt sein –, ist es meist schwer, sie eindeutig zu bestimmen. Einziges sicheres Bestimmungsmerkmal sind die kleinen Nädelchen (Spiculae), die in das Gewebe eingelagert und für jede Art charakteristisch geformt sind. Sie können aber nur in einem aufwendigen Verfahren isoliert werden. Für die Unterwasseridentifikation kann man sie also nicht heranziehen. Glücklicherweise gibt es aber etliche Arten, die typisch geformt oder gefärbt sind und die auch der Laie gut erkennen kann.

Klasse Calcispongiae (Kalkschwämme)

Ihre Spiculae sind aus Kalk ($CaCO_3$). Die Tiere sind meist klein, wenig farbig und einfach aufgebaut.

Clathrina clathrus (Schmidt)
Gelber Kalkröhrenschwamm

Familie Clathrinidae

Erkennungsmerkmale: Unverwechselbar sind die blaß- bis leuchtendgelben, fast durchsichtigen, in Knäueln wachsenden dünnen Röhrchen dieses Schwamms. Die Kolonien werden kaum über 10 cm groß.
Verwechslungsmöglichkeiten: Diese Art ist ein Kosmopolit und kommt weltweit vor.
Lebensraum: Stets unter Überhängen und in Höhlen. Fällt durch die leuchtend-schwefelgelbe Färbung sofort auf.
Besonderheiten: Dieser Schwamm besteht im Gegensatz zu den vorgenannten Arten nicht aus dem hornigen Spongin und besitzt daher das den Schwämmen typische Skelett nicht. Die Sklerite sind aus Kalk (Kalkschwämme), aber so dünn, daß der Schwamm durchscheinend wirkt.

Klasse Demospongiae (Hornschwämme)

Fast alle Schwämme, die man beim Schnorcheln oder Tauchen sieht, gehören zu den Hornschwämmen. Ihre Spiculae sind aus Kieselsäure und Spongin, einer kollagenähnlichen Substanz. Dieses Spongin kennt man vom Badeschwamm, dessen Skelett durch diese Substanz elastisch ist. Um einen Badeschwamm herzustellen werden die abgeernteten Schwammkolonien der Sonne ausgesetzt, bis das lebende Gewebe völlig abgestorben ist. Durch mehrfaches Auswaschen wird der Schwamm bzw. das übriggebliebene Skelett weich und geschmeidig. Tropische Schwämme sind als Badeschwämme meist nicht geeignet.

Axinella sp.
Roter Buschschwamm

Familie Axinellidae

Erkennungsmerkmale: Dieser Schwamm fällt durch seine feuerrote Farbe, aber auch durch die charakteristische buschige Form auf. Die unregelmäßig dicken Äste gehen von einer gemeinsamen Basis aus und besitzen leicht erhabene, gut erkennbare Osculii. Die Gesamthöhe beträgt etwa 15 cm.
Verwechslungsmöglichkeiten: Ähnlich ist *Axinella carteri*. Diese Art ist aber rostrot und hat völlig miteinander verwachsene Äste. Beide Arten sind im Indischen Ozean weit verbreitet, im Roten Meer aber eher selten. Auch *Acanthella*-Arten sehen ähnlich aus, sind aber ebenfalls rostrot.
Lebensraum: Ab 15 m Tiefe auf dem Korallenriff an lichtgeschützten Stellen. Stets freistehend.
Besonderheiten: Viele Schwämme sind rot oder braunrot gefärbt. Die meisten dieser Arten werden von Algen oder anderem Aufwuchs, wie Hydrozoen, Moostierchen oder andere Schwämme, gemieden. Die Gründe hierfür sind noch nicht gänzlich erforscht. Man weiß aber, daß sich viele Schwämme durch besondere chemische Substanzen vor solch unliebsamemAufwuchs, der die Funktion der Körperoberfläche der Schwammkolonie beeinträchtigen kann, schützen. Solche vom Schwamm selbst hergestellten Stoffe sind meist Fraßgifte, die zumindest den Freßfeind abschrecken. Dennoch gibt es z. B. einige Fische (*Holacanthus*-, *Pomacanthus*- und *Cantherines*-Arten), die sich auf bestimmte Schwammarten regelrecht spezialisiert haben oder wenigstens ab und zu von ihnen fressen. Auch die Karettschildkröte (*Eretmochelis imbricata*) ernährt sich laut MEBS (1989) fast ausschließlich von Schwämmen.
Aquarienhaltung: Ungeeignet ,da lichtempfindlich. Veralgt leicht.

Acanthella carteri
Orangefarbener Riffschwamm

Acanthella aurantiaca
Glatter Riffschwamm

Familie Axinellidae

Erkennungsmerkmale: *Acanthella carteri* bildet unregelmäßig geformte, klobige Zweige, die eine grobe, körnige Struktur aufweisen. Die relativ kleinen Osculii sind in den Falten und Zacken der Oberfläche verborgen und ungleichmäßig über die ganze Tierkolonie verstreut. Die Farbe ist stets ein kräftiges gelborange. Bis 25 cm. *Acanthella aurantiaca* (kleines Bild) ist ähnlich geformt, hat aber eine glatte, mit runden Wülsten bedeckte Oberfläche und endständige, deutlich sichtbare Osculii.
Verwechslungsmöglichkeiten: Die Gattung *Acanthella* hat viele ähnliche Vertreter, die man nur schwer unterscheiden kann.

Lebensraum: Ab etwa 8 m auf festem Untergrund, meist einzeln freistehend zwischen anderen sessilen Riffbewohnern. Gelegentlich in Korallen etc. eingebettet.
Besonderheiten: Diese Schwämme werden fast nie von Epibionten besiedelt.
Aquarienhaltung: Vermutlich ungeeignet. Wird leider wegen der schönen Färbung immer wieder eingeführt.

Großes Bild: Acanthella carteri;
kleines Bild: Acanthella aurantiaca.

Homaxinella sp.
Fahler Geweihschwamm
Blauer Geweihschwamm

Familie Axinellidae

Erkennungsmerkmale: Diese bis zu einem Quadratmeter groß werdenden Schwammkolonien sind gelblichbeige oder blau gefärbt. Die einzelnen Verzweigungen stehen oft ungeordnet durcheinander. Es sind nur sehr kleine, unauffällige Osculii entlang der fingerförmigen, langen Äste sichtbar.
Verwechslungsmöglichkeiten: Möglicherweise handelt es sich bei den beiden Farbformen um dieselbe Art.
Lebensraum: Ab 15 m Tiefe an Steilwänden und unter Überhängen. Im tieferen Wasser auch freistehend.
Besonderheiten: Gerade fingerförmige Schwämme wie die *Homaxinella*-Arten werden häufig von winzigen Schlangensternen besiedelt, die sich mit ihren Armen eng um die Schwammarme schlingen. Diese Schlangensterne leben immer auf »ihrem« Schwamm und können auch mit Gewalt kaum unverletzt entfernt werden. Wovon sie leben ist unbekannt. Möglicherweise reinigen sie den Schwamm von Aufwuchs. Der Schwamm bietet auf jeden Fall Unterschlupf und somit Sicherheit vor Feinden. Es handelt sich hierbei also wahrscheinlich um eine echte Symbiose. Auch der Schlangenstern *Ophiothrix purpurea* versteckt sich tagsüber oft im dichten Gewirr der Arme des Schwammes. Er verläßt ihn aber in der Nacht, um Nahrung zu suchen. Gelegentlich findet man Kolonien von Kalkröhrenwürmern zwischen den Ästen oder an der Basis dieser Schwämme.
Aquarienhaltung: Schon wegen der enormen Größe der Kolonien ungeeignet.

Unbestimmte Spezies
Ledriger Korbschwamm

Klasse Demospongiae

Erkennungsmerkmale: Große Exemplare dieses Korbschwamms können 70 cm hoch werden und einen Durchmesser von 25 cm erreichen, wobei stets mehrere der schokoladenbraunen Röhren zusammengewachsen sind. Die Oberfläche ist porig und uneben. Die Röhren selbt sind zäh, aber nicht hart. Die Schwämme können daher von Tauchern leicht versehentlich mit den Flossen oder durch unvorsichtiges Anfassen verletzt werden.

Verwechslungsmöglichkeiten: Im Gegensatz zu anderen Korbschwämmen besitzt diese Art kein hartes, festes, sondern ein eher lappiges, flexibles Gewebe. Außerdem sind große Korbschwämme meist Einzelkolonien, während diese Art stets mehrere Röhren aufweist. Das unterscheidet ihn von den meisten anderen Arten.

Lebensraum: Erst ab etwa 25 m Tiefe an steilen Riffen, meist am Wandfuß. Häufig zwischen Korallen und anderen sessilen Tieren eingebettet. In dieser Tiefe sehen die Kolonien graubraun aus. Erst mit der Lampe erkennt man die kräftige schokoladenbraune Färbung. Bisher nur im Roten Meer beobachtet.

Besonderheiten: Es lohnt sich immer, in die Körbe dieser großen Schwämme hineinzuleuchten, da sich oft interessante Tiere darin verstecken. Gefunden werden können verschiedene Garnelen-Arten, Schlangensterne, größere Krabben, selbst Fische verstecken sich hier.

Aquarienhaltung: Ungeeignet. Die Tiere können keinesfalls unverletzt transportiert werden.

Callyspongia sp.
Rosaroter Kelchschwamm

Klasse Demospongiae

Erkennungsmerkmale: Die bis zu 60 cm hohe, stets aufrecht stehende, blaßrosa gefärbte Röhre ist innen und außen feinporig glatt. Der Rand der Röhre ist normalerweise glatt, gelegentlich aber ausgefranst.
Verwechslungsmöglichkeiten: Die Röhrenschwämme der Gattung *Callyspongia* ähneln sich untereinander stark. Unterschiede erkennt man an der Außenröhre, die glatt, gewellt oder mit spitzen oder runden Hökkern (*C. elegans*) versehen sein kann. Eine eindeutige Zuordnung ist wie bei fast allen Schwämmen nur durch Untersuchung von Gewebeproben möglich. Im Roten Meer, vor allem im Golf von Aqaba, sind *Callyspongia*-Schwämme recht häufig.
Lebensraum: Ab 10 m Tiefe auf abgestorbenem Korallengestein und zwischen Korallen. Nie auf lebenden Korallen angesiedelt.

Besonderheiten: In vielen Exemplaren findet man den Schlangenstern *Ophiotrix purpurea* versteckt. Der Schwamm selbst wird nie von Aufwuchs besiedelt. Dies hängt vermutlich mit vom Schwamm produzierten chemischen Abwehrstoffen zusammen. Auch Nacktschnecken werden selten auf dem Schwamm beobachtet. Vorsicht Taucher! Diese Schwämme sind sehr zerbrechlich! Nicht berühren! Gut austarieren!

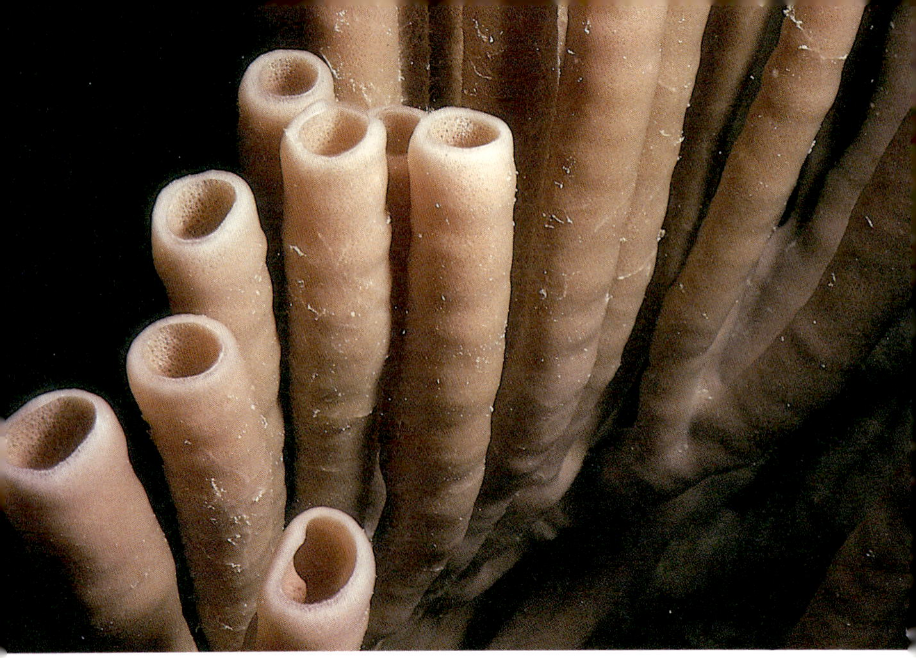

Siphonochalina siphonella
Blasser Röhrenschwamm

Familie Haliclonidae

Erkennungsmerkmale: Die bis zu 50 cm langen, in dichten Bündeln nach oben stehenden, zartrosa bis hell braunrot gefärbten Röhren sind relativ weich und geschmeidig.

Verwechslungsmöglichkeiten: Es gibt viele ähnliche Arten, die nur durch mikroskopische Untersuchungen sicher eingeordnet werden können. *S. siphonella* ist die häufigste Röhrenschwamm-Art des Roten Meeres.

Lebensraum: Auf Riffgestein, meist an der Basis von Riffabhängen oder Steilwänden ab 10 m Tiefe. Bisher nur im Roten Meer nachgewiesen.

Besonderheiten: Auf diesem Schwamm findet man häufig Schlangensterne, die hier tagsüber zwischen den Röhren Schutz suchen. Bestimmte Nacktschnecken fressen vom Schwammgewebe, sind aber eher selten zu finden. Haben sie jedoch einen Schwamm befallen, wird er oft vollständig kahl gefressen. Nur das bräunlich durchsichtige Festigungsgewebe bleibt dann noch übrig (s. Seite 198). Im Gewebe, das vollständig aus Spongin besteht, kann man keine Spiculae finden.

Haliclona sp.
Gelber Röhrenschwamm

Familie Haliclonidae

Erkennungsmerkmale: Der Gelbe Röhrenschwamm besteht aus mehreren kurzen, oben offenen Röhren, die an der Basis miteinander verwachsen sind. Die Außenseite ist feinporig glatt, innen kann man einzelne größere Poren entdecken. Die Kolonie ist leuchtendgelb gefärbt. Maximale Höhe 15 cm.
Lebensraum: Ab 15 m Tiefe in Höhlen und unter Überhängen. Stets an dunklen Stellen.
Besonderheiten: Diese Art wird häufig an der Basis von verschiedenen Hydrozoen, Algen und anderen Schwämmen überwachsen. Die eigentlichen Röhren sind aber stets aufwuchsfrei. Obwohl der Schwamm nicht häufig ist, wird er durch seine leuchtendgelbe Färbung schnell entdeckt, wenn man mit der Tauchlampe in Höhlen leuchtet.

Aquarienhaltung: Ungeeignet, da sehr lichtempfindlich.

Haliclona permollis
Blauer Krustenschwamm, Lavendelschwamm

Familie Haliclonidae

Erkennungsmerkmale: Der Blaue Krustenschwamm ist aufgrund seiner Farbe kaum mit anderen Schwämmen zu verwechseln, obwohl er in verschiedenen Formen vorkommt. Meist wächst er als Überzug inkrustierend, manchmal bildet er aber auch knollenartige Formen oder Röhren. Stets mit deutlichen Osculii.

Verwechslungsmöglichkeiten: Ähnliche Schwämme gibt es in großer Zahl, auch in anderen Farben. Verwechslungen sind vorprogrammiert. Allerdings ist die tiefblaue Färbung recht selten und für die Art charakteristisch.

Lebensraum: Schon in geringer Tiefe, dann aber lichtgeschützt unter Überhängen. Ansonsten auch auf exponierten Felsen im tieferen Wasser.

Besonderheiten: Lebt stets in Gemeinschaft mit Hydrozoen, Didemniden und anderen Schwämmen.

Aquarienhaltung: Unbekannt. Lichtempfindlich.

Cliona vastifica
Roter Bohrschwamm

Familie Clionidae

Erkennungsmerkmale: Der feuerrote Schwamm bildet oft lückenlose Überzüge über Muscheln, Korallen etc. Die Oberfläche ist feinporig mit unregelmäßig verstreut liegenden, kaum hervorragenden Osculii. Bis 1 m Durchmesser, aber meist kleiner.

Verwechslungsmöglichkeiten: Der Feuerschwamm *Latrunculia magnifica* hat eine ähnliche Oberfläche, wächst aber stets verzweigt.

Lebensraum: Ab wenigen Metern Tiefe an lichtgeschützten Standorten. Stets auf festem Untergrund, vor allem auf abgestorbenen Steinkorallen.

Besonderheiten: Bohrschwämme bilden im Substrat, das sie befallen (Muscheln, Korallen etc.) ein dichtes Geflecht, daß das Opfer regelrecht durchwuchert und dabei abtötet. Die sichtbaren Teile des Schwammes sind also nur ein kleiner Teil der eigentlichen Kolonie Die befallenen Teile werden brüchig und sterben ab. Nur das Schwammgewebe hält die betroffene Tierkolonie dann noch zusammen und verhindert das Auseinanderbrechen des gesamten Tierstokkes. Gesunde, vitale Korallenstöcke werden jedoch selten befallen.

Aquarienhaltung: Unbekannt. Viele Bohrschwämme werden mit lebendem Korallengestein eingeschleppt und leben im Aquarium auch weiter. Schaden richten sie dabei aber kaum an, da das Wachstum der Schwämme im Aquarium nur gering ist.

Cliona sp.
Schornstein-Bohrschwamm

Familie Clionidae

Erkennungsmerkmale: Von diesem Schwamm sieht man nur die kaminartigen, braunen Osculii, die aus dem betroffenen Tier etwa 1 cm herausragen. Der erheblich größere Rest des Schwammkörpers ist im Substrat verborgen.
Verwechslungsmöglichkeiten: Es gibt eine große Zahl von Bohrschwämmen, die verschiedene Substrate bevorzugen. Meist leben sie in Korallengestein oder in großen Muschelschalen. Die abgebildete Art hat ihr Opfer, einen Schwamm, bereits über- und durchwuchert.
Lebensraum: In allen Tiefen häufig, meist aber kaum sichtbar.
Besonderheiten: Bohrschwämme zerstören wie Bohrmuscheln und andere bohrende Organismen das Korallenriff von innen heraus und richten dadurch beträchtlichen Schaden an. Sie gehören aber zu jedem Korallenriff als natürlicher Bestandteil.
Aquarienhaltung: Einzelne Exemplare überleben in Lebenden Steinen oft lange.

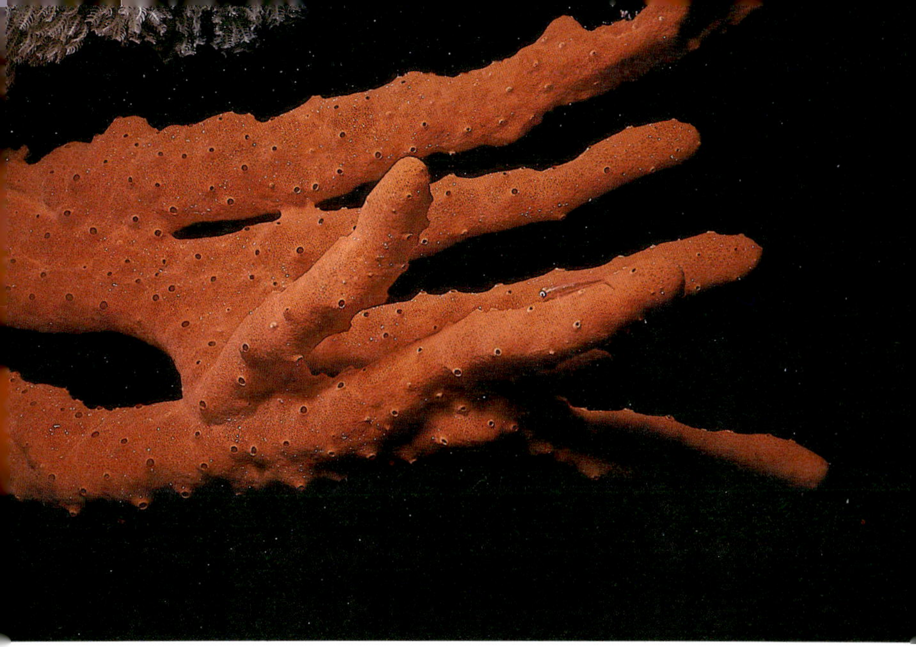

Latrunculia magnifica
Feuerschwamm

Klasse Demospongiae

Erkennungsmerkmale: Dieser Schwamm ist unverwechselbar feuerrot gefärbt und kommt in zwei Wuchsformen vor. Als geweihförmig verzweigte Kolonie mit drehrunden, langen Ästen und als plattenartig, inkrustierende Form, die oft große, abgestorbene Korallenstücke oder totes Gestein überzieht. Sie können bis zu 60 cm im Durchmesser erreichen oder bis 1 m hoch werden. Die Osculii sind deutlich sichtbar. Die Oberfläche erscheint samtartig glatt, ist bei genauerer Untersuchung aber feinporig.
Verwechslungsmöglichkeiten: Es gibt einige rote Schwämme, z. B. der Bohrschwamm *Cliona vastifica*, die aber bei genauem Hinsehen unterschieden werden können (Wuchsform, Oberfläche, Osculii).
Lebensraum: Ab 10 m Tiefe auf festem Untergrund. Im Roten Meer häufig.
Besonderheiten: Dieser Schwamm ist sehr giftig, was aber die Nacktschnecke *Chromodoris quadricolor* (s. Seite 194) nicht davon abhält, auf ihm zu leben und das Gewebe zu verzehren. Das dabei aufgenommene Gift, Latrunculin A und B, speichert sie in ihrem Körper und ist so wie der Schwamm vor Räubern geschützt (Mebs 1989).
Aquarienhaltung: Unbekannt. Tote Schwämme dieser und anderer Arten können beim Absterben im Aquarium ein Fischsterben auslösen, da sich das Gift im Schwamm bei der Auflösung des Gewebes freisetzen kann. Aus diesem Grund werden sie nie eingeführt.

Unbekannte Spezies
Ästiger Brotschwamm

Klasse Demospongiae

Erkennungsmerkmale: Die Grundfarbe des Brotschwamms ist rosa bis beige. Auf dem gesamten Tier findet man in sich verzweigte, rotbraune Flecken gleichmäßig verstreut. Die unregelmäßig geformten, dikken Äste sind miteinander verwachsen oder liegen dicht zusammen. Die Osculii sind stark verlängert und ragen deutlich über den Schwammkörper hinaus.
Lebensraum: Erst ab 20 m Tiefe an lichtgeschützten Stellen des Riffs.
Besonderheiten: Obwohl diese Art gerade im Golf von Aqaba sehr häufig ist, ist eine Bestimmung der Art mit der zur Verfügung stehenden Literatur bislang nicht möglich gewesen. Daß Schwämme oft nur schwierig anhand von äußeren Merkmalen bestimmt werden können gilt auch für diese Art.
Aquarienhaltung: Unbekannt.

Unbekannte Spezies
Grüner Netzschwamm

Klasse Demospongiae

Erkennungsmerkmale: Die bis zu 50 cm langen, teilweise miteinander verwachsenen, mehr als fingerdicken Äste sind von einer netzartigen Struktur, die das darunterliegende grobe Schwammgewebe gut erkennen läßt. Die Osculii sind nicht immer gut zu erkennen, da sie mit der Oberfläche glatt abschließen. Die Farbe ist ein schmutziges blaßgrün.
Verwechslungsmöglichkeiten: Die Färbung ist charakteristisch. Möglicherweise gehören ähnlich aussehende, aber anders gefärbte Exemplare zu derselben Gattung. Obwohl die Art recht häufig ist, sind Literaturangaben sehr spärlich.
Lebensraum: Ab 20 m Tiefe auf Korallengrund.
Aquarienhaltung: Ungeeignet, da sehr lichtempfindlich.

Halichondria sp.
Roter Krustenschwamm

Familie Halichondriidae

Erkennungsmerkmale: Die das Gestein überziehenden roten Krusten dieses Schwammes besitzen auffällige, erhabene Osculii. Die Außenschicht ist deutlich porig mit eingestreuten größeren Poren. Bis 20 cm.
Verwechslungsmöglichkeiten: Mit anderen inkrustierenden Schwämmen, z. B. *Mycale fistulifera*, leicht zu verwechseln. *M. fistulifera* z. B. hat aber sehr kleine Osculii.
Lebensraum: Bereits ab geringer Tiefe an lichtabgewandten Stellen. Im Roten Meer häufig.
Besonderheiten: Dieser Schwamm wird häufig von weiß gefärbten, parasitischen Krustenanemonen besiedelt, die sich in größeren Poren ansiedeln. Trotzdem scheint der Schwamm zu überleben, zumal die Osculii stets frei bleiben.

Disidea herbacea
Rauher Krumenschwamm

Disidea cinerea
Bläulicher Krumenschwamm

Klasse Demospongiae

Erkennungsmerkmale: Die Krumenschwämme fallen durch ihr grob strukturiertes Gewebe auf, das die Form der Skelettnadeln gut erahnen läßt. Die kleinen, aufgrund der groben Oberfläche schlecht sichtbaren Osculii, sind auf den gesamten, je nach Art weinrot bis hellblau gefärbten Schwammkörper verteilt. Die Kolonien werden bis handgroß.
Verwechslungsmöglichkeiten: Wie alle Schwämme nur schwer sicher bestimmbar.
Lebensraum: Erst ab 15 m Tiefe auf Korallen etc. Häufig zwischen Korallen, z. B. *Turbinaria.*
Aquarienhaltung: Ungeeignet, da lichtempfindlich.

Oben: Disidea herbacea,
unten: Disidea cinerea.

Ianthella basta
Grüngelber Krumenschwamm

Familie Ianthellidae

Erkennungsmerkmale: Exemplare diese Schwammes können bis zu 30 cm hoch werden. Die nicht kleinen Osculii sind durch die mit spitzen Höckern versehene Außenseite des Schwammes eher unauffällig.
Verwechslungsmöglichkeiten: Die Form und Farbe diese Schwammes ist eigentlich sehr typisch. Trotzdem können Verwechslungen kaum ausgeschlossen werden.
Lebensraum: Ab 10 m Tiefe auf Korallengrund einzeln stehend.
Besonderheiten: Diese Art wird gelegentlich von Aufwuchs besiedelt, z. B. von Algen und von Didemniden.
Aquarienhaltung: Unbekannt. Eine gewisse Veralgung scheint den Tieren nicht zu schaden.

Spirastrella spec.
Sternschwamm

Familie Spirastrellidae

Erkennungsmerkmale: Die inkrustierende Kolonie bildet dünne Überzüge auf abgestorbenem, festem Untergrund. Die Färbung ist variabel. Die durchsichtigen Osculii sind schwer erkennbar, aber stets vorhanden und von einer charakteristischen Linienzeichnung umgeben.
Verwechslungsmöglichkeiten: Die *Spirastrella*-Arten sind meist bunt gefärbt und nur schwierig unterscheidbar. Im Roten Meer fällt *Spirastrella coccinea* auf, die feuerrot ist. Einige *Spirastrella*-Arten bohren im Riffgestein.
Lebensraum: Überall im Riff auf totem Gestein, auf Wurmschnecken (Bild), Muschelschalen usw.
Besonderheiten: Diese inkrustierenden Arten bilden einen dünnen Überzug auf dem betroffenen Substrat. Man nennt sie Sekundärbesiedler, da sie das Substrat erst besiedeln, wenn das zuvor dort lebende Tier abgestorben ist.
Aquarienhaltung: Auf Lebenden Steinen eingebracht an abgeschatteten Stellen möglich.

Grayella cyathophora
Wabenschwamm

Familie Demospongiae

Erkennungsmerkmale: Dieser Schwamm fällt durch die großen, innen deutlich sichtbar gekammerten Osculii, und durch die ebenfalls großen, Korallenpolypen ähnlichen Poren auf. Die Grundfärbung ist weißlichbeige, die Poren erscheinen innen hellgrün. Bis 25 cm. Meist kleiner.
Verwechslungsmöglichkeiten: Sehr ähnlich ist die weiße Farbform der sonst orange gefärbten Seescheide *Botrylloides nigrum*. Im Gegensatz zum Wabenschwamm erkennt man aber durch die großen Öffnungen keine Kammern, sondern die geschlitzten Kiemendärme. Außerdem sind die »Poren« hier kleine, in Reihen angeordnete Löcher ohne die erwähnte Struktur.
Lebensraum: Bereits im Flachwasser bis etwa 20 m Tiefe auf abgestorbenem Korallengestein.
Aquarienhaltung: Unbekannt. Da er bereits im Flachwasser vorkommt, könnte er auch im Aquarium aushalten. Transportempfindlich.

Ordnung Coelenterata (Hohltiere)

Die Hohltiere bestehen aus zwei Stämmen, den Cnidaria (Nesseltiere) und den Acnidaria (Rippenquallen). Obwohl letztere durchaus auch am Korallenriff vorkommen, sind sie normalerweise Tiere der Hochsee. Nur die Coeloplanen, kleine, festsitzende Rippenquallen, findet man häufig auf verschiedenen Lederkorallen oder auf den Stacheln von Seeigeln. Sie bestehen aus einem weißlichen, unscheinbaren Körper, der auf der jeweiligen Koralle festsitzt, und aus langen, fadenartigen Tentakeln, die in der Strömung treiben und dort Plankton fangen. Da sie eher unscheinbar sind, werden sie leicht übersehen und sollen daher hier nicht weiter beschrieben werden. Die Nesseltiere sind aber eine für das Korallenriff ausgesprochen wichtige und vielgestaltige Gruppe.

Stamm Cnidaria (Nesseltiere)

Der Stamm der Nesseltiere hat für die Korallenriffe der Weltmeere besondere Bedeutung. Hieraus stammen nämlich auch die Tiere, die das Korallenriff maßgeblich aufbauen, die riffbildenden oder hermatypischen Steinkorallen. Aber auch einige andere Gruppen gehören zu diesem Stamm, die dem Taucher oder Schnorchler besonders auffallen, da sie überall im Riff zu finden sind.
Typisch für alle Nesseltiere sind die Nesselkapseln, die vor allem an den Tentakeln, aber auch am Körper der verschiedenen Nesseltiere oft in ganzen Batterien vorhanden sind. Bei der geringsten Berührung explodieren sie regelrecht. Ein im Inneren der Kapsel aufgerollt liegender Schlauch wird wie ein umgestülpter Strumpf nach außen geschleudert. An seiner Spitze stehen je nach Art unterschiedlich geformte Stilette, die die Haut des Opfers oder Angreifers durchschlagen. In den Kapseln befindet sich außerdem ein Gift, daß sich in die Wunde ergießt und das Opfer lähmt. Bei stark nesselnden Tieren (Feuerkorallen, Quallen oder bestimmte Hydrozoen) kann dies auch dem Menschen gefährlich werden und zu schmerzhaften »Verbrennungen« führen. Außer den Durchschlagskapseln gibt es Klebkapseln, die das Opfer festhalten, und Wickelkapseln, die sich in Haaren und anderen Körperanhängseln verfangen und so ein Entkommen des Opfers verhindern. Nach dem Einsatz sind die Nesselkapseln zerstört und werden durch neugebildete ersetzt.

Die Cnidaria werden in vier große Klassen eingeteilt, in die
Hydrozoa (Hydratiere)
Cubozoa (Würfelquallen)
Scyphozoa (Schirmquallen)
Anthozoa (Blumentiere)

wobei die Würfelquallen Hochseetiere sind und für uns keine wichtige Rolle spielen. Sie werden daher in diesem Buch nicht behandelt.

Klasse Hydrozoa (Hydratiere)

Die Hydratiere sind meist kleine, verzweigte, buschartige Tierkolonien, die häufig ein Skelett aus einer chitinartigen Substanz bilden, auf dem die Polypen sitzen und durch eine alles überziehende dünne Außenhaut miteinander verbunden sind. Andere Arten bestehen lediglich aus einer Ansammlung von Polypen, die auf einem geeigneten Untergrund siedeln und durch Ausläufer (Stolonen) miteinander verbunden sind. Am auffälligsten sind aber die Hydrozoen, die Kalkskelette erzeugen. Die winzigen Polypen leben in diesen Kalkskeletten. Nur die Tentakel stehen wie ein heller Flaum kaum sichtbar auf der Oberfläche der Kolonie. Zu ihnen gehören z. B. die Feuerkorallen.
Die verschiedensten Vermehrungsmethoden kommen bei den Hydrozoen vor. Am verbreitetsten ist die vegetative Vermehrung. Aus den schon beschriebenen Stolonen sprossen neue Polypen. Immer wieder wird aber

eine kleine Meduse von den Polypen gebildet, abgeschnürt und ins Plankton entlassen. Sie ist das eigentliche Geschlechtstier. Die Hydromeduse erzeugt die Geschlechtsprodukte, die verschmelzen und eine Planula-Larve bilden, die sich festsetzt und zu einem neuen Polypen heranwächst.

Millepora dichotoma
Netz-Feuerkoralle

Familie Milleporidae

Erkennungsmerkmale: Diese Feuerkoralle bildet bis zu 1 m hohe, stark verzweigte Fächer aus hartem, gelbgrün gefärbtem Kalk. Die einzelnen Polypen sind mikroskopisch klein und im geöffneten Zustand nur als feiner Flaum zu erkennen. Die Enden der Äste sind stets heller bis weiß.

Verwechslungsmöglichkeiten: Typisch ist die dichotome, netzartige Verzweigung. Ähnliche Arten sind anders gefärbt und wesentlich kleiner. Die in die Familie *Stylasteridae* gehörende *Distichophora violacea* z. B. ist violett gefärbt mit weißen Spitzen und wird kaum 15 cm groß. Sie lebt in Spalten und Löchern im Flachwasser nahe der Brandungszone (Rotes Meer).

Lebensraum: Ab wenigen Metern Tiefe bis 15 m. Stets im vollen Sonnenlicht. Die Fächer sind immer gegen die Strömung ausgerichtet.

Besonderheiten: Trotz der Kleinheit der Polypen nesseln Feuerkorallen stark. Vor allem an empfindlichen Körperteilen (Unterseite der Arme, Gesicht etc.) können regelrechte Verbrennungen und Schwellungen entstehen. Sogenannter Sekundärkontakt verschlimmert die Wirkung häufig. Die erste Berührung kann daher relativ harmlos verlaufen. Bei der nächsten Berührung ist die Haut aber sensibilisiert und reagiert mit starker Rötung und Schwellung, die erst nach vielen Tagen wieder zurückgeht. Selbst nach Wochen kann die betroffene Körperpartie wieder zu Jucken anfangen.

Aquarienhaltung: Schwierig. Veralgt leicht.

Millepora platyphylla
Platten-Feuerkoralle

Familie Milleporidae

Erkennungsmerkmale: Diese Art hat ein plattenartiges, in Wellen angelegtes Skelett. Es ist gelbbraun bis grüngelb gefärbt und hat an den oberen Rändern einen glatten, weißen Saum. Die restliche Oberfläche ist mit unregelmäßig verstreuten Warzen bedeckt. Bis 60 cm hoch.
Verwechslungsmöglichkeiten: Kann mit *Turbinaria*-Arten verwechselt werden, die aber deutlich sichtbare Polypenkelche besitzen, während die winzigen Polypen der *Milleporidae* aus kleinen Löchern (Poren) entspringen und selbst voll geöffnet nur als zarter Flaum erscheinen.
Lebensraum: Im Flachwasser bis 15 m Tiefe. Die plattenartigen Kolonien stehen meist quer gegen die Strömung ausgerichtet, um besser an das benötigte feine Plankton zu gelangen.
Besonderheiten: Auch *M.platyphylla* nesselt stark. Auf Feuerkorallen findet man häufig den Röhrenwurm *Spirobranchus giganteus*, Flügelaustern (*Pteria* sp.) und Seepocken (*Balanus* sp.), die in das Skelett eingewachsen sind.

Lytocarpus philippinus
Philippinenmoos

Familie Aglaopheniidae

Erkennungsmerkmale: Auf einem braungrünen, elastischen, dünnen Stamm befinden sich wechselständige, weißlich gefiederte Zweige. Der Stamm selbst ist nur etwa ab der Mitte gefiedert. Die Polypen sind ohne Lupe nicht sichtbar. Bis 25 cm.
Verwechslungsmöglichkeiten: Es gibt etliche ähnliche Arten, die nur schwer voneinander zu unterscheiden sind. Die Arten der Gattung *Macrorchynchia* sehen ähnlich aus, haben aber keine wechselständigen, sondern gegenständige Verzweigungen.
Lebensraum: Ab etwa 10 m Tiefe auf festem Untergrund. In größerer Tiefe meist exponiert stehend, um besser in der planktonhaltigen Strömung zu stehen. Im Flachwasser auch an schattigen Wänden.
Besonderheiten: Nesselt stark und ruft dadurch schmerzhafte Verbrennungen hervor, die nur langsam abheilen. Noch stärker nesselt die farnartig aussehende, gelbgrüne *Aglaophenia cupressina*, die ebenfalls bereits in geringerer Tiefe vorkommt.
Aquarienhaltung: Unbekannt. Kleinstplanktonfresser, die regelmäßig mit Artemiennauplien o.ä. gefüttert werden müssen.

Macrorhynchia phoenicea
Federmoos

Familie Aglaopheniidae

Erkennungsmerkmale: Auf einem dünnen, gefiederten Stamm stehen mehr oder weniger gegenständig stehende, in sich wiederum fein gefiederte Zweige. Die Polypen sind durchsichtig und ohne Lupe nicht erkennbar. Die ganze Kolonie wird bis zu 15 cm hoch.

Verwechslungsmöglichkeiten: Es gibt einige ähnliche Arten, die nur mit Lupe oder Mikroskop exakt bestimmt werden können. Besonders die Anzahl und Form der Tentakel sind ein wichtiges Unterscheidungsmerkmal.

Lebensraum: Ab 10 m Tiefe auf festem Grund. Meist schattig stehend. In geringerer Tiefe nur unter Überhängen, großen Korallenblöcken etc.

Besonderheiten: Nesselt nur schwach. Berührungen sind für die menschliche Haut ungefährlich. Die Nesselzellen sind aber bei allen Hydrozoen stets in der Lage, kleine Planktonkrebschen, Würmer etc. festzuhalten, zu betäuben und schließlich zu verzehren.

Aquarienhaltung: Unbekannt. Müssen wie alle im Schatten lebenden Tierkolonien ebenso schattig untergebracht werden, da sie sonst leicht veralgen.

Halocordyle disticha
Weihnachtsbaum-Hydroide

Familie Halocordylidae

Erkennungsmerkmale: Auf den wechselständigen Ästen des dünnen, elastischen Stammes stehen auffällige, relativ große weiße Polypen, die mehrere Wirtel von Tentakeln aufweisen. Bis zu 25 cm.
Verwechslungsmöglichkeiten: Einzige Gattung mit diesem aufälligen Aussehen. *H. disticha* wurde früher in die Gattung *Pennaria* gestellt.
Lebensraum: Im Roten Meer vor allem zwischen Seegras bereits im flachen Wasser, aber auch auf festem Fels. Kommt im Mittelmeer, im gesamten Indopazifik und sogar in der Karibik vor.
Besonderheiten: Die großen Polypen können Kleinkrebse etc. fangen. Die Opfer werden mit den Tentakeln aus der Strömung abgefangen und sofort genesselt. Dadurch betäubt, können die Beutetiere in aller Ruhe von den Polypen verschlungen werden. Selbst Kleinkrebse bis zur selben Größe des Einzelpolypen können so verdaut werden.
Aquarienhaltung: Unbekannt. Veralgen leicht. Müssen regelmäßig mit Kleinkrebsen o. ä. gefüttert werden.

Solanderia sp.
Hornkorallen-Seemoos

Familie Corynidae

Erkennungsmerkmale: Die kleinen, mit geknöpften Tentakeln versehenen Polypen sitzen an mehrfach verzweigten Ästen. Das Skelett ist kräftig und dunkelbraun bis braungrün gefärbt und ähnelt dem von Gorgonien. Bis 15 cm.

Verwechslungsmöglichkeiten: Wird manchmal mit kleinen Gorgonien verwechselt. Es gibt in dieser Gattung einige ähnliche Arten, die nur im Labor und von Spezialisten sicher bestimmt werden können.

Lebensraum: Ab 10 m Tiefe auf festem Untergrund an abgeschatteten Plätzen.

Besonderheiten: Wie viele Hydrozoenstöckchen wird auch diese Art gelegentlich von Nacktschnecken , vor allem von Fadenschnecken, heimgesucht, die teilweise auf bestimmte Hydrozoen-Arten spezialisiert sind. Die Nesselzellen der Hydrozoen werden von den Schnecken mitgefressen und als sekundär erworbener Schutz gegen Freßfeinde verwendet.

Aquarienhaltung: Schwierig. Veralgen leicht. Wenn überhaupt nur in schwachbeleuchteten Aquarien mit häufiger Planktonfütterung möglich.

Sertularella sp.
Gelbes Seemoos

Familie Sertullariidae

Erkennungsmerkmale: Typisch sind die zarten, wenig verzweigten, mit kurzen, wechselständig stehenden Polypenkelchen (Theken) versehenen Skelette, die kräftig gelb gefärbt sind und in großen Gruppen zusammenstehen. Bis 15 cm.
Verwechslungsmöglichkeiten: Schwierig zu bestimmen, da die Polypenkelche zur Gattungs- und Artbestimmung herangezogen werden müssen und eine eindeutige Bestimmung daher nur mit dem Mikroskop durchgeführt werden kann.
Lebensraum: Ab wenigen Metern Tiefe. Meist an lichtgeschützten Stellen.
Besonderheiten: Auch auf diesen Hydrozoenstöckchen kann man gelegentlich Nacktschnecken finden.
Aquarienhaltung: Schwierig. Die zarten Stöckchen veralgen leicht.

Klasse Scyphozoa (Schirmquallen)

Die Schirmquallen werden nur gelegentlich von Stürmen oder Strömungen ans Korallenriff getrieben. Sie unterscheiden sich von den Hydrozoen vor allem durch ihre Größe, aber auch durch die Art der Vermehrung. Hier sind es nämlich die Quallen selbst, die die Geschlechtsprodukte bilden und direkt ins Wasser entlassen. Durch ihre Verschmelzung entsteht eine Planula-Larve, die sich nach einiger Zeit festsetzt und sich zu einem kleinen, unscheinbaren Polypen entwickelt. Dieser schnürt die sogenannte Eryphia-Larve ab, die sich im Plankton nach einiger Zeit zur erwachsenen Qualle umbildet. Nur eine Art lebt regelmäßig im Korallenriff zwischen Steinkorallen, die Mangrovequalle *Cassiopea andromeda*.

Cassiopea andromeda
Mangrovequalle

Familie Cassiopeidae

Erkennungsmerkmale: Die Mangrovenqualle besteht aus einem glatten, ungeteilten Schirm, dessen Oberseite von meist acht blumenkohlartig verästelten Mundtentakeln bedeckt ist. Dazwischen stehen aufrecht einige fähnchenartige, lappige Anhängsel, die blau, gelbgrün oder weiß gefärbt sein können. Die Gesamtfarbe variiert zwischen weiß, grünlichgelb und blau. Der Durchmesser kann bis zu 25 cm erreichen.
Lebensraum: Zwischen Seegras, auf schlammigen oder sandigen Böden, zwischen Mangrovewurzeln und auf den Sandflächen zwischen Korallen in strömungsgeschützten Gebieten bis maximal 15 m Tiefe. Im Golf von Aqaba besonders häufig auf Sandflächen im Flachwasser des Riffdachs.
Besonderheiten: Nur Jungtiere bis 4 cm schwimmen noch öfter. Die erwachsene Mangrovequalle liegt normalerweise auf dem Untergrund und versorgt sich durch rhythmische pumpende Bewegungen mit Frischwasser und Plankton. Sie lebt aber nicht nur von Kleinkrebsen etc., sondern beherbergt in ihrem Gewebe symbiontische Algen, die Zooxanthellen, welche die Färbung dieser Quallen verursachen. Der Schirm befindet sich unten, die Qualle liegt also mit dem Kopf nach unten auf dem Sand, was ihr den englischen Namen »Upsidedown-jellyfish« eingebracht hat.Die Vermehrungszeit reicht von April bis August. In dieser Zeit sollen die Tiere noch stärker nesseln als sonst.
Aquarienhaltung: Die Mangrovequalle kann leicht in ruhigen Aquarien mit feinem Sandboden gehalten werden. Bei starker Beleuchtung und regelmäßiger Fütterung mit Salinenkrebschen wächst sie schnell. Sie wurde bereits mehrfach gezüchtet.

Klasse Anthozoa (Blumentiere)

Die Blumentiere leben ausschließlich im Meer. Sie sind eine unglaublich vielfältige Klasse, die einen großen Teil der Farbenpracht und Attraktivität der Korallenriffe ausmacht. Außerdem ist eine Unterklasse von ihnen, die Steinkorallen, verantwortlich für die massiven Korallenriffe, um die es in diesem Buch hauptsächlich geht.
Im Gegensatz zu den Hydrozoen bilden sie nie Medusen sondern lediglich einzelne Polypen, wie bei den Seerosen, oder ganze Polypenkolonien, wie z. B. bei den Steinkorallen oder den Weichkorallen. Auch für die Blumentiere sind die Nesselzellen typisch, die sich hauptsächlich in den Tentakeln der Polypen befinden.
Die Anthozoa werden in zwei Unterklassen unterteilt, in die Hexacorallia, die sechs Tentakel oder ein vielfaches davon besitzen, und in die Octocorallia, die stets acht Tentakel haben.
Die Hexacorallia wiederum unterteilt man in die Antipatharia (Dörnchenkorallen), Ceriantharia (Zylinderrosen), Coralliomorpharia (Scheibenanemonen), Zoantharia (Krustenanemonen), Actiniaria (Aktinien oder Seerosen) und in die Madreporaria (Steinkorallen).

Unterklasse Hexacorallia (Sechsstrahlige Korallen)

Ordnung Antipatharia (Dörnchenkorallen)

Zu den Dörnchenkorallen gehören auch die Schwarzen Korallen, deren Skelett braun oder schwarz und relativ hart ist. Es wird geschnitten, poliert und zu Schmuck verarbeitet. Inzwischen ist dies jedoch zum Wohle der schönen Korallen an vielen Stellen verboten. Auf den Kauf von Korallenschmuck sollte man verzichten, da für die Schmuckindustrie große Mengen benötigt werden, die aus dem Riff herausgebrochen werden müssen.
Die Polypen der Dörnchenkorallen haben im Gegensatz zu den äußerlich ähnlichen Gorgonien nur sechs Tentakel und keine Kalkeinschlüsse im Skelett.

Antipathes dichotoma
Schwarze Koralle

Familie Antipathidae

Erkennungsmerkmale: Diese bis zu drei Meter hohen, große Büsche bildenden Dörnchenkorallen sind braunrot bis beige gefärbt. Die Einzelpolypen sind sehr klein und stehen gegenständig an den dünnen, stark verzweigten Ästen. Das schwarze, dornige Skelett ist von einer lebenden Schicht Polypengewebe überzogen.
Verwechslungsmöglichkeiten: Es gibt im gesamten Indopazifik einige ähnliche Arten, die mit der vorhandenen Literatur nicht unterschieden werden können.
Lebensraum: Ab 30 m Tiefe. Große Exemplare findet man meist noch tiefer auf exponierten Felsen.
Besonderheiten: *Antipathes dichotoma* ist die größte Art im Roten Meer und im Indopazifik. Sie wird gelegentlich von der Anemone *Nemanthes nitidus* (s. Seite 67) überwuchert.
Aquarienhaltung: Selbst kleine Stöcke können nicht gehalten werden, da sie sofort veralgen.

Antipathes sp.
Peitschen-Dörnchenkoralle

Familie Antipathidae

Erkennungsmerkmale: Der unverzweigte, bis zu 1,5 Meter lange Ast dieser Koralle ist hellbeige bis rosa gefärbt und hat keine spitzen Dornen, sondern kantige, parallel angeordnete Wellen. Die Spitze ist nach unten gebogen. Meist findet man ganze Gruppen zusammenstehen.

Verwechslungsmöglichkeiten: Kann mit *Cirripathes anquina* verwechselt werden. Diese ist aber stets unregelmäßig verdreht, hat eine dornige Oberfläche mit aufrecht stehenden Dornen. Die Polypen von *C. anquina* sind auch tagsüber geöffnet.

Lebensraum: Ab 10 m Tiefe am Eingang von Höhlen. Sonst eher tiefer. Stets im Schatten.

Besonderheiten: Auf dem Ast dieser Koralle und ähnlich gewachsener Gorgonien o. ä. lebt die winzige Grundel *Cottogobius yongei* meist paarweise. Diese Fische verlassen ihre Koralle nie. Vermutlich leben sie von Kleinkrebsen, die auf dem Hautschleim der Koralle kleben bleiben. Ohne genaues Hinsehen entdeckt man die Fische nicht, da sie kaum 1 cm lang werden und durchscheinend gefärbt sind.

Aquarienhaltung: Ungeeignet.

Cirripathes anguina
Gewundene Drahtkoralle

Familie Antipathidae

Erkennungsmerkmale: Auch diese Art besteht nur aus einem einzigen, unverzweigten, gelbbraun gefärbten dornigen Ast, der zudem stets unregelmäßig gedreht oder gewunden ist. Die Polypen sitzen beidseitig unregelmäßig um den Stamm angeordnet. Bis 1,5 m lang.
Verwechslungsmöglichkeiten: *Cirripathes spiralis* ist regelmäßig korkenzieherartig aufgedreht, orangerot gefärbt und kommt erst ab etwa 30 m Tiefe vor.
Lebensraum: Bereits ab etwa 10 m Tiefe unter Überhängen oder in Höhlen.
Besonderheiten: Man sollte Dörnchenkorallen nicht zu nahe kommen, da sie sich mit ihren Dornen in der Ausrüstung verheddern können. Außerdem sind die Dornen sehr scharf, und man kann sich daher leicht verletzen. Diese Art ist tag- und nachtaktiv.

Ordnung Ceriantharia (Zylinderrosen)

Die Zylinderrosen leben in sandigen oder schlammigen Böden in halb oder ganz eingegrabenen Wohnröhren, die sie selbst aus Schleim, Nesselkapseln und organischen Partikeln herstellen. Diese Wohnröhre liegt je nach Untergrund entweder dem Sand direkt auf oder ragt zehn bis zwanzig Zentimeter senkrecht aus dem Boden. Im Gegensatz zu den Aktinien oder Seeanemonen besitzt das Vorderende einen Ring von kurzen Primärtentakeln um die Mundöffnung und einen zweiten Kreis langer, dünner Sekundärtentakel um diesen inneren Kreis, die dem Beutefang dienen und stark nesseln. Die Tentakelkrone kann bei Gefahr blitzartig eingezogen werden. Die meisten Zylinderrosen sind nachtaktiv, im tieferen Wasser oder an schattigen Stellen öffnen einige Arten aber auch tagsüber ihre Tentakel. Die meisten nachtaktiven Arten sind relativ klein und farblos bis durchsichtig.Sie liegen

direkt dem Sand auf und werden häufig übersehen, da sie sich beim geringsten Schatten, der auf sie fällt, zurückziehen.

Pachycerianthus mana
Zylinderrose

Familie Cerianthidae

Erkennungsmerkmale: Typisch sind die langen und dünnen, zahlreichen seitlichen Tentakel (Marginaltentakel) und die kurzen, dicht stehenden Mundtentakel (Labialtentakel). Die Färbung variiert. Häufig sind dunkelbraun bis violett gefärbte Exemplare, oft mit gebänderten Marginaltentakeln und heller gefärbten Labialtentakeln. Tentakellänge bis 20 cm, meist kürzer.
Verwechslungsmöglichkeiten: Es gibt einige Zylinderrosenarten, die sich nur schwer voneinander unterscheiden lassen. *Cerianthus maua* scheint ein Synonym für die hier abgebildete Art zu sein. Die Färbung ist kein eindeutiges Merkmal, wohl aber Zahl und Anordnung der Tentakel, die man jedoch am lebenden Tier schlecht auszählen kann.
Lebensraum: Auf sandigen oder schlammigen Böden und zwischen Seegras ab wenigen Metern bis in etwa 20 m Tiefe. Nachtaktiv.
Besonderheiten: Gelegentlich leben zusammen mit Zylinderrosen winzige Schwebegarnelen, die zwischen und über den Tentakeln schwimmen und offenbar nicht genesselt werden. Wenn die Zylinderrose ihre Tentakel zurückzieht, verbergen sich die Garnelen sogar in der freien oberen Hälfte der Wohnröhre.
Aquarienhaltung: Sehr gut haltbar, man benötigt wegen der starken Nesselfähigkeit aber spezielle Artenaquarien, in denen nur wenige andere Tiere gehalten werden können (z. B. Einsiedlerkrebse).Gefüttert wird mit Planktonersatz und gefrorenen Kleinkrebsen. Durch zu grobes Futter degenerieren die Fangarme in kurzer Zeit.

Ordnung Corallimorpharia (Scheibenanemonen)

Die Scheibenanemonen bestehen aus einem flachen, lappigen, dem Boden meist direkt aufliegenden Polypen mit einem sehr kurzen Fuß. Das Mundfeld kann glatt sein, Warzen oder kurze Tentakel tragen. Da die Vermehrung hauptsächlich durch Abschnürung von Gewebeteilen erfolgt, findet man ganze Kolonien von Scheibenanemonen mit oft dicht zusammenstehenden, teilweise sich überlappenden Einzelpolypen, die nicht miteinander verbunden sind. Meist leben sie ausschließlich von ihren Zooxanthellen. Nur wenige Arten können darüber hinaus auch feste Nahrung zu sich nehmen. Scheibenanemonen sind typische Besiedler von abgestorbenem Riffgestein.

Actinodiscus sp.
Rote Scheibenanemone

Familie Actinodiscidae

Erkennungsmerkmale: Die dünne, flache Mundscheibe dieser Scheibenanemone ist stets Rot gefärbt und bis auf wenige, kaum sichtbare Noppen relativ glatt. Sie erreicht bis zu 7 cm Durchmesser.

Verwechslungsmöglichkeiten: Es gibt viele verschiedene *Actinodiscus*-Arten, die nur schwer sicher bestimmt werden können. Die Rote Scheibenanemone fällt durch ihre Färbung aber sofort auf.

Lebensraum: Ab etwa 10 m Tiefe zwischen Korallen. Meist an abgeschatteten Stellen. Diese Art wurde bisher nur im Golf von Aqaba beobachtet.

Besonderheiten: Unter Wasser leuchtet diese Scheibenanemone pinkfarben.

Aquarienhaltung: Gut geeignet. Muß aber im Gegensatz zu anderen Scheibenanemonen eher schattig untergebracht werden.

Amplexidiscus sp.
Tentakel-Scheibenanemone

Familie Discosomatidae

Erkennungsmerkmale: Die Mundscheibe dieser Scheibenanemone ist mit kurzen, dicht stehenden, häufig in sich noch verzweigten Tentakeln bedeckt. Sie wird bis zu 8 cm im Durchmesser und ist je nach Standort und Lichteinwirkung hellbraun bis dunkelgrünbraun gefärbt. Häufig findet man Kolonien von über einem Quadratmeter Größe, in denen die Polypen so dicht stehen, daß man kaum Einzeltiere erkennen kann.

Verwechslungsmöglichkeiten: Möglicherweise handelt es sich bei der vorliegenden Art auch um eine *Discosoma*-Art. Viele ähnliche Arten sind in allen Riffgebieten vom Roten Meer bis zum australischen Barriereriff verbreitet. Die meisten sind aber bislang nicht bis zur Art bestimmbar. Häufig handelt es sich wohl um Gebietsformen derselben Art. Auch die Färbung ist kein sicheres Merkmal, da sie von Standort zu Standort variieren kann. Das gleiche gilt für die Größe, die je nach Standort erheblich schwanken kann.

Lebensraum: Bereits in wenigen Zentimetern Wassertiefe auf dem Riffdach im vollen Sonnenlicht. Stets auf hartem Untergrund, z. B. auf Riffgestein. Nie tiefer als 15 m.

Besonderheiten: Diese Art kann ihre Mundscheibe zu einer Kugel zusammenziehen und dadurch kleinere Tiere fangen. In der Natur wird dies selten beobachtet, im Aquarium häufiger. Bei groben Störungen preßt diese Scheibenanemone wie die Verwandten Aktinien lange, mit Nesselzellen gespickte Fäden aus, die Akontien. Sie sind klebrig sowie giftig und sollen Feinde abwehren.

Aquarienhaltung: Gut geeignet. Muß im vollen Licht stehen. Vermehrt sich häufig durch Teilung. Nicht alle anderen Wirbellosen vertragen sich mit den relativ stark nesselnden Scheibenanemonen.

Ordnung Zoantharia (Krustenanemonen)

Die Krustenanemonen bilden stets Kolonien aus kleineren Polypen , deren Einzeltiere stets miteinander verbunden sind. Bei einigen Arten lösen sich diese Verbindungen nach einiger Zeit, so daß einzelne Polypen neue Kolonien bilden können. Bei anderen Arten sind die Polypen deutlich sichtbar miteinander verbunden, doch auch hier können sich Kolonieteile abspalten, um neue Kolonien zu bilden. Natürlich gibt es auch bei den Krustenanemonen eine geschlechtliche Vermehrung, bei der Spermien und Eier miteinander verschmelzen. Je nach Art findet dies im Polypen oder im Freiwasser statt. Die meisten Krustenanemonen können über ihre Symbiose mit Zooxanthellen hinaus auch feste Nahrung in Form von Planktontieren zu sich nehmen.

Links Kolonie und rechts Einzeltiere von Amplexidiscus sp.

Palythoa tuberculosa
(Esper, 1791)
Korallen-Krustenanemone

Familie Zoanthidae

Erkennungsmerkmale: Diese Krustenanemone ist ein typisches Beispiel für die miteinander verwachsenen Kolonien einiger Krustenanemonenarten. Sie hat bis zu 2 cm große Polypen, die untereinander kurz unterhalb des Tentakelkranzes verwachsen sind. Dadurch erkennt man diese Verwachsungen sofort. Die Tentakel selbst sind kurz und zähnchenartig. Die Kolonie bildet kleinere, kissenförmige Polster. Die Färbung ist je nach Standort sehr variabel und schwankt von gelbraun über grüngelb bis graubraun oder dunkelbraun.

Verwechslungsmöglichkeiten: Wird häufig mit Steinkorallen verwechselt, hat aber kein festes Kalkskelett wie diese. Diese Art kann daher relativ leicht von ähnlich aussehenden Steinkorallen unterschieden werden, da ihre Polypen zwangsläufig stets sichtbar sind und sie sich nicht wie die der Steinkorallen in Kelche zurückziehen können.

Lebensraum: Bereits im Flachwasser in geringer Tiefe bis etwa 15 m. Besiedelt häufig totes Riffgestein und bildet auf diesem Untergrund faustgroße bis quadratmetergroße Kolonien.

Besonderheiten: Diese Krustenanemone ist sehr giftig (Palytoxin). Fische, die von ihr fressen, sterben meist schnell. Sie hat dadurch kaum Feinde. Die Berührung ist nicht gefährlich. Die Tentakelkränze sind tagsüber geöffnet. Nachts schließen sich die Polypen.

Aquarienhaltung: Gut geeignet, wird aber selten eingeführt, da sie von den Fängern für eine Steinkoralle gehalten wird, die normalerweise schwer zu halten sind und zumindest in der BRD nur mit Cites-Papieren gehandelt werden dürfen.

Zoanthus sp.
Krustenanemone

Familie Zoanthidae

Erkennungsmerkmale: Die Polypen dieser Krustenanemone sind zwar ebenfalls an der Basis miteinander verbunden. Sie haben aber lange Stiele, auf denen die kleinen Köpfchen mit ihren kurzen Tentakeln sitzen. Die Färbung variiert stark. Die Kolonien erreichen bis zu 25 cm Breite, der Einzelpolyp wird etwa 6 cm hoch.
Verwechslungsmöglichkeiten: Diese Art ist nur ein Beispiel für viele ähnliche Arten, die in Färbung, Größe und Form meist nur geringfügig voneinander abweichen. Alle besitzen aber kein Skelett, wodurch sie gut von Steinkorallen unterschieden werden können. Die Polypen sind nachts meist geschlossen, können aber durch das fehlende Skelett nicht zurückgezogen werden.
Lebensraum: Vom Flachwasser bis in Tiefen um 30 m. Stets auf toten Korallen.
Besonderheiten: Die meisten Krustenanemonen können Planktontiere fangen und fressen. Dennoch haben auch hier viele Arten Zooxanthellen, vor allem die Flachwasserbewohner, die viel Licht für die Photosynthese ihrer Symbiosepartner erhalten.
Aquarienhaltung: Gut geeignet. Müssen ihrer Herkunft entsprechend untergebracht werden. Faustregel: Bunte und hell gefärbte Arten schattig, braune und beige gefärbte Arten im vollen Licht. HQI-Licht wird nicht immer vertragen. Die Polypen müssen öfters mit feinerem Futter gefüttert werden (Glasrohr).

Zoanthus sp.
Schwamm-Krustenanemone

Familie Zoanthidae

Erkennungsmerkmale: Die Schwamm-Krustenanemone besiedelt Schwämme. Die winzigen Polypen sind weiß, besitzen dünne, kaum sichtbare Tentakel und ein kelchartig geformtes Mundfeld.
Verwechslungsmöglichkeiten: Den gleichen Lebensraum bewohnt *Parazoanthus parasiticus* aus der Karibik.
Lebensraum: Auf Schwämmen, vor allem auf *Halichondria*-Arten.
Besonderheiten: Die Polypen sind untereinander verbunden. Das verbindende Gewebe durchzieht den Schwamm wie ein Geflecht, ohne ihn so zu schädigen, daß er absterben würde. Für die kleinen Polypen ist dies ein wertvoller Schutz, zumal rote Schwämme selten gefressen werden, da einige von ihnen giftig sind (Feuerschwamm, *Latrunculia magnifica*).

Aquarienhaltung: Da die meisten Schwämme nicht haltbar sind, ist die Haltung dieser Krustenanemonen wohl nicht möglich.

Nemanthus nitidus

Wasilieff, 1908

Schmarotzer-Krustenanemone

Familie Nemanthidae

Erkennungsmerkmale: Diese Krustenanemone hat einen breiten, etwa 1 cm hohen, fleischigen Fuß, der am Grunde mit den anderen Polypen verwachsen ist. Die Tentakel stehen dicht an dicht am Rande des Mundfelds. Der Fuß ist gelbbraun gefärbt und manchmal dunkler gepunktet oder gefleckt. Mundfeld und Tentakel sind heller.
Verwechslungsmöglichkeiten: Dies ist die einzige Art im besprochenen Gebiet, die vor allem Dörnchenkorallen oder Gorgonien besiedelt. Andere Autoren stellen diese Art zu den Aktinien.
Lebensraum: Auf dem Skelett von Dörnchenkorallen, die meist erst ab einer Tiefe von 25 m wachsen.
Besonderheiten: Diese Krustenanemone besiedelt Dörnchenkorallen und Gorgonien, die sie regelrecht überzieht. Die Polypen der Koralle sterben dann ab. Normalerweise werden aber nur Teile der Koralle besiedelt, so daß die ganze Kolonie weiterleben kann.
Aquarienhaltung: Unbekannt. Muß schattig untergebracht werden. Füttern!

Ordnung Actiniaria (Seeanemonen, Seerosen, Aktinien)

Die Seerosen fallen dem Beobachter schon deshalb auf, weil sie häufig bunt gefärbt sind. Typisch sind einer oder mehrere Tentakelkränze auf dem oberen Ende eines mehr oder weniger zylindrischen Körpers, der nie ein Kalkskelett bildet. Die Tentakel sind entweder spitz zulaufend, fingerförmig, spiralig gedreht oder extrem kurz. Grundsätzlich sind sie hohl. Diese Hohlräume sind direkt mit dem Magenraum (Gastralraum) verbunden. Meist ist eine Fußscheibe vorhanden, mit der sich das Tier auf dem Untergrund festhalten kann. Andere Arten besitzen einen eher fleischigen, runden Fuß, mit dem sie sich auch in weichen Untergründen festhalten können. Ring- und Längsmuskeln erlauben den Tieren, sich bei Störungen schnell zurückzuziehen.

Seerosen sind meist getrenntgeschlechtlich, d. h., die Männchen stoßen Spermien aus, die sich entweder im freien Wasser mit den von den Weibchen ausgestoßenen Eiern verbinden oder die im Magenraum der Weibchen mit den dort lagernden Eiern zusammenkommen. Daraus entwickelt sich in den meisten Fällen eine Actinulalarve, die planktonisch lebt und sich nach etwa zwei Monaten an geeigneter Stelle festsetzt.

Aktinien können sich, wenn auch langsam, fortbewegen. Dadurch kann ein besser geeigneter Standort aufgesucht werden. Normalerweise kann man dies aber kaum beobachten.

Eine Ausnahme sind die Aktinien, die mit Einsiedlerkrebsen zusammenleben. Sie sind durch ihren Partner mobil und dadurch unabhängig von einem geeigneten Standort.

Für die Aktinien sind die bei allen Blumentieren vorkommenden Nesselzellen ebenfalls typisch. Sie kommen nicht nur in den Tentakeln und am Stamm vor. Es gibt auch Aktinien, die sogenannte Akontien bilden. Dies sind Schnüre, die ganze Batterien von Nesselzellen tragen, welche bei Gefahr, z. B. bei starker Berührung, ausgestoßen werden und den Feind abschrecken sollen.

Aktinien haben trotz dieser Einrichtungen Feinde. Sie werden von Schnecken angefressen, räuberische Seesterne machen sich zuweilen über sie her und selbst einige Fische fressen die Tentakel.

Die Seerosen selbst sind reine Fleischfresser. Sie leben von größeren und kleineren Krebsen, Fischen und anderem Getier, das sich in den Fangarmen verfängt.

Trotzdem haben es viele Tiere geschafft, hautnah mit diesen stark nesselnden Tieren zusammenzuleben. Einige Krebse, und hier allen voran die zarten Garnelen der Gattung *Periclimenes*, leben in enger Gemeinschaft mit Seerosen. Aber auch Fische überwinden die Nesselkraft der Seerosen. Berühmt sind die Clownfische aus der Gattung *Amphiprion* und *Premnas*, aber auch andere Fische suchen Schutz in den Tentakeln. Obwohl einige Seerosen auch symbiontische Algen (Zooxanthellen) in ihrem Körpergewebe beherbergen, stammen die bunten Farben meist nicht von ihnen, sondern von besonderen Farbstoffen.

Seerosen kommen in allen Riffbereichen vor. Man findet sie an der Wasseroberfläche in Ebbetümpeln, auf dem Riffdach, in Höhlen und am Riffabhang. Die kleinsten Arten sind nur wenige Zentimeter groß, manche Riffanemonen erreichen über einen Meter Durchmesser.

Phymanthus sp.
Felsenaktinie

Familie Actiniidae

Erkennungsmerkmale: Die bis zu 5 cm langen Tentakel sind unregelmäßig aufgetrieben, wobei keine Blasen sondern eckige Anhängsel und spitze Noppen entstehen. Das Mundfeld ist oft leuchtend gelbgrün gefärbt, meist aber blasser. Die Arme dagegen sind bräunlichweiß mit violetten Querstreifen. Bis 10 cm Durchmesser.
Lebensraum: Erst ab etwa 10 m Tiefe, vor allem zwischen Korallenbrocken am Fuß des Korallenriffs in der Schuttzone.
Besonderheiten: Mit dieser Art lebt häufig die kleine Partnergarnele *Thor amboinensis* zusammen, die meist unter der Mundscheibe lebt, aber bei Gefahr mitten auf die Anemone flüchtet.
Aquarienhaltung: Gut möglich, muß aber in dunklen Aquarien mit blauen Leuchtstoffröhren gehalten werden, da sie vor allzuviel Licht flieht. Sie verkriecht sich dann im Dekorationsmaterial, wo sie kümmert, da sie nicht mehr regelmäßig gefüttert werden kann.

Edwardsia sp.
Sandrose

Familie Actiniidae

Erkennungsmerkmale: Diese bis zu 10 cm im Durchmesser groß werdende Anemone besitzt 16 spitz zulaufende, fast durchsichtige Tentakel mit kleinen, sandfarbenen Pünktchen. Auch die Mundscheibe ist hellbraun-grau gefleckt. Der Fuß ist wurmförmig und ganz im Sand eingegraben.
Verwechslungsmöglichkeiten: Es gibt ähnliche Arten aus anderen Gattungen, die ebenfalls durchsichtig sind und im Sand leben, aber meist kleiner sind. Zylinderrosen besitzen zwei unterschiedliche Tentakelkränze.
Lebensraum: Bereits im Flachwasser ab 3 m Tiefe im Sand eingegraben.
Besonderheiten: Diese Art lebt ausschließlich nachtaktiv und bleibt tagsüber vollständig im Sand verborgen. Bei der Erschütterung werden die Tentakel eingezogen.
Aquarienhaltung: Theoretisch geeignet. Durch die nächtliche Lebensweise aber nur für Spezialisten interessant.

Triactis producta

Klunzinger, 1877

Dreiaktinie

Familie Aliciidae

Erkennungsmerkmale: Die Dreiaktinie hat bis zu 2 cm große, rotbraune Polypen mit farblosen, am Ende blasenartig verdickten Tentakeln. Sie bildet Kolonien aus dichtstehenden, nicht miteinander verwachsenen Polypen, die bis zu 30 cm Durchmesser erreichen können, meist aber erheblich kleiner sind.

Verwechslungsmöglichkeiten: Diese Art wird gelegentlich mit Krustenanemonen verwechselt.

Lebensraum: Bereits in wenigen Metern Tiefe bis maximal 20 m. Lebt in meist unzugänglichen Spalten und Rissen zwischen anderen Blumentieren.

Besonderheiten: *T. producta* nesselt stark. Aus diesem Grund verwendet die Boxerkrabbe *Lybia leptochelis* diese Anemone als Schutz. Sie hält je ein Exemplar in ihren Scheren und streckt sie Feinden drohend entgegen.

Aquarienhaltung: Unbekannt, aber sicher einfach. Liebt schattigere Stellen.

Entacmaea quadricolor
(Rüppell & Leuckart, 1828)
Blasenanemone

Familie Actiniidae

Erkennungsmerkmale: Diese Anemone fällt sofort durch die dicken, an der Spitze blasenartig aufgetriebenen Tentakel auf, die bis zu 15 cm lang werden können und nicht sehr zahlreich sind. Die eher kleine Mundscheibe ist in Spalten eingezwängt, aus denen nur die blaßbraunen, dunkelbraunen, roten oder seltener leuchtendgelben Tentakel hervorschauen.

Verwechslungsmöglichkeiten: Früher auch als *Gyrostoma quadricolor* bezeichnet. Manche Exemplare besitzen zeitweilig keine Blasen. Dennoch sind die Tentakel dicker als die der meisten anderen Anemonen. Die verwandte Korkenzieheranemone *Macrodactyla doreensis* hat korkenzieherartig gedrehte, schlanke Tentakel und kann dadurch kaum mit ihr verwechselt werden.

Lebensraum: Bereits auf dem Riffdach bis 20 m Tiefe. Selten tiefer. Stets unter Korallenblöcken in Spalten und Risse eingezwängt.

Besonderheiten: Auch mit dieser Art leben viele Korallenfische und Garnelen zusammen. Im Roten Meer findet man häufig die Partnergarnele *Periclimenes longicarpus* und den Clownfisch *Amphiprion bicinctus* in enger Lebensgemeinschaft mit Blasenanemonen, im Indischen Ozean wird sie von *Amphiprion allardi* und *A. clarkii* bewohnt. Auch *Dascyllus trimaculatus* lebt oft in Anemonen, besonders als Jungtiere sogar in kleinen Gruppen von fünf bis zehn Exemplaren.

Aquarienhaltung: Gut haltbar. Brauchen viel Licht und sollten nicht mit zu vielen Symbiosepartnern belastet werden. Am besten hält man mehrere Exemplare mit einem Paar Anemonenfische.

Radianthus kuekenthalii
Riffanemone

Familie Stichodactylidae

Erkennungsmerkmale: Die bis zu 25 cm langen Tentakel dieser Anemone sind auffällig violett gefärbt und kaum sichtbar quergestreift. Eine Farbvariante ist vollständig beigeweiß gefärbt. Die Riffanemone hängt meist aus Spalten und Ritzen, die Mundscheibe selbst ist verborgen. Durchmesser bis zu 30 cm.

Verwechslungsmöglichkeiten: Kann leicht mit *Hereractis crispa* verwechselt werden, die aber keine so langen Tentakel hat und selten violett gefärbt ist. Bei *H. crispa* ist die graue Querbänderung der Tentakel stets gut zu sehen. *Heteractis aurora* besitzt deutlich hell-dunkel quergestreifte Tentakel, die zudem gleichmäßig abschnittweise aufgetrieben sind, ohne deutliche Blasen zu bilden. Sie lebt im Flachwasser bis höchstens 10 m Tiefe meist auf Sandboden am Rande von Korallenstöcken. *Radianthus koseirensis* besitzt ebenfalls spitz zulaufende Tentakel, die aber zum Mundfeld hin dunkel gefärbt sind. Das Mundfeld selbst ist gut sichtbar, da es nur schwach mit kürzeren Tentakeln besetzt ist.

Lebensraum: Ab wenigen Metern Tiefe. Häufig um 15 m. Nur im Roten Meer verbreitet, dort aber neben *Entacmaea quadricolor* die häufigste Art.

Besonderheiten: Lebt häufig mit Anemonenfischen und mit der Partnergarnele *Periclimenes* sp. zusammen.

Aquarienhaltung: Gut haltbar. Die violetten Formen benötigen weniger Licht als die helleren des Flachwassers.

Großes Bild: Radianthus kuekenthalii; kleines Bild: Heteractis aurora.

Stychodactyla mertensii

(Brandt, 1835)

Riesenanemone

Familie Stichodactylidae

Erkennungsmerkmale: Auf der bis zu 1,5 m im Durchmesser großen Mundscheibe befinden sich grünlich-graue, bis zu 2 cm lange, noppenartige Tentakel. Die Unterseite der Mundscheibe (Mauerblatt) ist weißlich-fleischfarben mit orangefarbenen Punktwarzen, die in Reihen angeordnet sind.

Verwechslungsmöglichkeiten: *S. haddoni* bevorzugt häufig weichen, sandigen Untergrund oder Seegraswiesen und hat keine orangefarbenen Warzen am Mauerblatt, *S. gigantea* hat ein gelb-grünliches Mauerblatt mit blauen Warzen und bleibt kleiner. Dennoch ähneln sich diese drei Arten durchaus und werden daher leicht verwechselt. Sicherstes Unterscheidungsmerkmal sind die Punktwarzen der Unterseite.

Lebensraum: Stets auf felsigem Untergrund, meist an nicht zu steilen Riffabhängen von 10 m Tiefe bis etwa 30 m. Der Fuß der Anemone ist stets in Spalten verborgen, das Mauerblatt und die Mundscheibe liegen lose flach auf.

Besonderheiten: Auf dieser Anemone findet man häufig die Garnele *Periclimenes brevicarpalis*, die Porzellankrabbe *Neopetrolisthes oshimai*, Anemonenfische der Gattung *Amphiprion* und Jungfische von *Dascyllus trimaculatus*.

Aquarienhaltung: In großen Aquarien mit starker Beleuchtung gut haltbar.

Heteractis magnifica

(Quoy & Gaimard, 1833)

Prachtanemone

Familie Stichodactylidae

Erkennungsmerkmale: Die bis zu 8 cm langen Tentakel sind gelblich bis irisierend grünlich gefärbt und enden in einer leichten Verdickung. Das Mauerblatt ist auffällig einfarbig violett, rot, gelbbraun oder orange gefärbt. Der Durchmesser kann bis zu einem Meter betragen.

Verwechslungsmöglichkeiten: Früher auch als *Radianthus ritteri* bezeichnet. *H. crispa* besitzt quergestreifte, längere Tentakel und eine gestreifte Mundscheibe. *H. aurora* hat Tentakel, die alle 3 bis 4 mm eine Schwellung aufweisen.

Lebensraum: Im Flachwasser bis höchstens 15 m Tiefe. Meist auf exponierten Felsen in ganzen Gruppen.

Besonderheiten: Viele Anemonenfischarten und der Porzellankrebs *Neopetrolisthes maculatus* leben in Symbiose mit dieser Anemone. Wenn sie ihre Tentakel einziehen, sehen die Prachtanemonen wie rote oder orangefarbene Bälle aus. Anemonenfische laichen häufig unter der Mundscheibe. Die roten Eigelege sind deutlich sichtbar und werden stets von den Eltern bewacht und aggressiv verteidigt. Vorsicht! Brütende Anemonenfische knurren nicht nur hörbar, sie beißen auch schnell, wenn man sie nicht in Ruhe läßt.

Aquarienhaltung: In geräumigen Aquarien gut möglich. Braucht viel HQI-Licht. Muß öfters mit Gefrierfutter (Mysis, Garnelen etc.) gefüttert werden.

Cryptodendron sp.
Teppichanemone

Familie Thalassianthidae

Erkennungsmerkmale: Die Teppichanemone besitzt sehr kurze, flaumartige Tentakel, die stets dunkelbraun gefärbt sind. Das Mundfeld liegt normalerweise auf Felsen flach auf. Bei dieser Art ist es jedoch wie ein Vulkanschlot geformt, der bis zu 30 cm hoch werden kann. Verschiedene knollenartige Erhebungen am Rand der Mundscheibe vervollständigen das ungewöhnliche Aussehen dieser Anemone.
Verwechslungsmöglichkeiten: Diese Art ist schwer einzuordnen, da es in der verfügbaren Literatur keine konkreten Hinweise gibt. Hinzu kommt, daß es im gleichen Lebensraum eine weitere Art gibt, die zum verwechseln ähnlich aussieht, jedoch in der Mitte des Mundfelds einen völlig anders gearteten Tentakelkranz aus weißlich-durchscheinenden Fangarmen besitzt. Die Einordnung in die Gattung *Cryptodendron* erscheint aber zulässig, da Form und Anlage der Tentakel der häufigeren *Cryptodendron adhesivum* ähneln, die sich jedoch durch die Umrandung der Mundscheibe mit einem Band von extrem kurzen Tentakeln von dieser Art unterscheidet.
Lebensraum: Ab 10 m Tiefe auf festem Untergrund. Bisher nur von den Malediven bekannt.
Besonderheiten: Auch auf dieser Anemone leben Symbiosegarnelen (*Periclimenes brevicarpalis*).
Aquarienhaltung: Unbekannt.

Actinodendron arboreum

(Quoy u. Gaimard, 1833)

Mangrovenanemone, Bäumchenanemone

Familie Actinodendridae

Erkennungsmerkmale: Diese Anemone besitzt dicht mit sehr kurzen Fangarmen besetzte, pyramidenförmige Auswüchse der Mundscheibe, die über den ganzen Körper verteilt sind. Voll ausgestreckt wird sie bis zu 50 cm hoch. Der Fuß ist im Sand oder Schlamm eingegraben.

Verwechslungsmöglichkeiten: Früher wurde diese Art *Megalactis hemprichii* genannt. Die ähnliche *Actinodendron plumosum* hat zahlreiche verzweigte Seitenäste und lebt ebenfalls im Sand.

Lebensraum: Lebt auf Sand- oder Schlammflächen im Flachwasser bis höchstens 5 m Tiefe. Auch in Kanälen zwischen Mangroven nicht selten. Nie auf festem Untergrund oder Korallengestein.

Besonderheiten: Diese Anemone ist in der Lage, sich vollständig in den Untergrund zurückzuziehen, was sie auch regelmäßig macht und was offensichtlich mit den Gezeiten zusammenhängt.

Aquarienhaltung: Nur in großen Aquarien mit mindestens 20 cm dicker Sandschicht möglich.

Ordnung Madreporaria (Steinkorallen)

Die Steinkorallen unterscheiden sich im Körperbau nicht wesentlich von den anderen Blumentieren. Im Gegensatz zu den anderen Unterklassen bilden sie aber ein Außenskelett aus Kalk (Aragonit), das ihnen auch ihren Namen eintrug. Alle Polypen stehen mit ihrem Gewebe, das den Korallenstock überzieht, in Verbindung. Und sie sind es auch, die die oft riesigen massiven Strukturen der Korallenriffe aufbauen. Doch die Steinkorallen schaffen dies nicht alleine. In ihrem Gewebe beherbergen alle hermaphroditen, d.h. riffbildenden Korallen, sogenannte Zooxanthellen. Dies sind einzellige Algen, und die beiden Partner stellen sich gegenseitig ihre Stoffwechselprodukte zur Verfügung. Es handelt sich also um eine echte Symbiose. Nun besitzen auch andere Blumentiere solche Zooxanthellen. Bei den Steinkorallen aber schlägt sich die Zusammenarbeit dieser sehr unterschiedlichen Partner in einer erheblich höheren Kalkproduktion nieder, als dies die Steinkorallen alleine zuwege brächten. Diese Algen sind also zu einem Großteil mitverantwortlich für das Zustandekommen der Korallenriffe.
Es gibt jedoch auch nicht-riffbildende Steinkorallen. Sie leben meist an abgeschatteten Stellen und bilden lediglich kleine Stöcke oder sogar nur Einzelpolypen. Häufig sind gerade diese Arten besonders farbenprächtig. Sie ernähren sich hauptsächlich von Plankton, das sie mit ihren nesselnden Tentakeln fangen. Auch die riffbildenden Steinkorallen fangen Plankton. Doch können sie häufig auch ohne solche Nahrung existieren, denn die Zooxanthellen erzeugen mit Hilfe des Sonnenlichts Stoffwechselprodukte im Überfluß, die die Steinkorallen als Nährstoffe verwenden.
Steinkorallen vermehren sich normalerweise vegetativ durch Knospung. So entstehen die großen Stöcke mit ihren unzähligen Polypen. Es gibt darüber hinaus auch Zwitter. Doch einmal im Jahr, je nach Gegend zu unterschiedlichen Zeiten, stoßen wie auf Befehl viele Korallenarten gleichzeitig Millionen von Eiern und ganze Wolken von Spermien aus. Diese verbinden sich im freien Wasser und bilden die Planula-Larve, die sich nach einiger Zeit im Plankton an geeigneter Stelle festsetzt und einen neuen Korallenstock gründet. Findet diese Larve keinen ihr zusagenden Untergrund, stirbt sie.

Psammocora contigua
Krustenkoralle

Familie Thamnasteriidae

Erkennungsmerkmale: *P. contigua* ist eine krustenbildende Koralle, die unregelmäßige fingerartige Auswüchse bildet. Die Polypen sind klein und können auf der dornigen Oberfläche nicht leicht entdeckt werden. Bis 1 m Durchmesser.
Verwechslungsmöglichkeiten: Aus dieser Gattung gibt es mehrere Arten, die die unterschiedlichsten Wuchsformen haben können. *P. contigua* läßt sich jedoch sicher an der typischen Oberfläche erkennen.
Lebensraum: Ab etwa 3 m Tiefe auf dem Riffdach. Selten tiefer als 8 m.
Besonderheiten: Die mit scharfen Zähnchen versehene Oberfläche kann vor allem bei Schnorchlern üble Schürfwunden verursachen.
Aquarienhaltung: Alle Steinkorallen sind geschützt. Manche Arten dürfen aber mit einer Cites-Bescheinigung eingeführt werden.

Stylophora pistillata
Griffelkoralle

Familie Pocilloporidae

Erkennungsmerkmale: Die Kolonie der Griffelkoralle wird bis zu 25 cm im Durchmesser. Von einem Zentrum aus gehen nur wenig verzweigte, an den stumpfen Enden einfach gegabelte, mit deutlichen Poren oder Polypen versehene Zweige aus. Die Farbe variiert zwischen weißlichbeige bis rosa mit weißen Spitzen.
Verwechslungsmöglichkeiten: Allein im Roten Meer gibt es sechs Arten dieser Gattung, die man nur schwierig voneinander unterscheiden kann. Die Farb- und Formvariabilität erschwert dies zusätzlich. *S. pistillata* ist die häufigste Art des Roten Meeres.
Lebensraum: Vom Riffdach bis etwa 25 m Tiefe. Selbst auf sandigen Böden mit festem Untergrund. Meist einzelstehend, aber häufig in unmittelbarer Nachbarschaft anderer *Stylophora-* oder *Pocillopora*-Arten.

Besonderheiten: Eine sehr anpassungsfähige Koralle, die fast alle Lebensräume des Korallenriffs besiedelt. Nur an schattigen Standorten kommt sie nicht vor.

Stylophora sp.
Dünnästige Griffelkoralle

Familie Pocilloporidae

Erkennungsmerkmale: Die dünnen Äste dieser *Stylophora*-Art sind stark verzweigt und haben über die ganze Länge verteilt relativ wenige, schlecht erkennbare, teilweise endständig stehende Polypenkelche. Der ganze Stock ist hellrosa bis blaßlila gefärbt und erreicht bis zu 25 cm im Durchmesser.
Verwechslungsmöglichkeiten: Die systematische Einordnung dieser Art ist unsicher, da sie von der Wuchsform der anderen *Stylophora*-Arten erheblich abweicht. Dennoch kommt sie relativ häufig, besonders im Roten Meer, auch in der Nähe der ähnlichen anderen *Stylophora*-Arten vor.
Lebensraum: Ab 8 m Tiefe zwischen anderen kleineren Korallenstöcken. Die einzelnen Korallenstöcke berühren sich in der Regel nicht (Vernesselungsgefahr).
Besonderheiten: Im dichten Geäst halten sich häufig Pistolenkrebse (*Alpheus sp.*) oder verschiedene Krabben auf, die dort sicheren Schutz vor Feinden finden und die Koralle wiederum durchaus effektiv verteidigen können. Vor allem verhindern sie aber jede Art von Aufwuchs. Von solchen Krebsen bewohnte Korallen sind in der Regel daher stets frei von Epibionten (tierischem Aufwuchs) und meist sehr gesund.

Seriatopora histrix
Dornige Reihenkoralle

Familie Pocilloporidae

Erkennungsmerkmale: Die dünnen, leicht zerbrechlichen, am Ende geweihartig spitz zulaufenden Zweige von *S. histrix* bilden einen dichten Busch, der bis zu 25 cm hoch werden kann. Die kleinen, warzenartigen Kelche der winzigen Polypen stehen in Reihen dicht an dicht an den weißen bis grauen Ästchen. Die Zweigspitzen sind manchmal rosa gefärbt und sehr scharf.
Verwechslungsmöglichkeiten: Die ebenfalls im Roten Meer vorkommende Art *S. caliendrum* hat noch schlankere und längere Zweige, die stumpfe Enden haben. Beide kommen im gesamten Indopazifik relativ häufig vor.
Lebensraum: Vom Flachwasser bis etwa 30 m Tiefe. An strömungsreichen Stellen werden die Kolonien kräftiger und die Äste kürzer und dicker.
Besonderheiten: Die Innenseite der *Seriatopora*-Stöcke wird gelegentlich von Schwämmen besiedelt, die den gesamten Tierstock auffüllen können.

Pocillopora verrucosa
Himbeerkoralle

Familie Pocilloporidae

Erkennungsmerkmale: An den wenig verzweigten, am Ende häufig gegabelten Zweigen stehen die kleinen porenartigen Polypenkelche in auffälligen, himbeerartig angeordneten Gruppen, was zu knollenartigen Verdickungen führt. Die Spitzen der Äste sind am häufigsten rosa gefärbt, es kommen aber auch schmutzigbraune und sogar grünliche Kolonien vor. Bis 25 cm.
Verwechslungsmöglichkeiten: *P. damicornis* hat Zweige mit rundem, *P. verrucosa* solche mit eher breitem, abgeplattetem Querschnitt. Beide sind im Roten Meer häufig und dort die einzigen Arten der Gattung. *P. edouxi* aus dem zentralen Indischen Ozean hat dicke Astenden ohne die himbeerartigen Polypenkelchgruppen.
Lebensraum: Die *Pocillopora*-Arten lieben helle, sonnendurchflutete Standorte.

Besonderheiten: Zwischen den Ästen der *Pocillopora*-Korallen findet man fast regelmäßig Krebse der Gattungen *Trapezia* und *Tetralia*, die ihre Koralle nie verlassen. Sie sorgen dafür, daß ihre Behausung nicht von Aufwuchs überwuchert wird und leben von den organischen Partikeln, die zwischen den Ästen hängenbleiben oder von herangeschwemmtem Plankton. Die Gallenkrabbe *Hapalocarcinus marsupialis* verursacht gelegentlich bohnengroße Verdickungen der Äste, in denen die kleinen Krebse wohnen und die sie nicht mehr verlassen können.

Pocillopora eydouxi
Braune Himbeerkoralle

Familie Pocilloporidae

Erkennungsmerkmale: Dieser *Pocillopora*-Art fehlen die himbeerartigen Knollen. Stattdessen sind die Polypenkelche gleichmäßig auf den kurzen, plumpen, am Ende hammerförmig verzweigten Ästen verteilt. Die Grundfarbe ist schmutzigbraun bis grau, die Astenden sind heller gefärbt. Bis 25 cm.

Verwechslungsmöglichkeiten: Vermutlich gibt es weitere *Pocillopora*-Arten, die ähnlich aussehen. Die beiden Arten des Roten Meeres kommen auch im Indischen Ozean vor.

Lebensraum: Bereits auf dem Riffdach bis etwa 15 m Tiefe. Stets einzeln oder in losen Gruppen von wenigen Exemplaren. Häufig mit anderen ästigen Korallen zusammen.

Besonderheiten: Auch diese Art wird oft von Krebsen (*Trapezia*-Arten)und Pistolengarnelen (*Alpheus* sp.)bewohnt. Kleine Schwärme von verschiedenen Riffbarscharten schlafen gerne zwischen den Ästen und verstecken sich auch tagsüber bei Gefahr dort. Einige wenige Korallenfische fressen die winzigen Polypen oder nagen am harten Kalkskelett (Papageienfische).

Acropora sp.
Geweihkoralle

Familie Acroporidae

Erkennungsmerkmale: Die ästigen *Acropora*-Korallen sind kräftig verzweigt und haben einen für die Gattung typischen endständigen Polypen am Astende. Dieser endständige Polyp ist meist etwas größer und weiß gefärbt. Die etwa 3 cm dicken Äste sind dicht mit gut sichtbaren Polypenkelchen besetzt, die von graugrün über blau, rosa oder lila gefärbt sein können.
Verwechslungsmöglichkeiten: Die Gattung *Acropora* beinhaltet viele ähnliche Arten, die nur schwierig bestimmt werden können. *A. humilis* bildet kleine Tische, die kaum größer als 30 cm werden, *A. nasuta* flache,

Oben: Acropora robusta, unten: Acropora nasuta.

dichte Büsche mit gedrungenen, eher stumpfen Ästen, deren Spitzen rosa, blau oder hellgrün sein können. *Acropora robusta* und *A. grandis* werden größer als die meisten anderen Arten. Die buschartigen Kolonien erreichen bis zu 1,20 m Höhe. Unter Wasser kann man die meisten *Acropora*-Arten kaum voneinander unterscheiden, da sie nach Standort in Färbung und Wuchs variieren können.

Weltweit sind über 300 Arten bekannt, von denen viele sicherlich mehrfach beschrieben wurden, so daß wahrscheinlich von etwa 150 echten Arten gesprochen werden kann. Die Geweihkorallen sind durch ihr relativ schnelles Wachstum (je nach Art mehrere cm pro Jahr) wichtige Riffbildner. Andererseits sind sie durch ihre Form empfindlich und zerbrechen daher leicht. Auf der gegenüberliegenden Seite ist eine Auswahl von typischen *Acropora*-Korallen in der ästigen Wuchsform abgebildet. Die regelrechte Tische bildenden Arten werden gesondert besprochen.

Besonderheiten: Alle *Acropora*-Arten bieten zwischen ihren Ästen Unterschlupf für viele Tierarten, vor allem Fische (Riffbarsche), Krebse *(Alpheus, Trapezia)*, Würmer usw. Röhrenwürmer setzen sich fest (*Spirobranchus giganteus*), Muscheln wachsen in den Astgabeln oder bohren im Stamm und Pinzettfische fressen die kleinen Polypen.

Oben: Acropora grandis.

Rechts oben: Acropora sp.
Rechts unten: Acropora humilis.

Acropora hyacinthus
Riesen-Tischkoralle

Familie Acroporidae

Erkennungsmerkmale: Die Riesen-Tischkoralle bildet flache Tische mit einem zentralen kräftigen Fuß. Gelegentlich werden etagenartig weitere, kleinere Tische aus demselben Fuß angelegt. Die Verästelungen stehen fast in einer Ebene, so daß ein ebener Tisch entsteht. Auch der Tischrand ist relativ ganzrandig. Bis 5 m Durchmesser.
Verwechslungsmöglichkeiten: *A. divaricata* wird ähnlich groß. Die Verästelungen stehen aber unregelmäßig in alle Richtungen. Auch der Tischrand ist unregelmäßig. Alle anderen tischbildenden Korallen bleiben erheblich kleiner. *A. citherea* ist vermutlich ein Synonym für *A. hyacinthus*.
Lebensraum: Ab etwa 10 m Tiefe auf dem Riffdach tiefer liegender Korallenriffe. Nie tiefer als 25 m, da diese Korallen sehr lichtbedürftig sind (Zooxanthellen).

Besonderheiten: Die Tische dieser Korallen sind ein idealer Versteckplatz für Rochen, kleine Haie und viele andere Fischarten. Es lohnt sich also, einen Blick darunter zu werfen. Allerdings muß man dabei optimal austariert sein, um die zerbrechlichen Korallen nicht zu beschädigen.

Acropora divaricata
Verzweigte Tischkoralle

Familie Acroporidae

Erkennungsmerkmale: Auch diese Koralle bildet bis zu 5 m messende Tische, die aus mehreren Etagen aufgebaut sein können. Die Verzweigungen sind aber nie sauber auf einer Ebene, sondern unregelmäßig lang, was zu einer weniger glatten Oberfläche der Tische führt. Der Tischrand ist unregelmäßig. Die Färbung variiert zwischen grau, grünlich oder gelblich.
Verwechslungsmöglichkeiten: Siehe vor.
Lebensraum: Ab etwa 10 m Tiefe auf dem Riffdach und an leicht abfallenden Riffabhängen. Selten tiefer als 20 m.
Besonderheiten: Die weitausladende Wuchsform der Tischkorallen ist eine Anpassung an die Riffzonen in mittlerer Tiefe. Um für alle Einzelpolypen eine genügend große Lichtausbeute zu ermöglichen, wachsen die Äste horizontal. Dadurch verdeckt kein Aststück zu sehr ein anderes. Auf diese Art können auch die Riffzonen ab etwa 15 m Tiefe noch mit lichtbedürftigen Steinkorallen besiedelt werden.

Anacropora sp.
Falsche Geweihkoralle

Familie Acroporidae

Erkennungsmerkmale: Typisch für diese kleine Koralle sind die weit voneinander entfernten, wenigen Polypenkelche, die aufgrund ihrer Größe aber kaum sichtbar sind. Dazwischen ist die Kolonie glatt und meist gelbgrün gefärbt. Ein besonders auffälliger, endständiger Polyp fehlt. Bis 15 cm. Meist kleiner.
Verwechslungsmöglichkeiten: Die ähnlich geformten *Acropora*-Arten haben einen deutlich sichtbaren, vergrößerten, endständigen Polypen an der Spitze jedes Astes. Alle anderen, ebenfalls geweihartig verzweigten Korallen, sind dicht mit Polypen besetzt.
Lebensraum: Ab 5 m Tiefe auf festem Untergrund. Angeblich nicht aus dem Roten Meer bekannt. Das obenstehende Foto wurde vor Hurghada in Ägypten gemacht.

Besonderheiten: Diese Koralle wird häufig übersehen oder für kleine *Acropora*-Stöcke gehalten, obwohl sie wahrscheinlich nicht selten ist.

Montipora sp.
Rote Stachelkoralle

Familie Acroporidae

Erkennungsmerkmale: Diese Koralle bildet auffällige, krustenartige Überzüge auf abgestorbenen Korallen. Die Oberfläche ist mit kurzen, spitzen Dörnchen übersät, zwischen denen die kleinen Polypenkelche kaum sichtbar sind. Die Färbung reicht von kräftig rosa bis weiß. Bis 80 cm.
Verwechslungsmöglichkeiten: In dieser Gattung gibt es etwa 25 echte Arten, die meist inkrustierende Kolonien bilden. *M. foliosa* ist die am weitesten verbreitete und auffälligste Art, denn sie bildet plattige Kolonien. Ähnlich sehen die Arten der Gattung *Turbinaria* aus, vor allem *T. frondens*. Ihre Polypenkelche sind aber erheblich kleiner, nicht warzenartig und zahlreicher. *Echinopora lamellosa* sieht ebenfalls ähnlich aus, hat aber deutlich erhabene Polypenkelche, die ebenfalls dornig sind.

Lebensraum: Ab wenigen Metern Tiefe auf schrägen Riffhängen.
Besonderheiten: Diese Art wird, wie auch *Porites*-Korallen und andere, blockartig wachsende Korallen, häufig von bohrenden Muscheln der Art *Pedum spondylium* besiedelt.

Pachyseris speciosa
Gerillte Plattenkoralle

Familie Agariciidae

Erkennungsmerkmale: Die dünnen, plattenartigen Kolonien erkennt man sofort an den kreisförmig angeordneten Rillen auf der Oberfläche. Bei näherem Hinsehen erkennt man, daß die Rillen aus erhabenen, quergerillten Graten bestehen. Die Ränder der Platten sind weiß, die Oberfläche ist schmutzigbraun. Bis 70 cm. Häufig sind mehrere Platten übereinander geschichtet.
Verwechslungsmöglichkeiten: Keine.
Lebensraum: Ab etwa 8 m Tiefe auf dem Riffabhang.
Besonderheiten: Auch hier werden oft mehrere, verschieden große Platten übereinander gebildet, die oft ohrförmig eingedreht sind. Diese Wuchsform stellt eine Anpassung an die geringere Lichtstärke in größerer Tiefe dar. Die Platten verhindern zudem das Aufkommen von Lichtkonkurrenten. Unter den Platten können daher nur Arten gedeihen, die kein Sonnenlicht benötigen.

Cycloseris sp.
Glatte Pilzkoralle

Familie Fungiidae

Erkennungsmerkmale: Die höchstens 7 cm groß werdende, runde Pilzkoralle hat durchgehende, kaum gezähnte Septen und einen zentralen Polypen, der tagsüber jedoch vollständig eingezogen ist. Erscheint unter Wasser kräftig orangerot, ist jedoch in Wirklichkeit bräunlichgrün.
Verwechslungsmöglichkeiten: Auf größere Entfernung sehen alle runden Pilzkorallen sehr ähnlich aus. Die kaum sichtbare Zähnelung der Septen ist aber typisch für die vorliegende Art. Die sonst ähnlichen *Fungia*-Arten haben eine deutliche Bezahnung und werden generell erheblich größer.
Lebensraum: Ab etwa 10 m Tiefe meist versteckt zwischen Korallen. Bisher nur vom Roten Meer bekannt.
Besonderheiten: Diese Art erscheint unter Wasser kräftig orangerot. Aufgrund besonderer Farbstoffe verschwindet diese Färbung bei Beleuchtung mit Tageslicht (Fotoblitz) vollständig.

Ctenactis echinata
(Pallas, 1766)
Ovale Pilzkoralle

Familie Fungiidae

Erkennungsmerkmale: Diese Pilzkoralle ist meist von ovaler Form, selten auch dreilappig mit einer Y-förmigen Mittellinie. Die Septen sind von der Mittellinie ausgehend durchgehend, nur selten unterbrochen, aber stark gezähnt. Ein einzelner Polyp sitzt in der Mitte der Mittellinie. Das Tier ist grünbraun gefärbt und wird bis zu 25 cm lang.
Verwechslungsmöglichkeiten: Früher wurde diese Art zu den *Fungia* gestellt. Sie ist die einzige Art der Gattung im Roten Meer und dort sehr häufig. Aufgrund der Form wird sie immer wieder mit *Herpolitha limax* verwechselt. Diese hat aber mehrere Polypen und keine durchgehenden Septen.
Lebensraum: Ab etwa 2 m Tiefe, meist zwischen größeren Steinkorallen liegend. Selten tiefer als 20 m.
Besonderheiten: Auch diese Pilzkoralle ist wie die meisten *Fungiidae* in ihrer Jugend (bis etwa 4 cm Größe) an einem kleinen Stiel festgewachsen, der später abbricht und eine kleine Narbe hinterläßt. Wer Pilzkorallen unbedingt anfassen und umdrehen will, um diese Narbe zu sehen, muß das Tier wieder exakt in die alte Position zurücklegen. Pilzkorallen können sich zwar extrem langsam fortbewegen, einmal auf dem Rükken liegend können sie sich aber nicht mehr zurückdrehen. Die Polypen sind nur nachts geöffnet.

Herpolitha limax

(Houttuyn, 1772)

Bumerangkoralle

Familie Fungiidae

Erkennungsmerkmale: Im Gegensatz zu der vorhergehenden Art hat die Bumerangkoralle mehrere Polypen und ist somit eine koloniale Pilzkoralle. Die Einzelpolypen sind sowohl auf der Mittellinie als auch auf den beiden Seiten verteilt. Sie ist gebogen oval, besitzt kaum gezähnte Septen, die kurz sind, unregelmäßige Zentren bilden und nur gestaffelt den Rand erreichen. Die Unterseite ist konkav eingcbogcn. Die Farbe ist braungrün bis schmutziggrau. Bis 40 cm.

Verwechslungsmöglichkeiten: *Herpetoglossa simplex* sieht ähnlich aus, hat aber keine Polypen auf den Seiten. Sie kommt nur von den Malediven bis ins südchinesische Meer vor und ist dort eher selten. *H. limax* ist vom Golf von Aqaba bis in den Pazifik verbreitet, aber die einzige Art dieser Gattung im Roten Meer. *H. weberi*, die zweite *Herpolitha*-Art, hat lange Hauptsepten und selten seitliche Polypen.

Lebensraum: Ab etwa 5 m Tiefe bis 25 m. Meist zwischen größeren Korallen, aber nicht im Schatten.

Besonderheiten: Zerbrochene Bumerangkorallen können regenerieren und bilden dabei eigenartig geformte Kolonien, die von der normalen Wuchsform oft stark abweichen. Die Polypen sind nur nachts geöffnet.

Oben: Fungia fungites,
unten links: Fungia repanda, unten rechts: Fungia scutaria.

Rechte Seite oben: Fungia klunzingeri.

Fungia sp.
Pilzkoralle

Familie Fungiidae

Erkennungsmerkmale: Die verschiedenen Arten der Gattung *Fungia* können nur schwer unter Wasser voneinander unterschieden werden. Sie sind alle mehr oder weniger rund und haben nur einen zentralen Polypen. Die Septen sind durchgehend oder kürzer, mehr oder weniger stark gezähnt und unterschiedlich hoch. Auch die Färbung variiert erheblich. Einfarbig graugrüne Tiere kommen ebenso vor wie gelbe Exemplare mit dunkelrotem Kern oder völlig rosafarbene Individuen. Die größten Arten werden bis 20 cm im Durchmesser.
Verwechslungsmöglichkeiten: *Fungia fungites* hat durchgehende, schwachgezähnte Septen und kurze, blasenförmige Tentakel, die jedoch wie bei fast allen *Fungiidae* nur selten tagsüber geöffnet sind. *F. repanda* kann leicht mit dieser Art verwechselt werden, hat aber stärker gezähnte Septen. *F. simplex* fällt durch die stark unregelmäßig gezähnten, ungleichmäßig verlaufenden Septen auf. *F. scutaria* hat gewellte, schwach gezähnte Septen mit kurzen, zähnchenförmigen Tentakeln. *F. klunzingeri* wiederum gleichmäßige, stark gezähnte Septen. Trotz dieser Angaben dürfte es schwerfallen, die einzelnen Arten ohne Skelettuntersuchungen sicher zu bestimmen.
Lebensraum: Meist im Flachwasser des Riffdachs bis in etwa 15 m Tiefe. Selten auch tiefer. Pilzkorallen leben auf sandigem Grund genauso wie auf hartem Korallengestein. Gruppen von vielen Exemplaren sind meist von UW-Fotografen zusammengetragen worden. Aus Naturschutzgründen muß dies aber abgelehnt werden.
Besonderheiten: Je nach Untergrund und Strömung variieren die *Fungia*-Arten ihre Form. Tiere des Sandgrunds sind flacher und regelmäßiger geformt als solche, die auf unebenen Korallenfelsen leben. Die Unterscheidung ist nicht immer einfach.

Heliofungia actiniformis

(Quoy & Gaimard, 1833)

Anemonenkoralle

Familie Fungiidae

Erkennungsmerkmale: Das Skelett dieser Art ist von den bis zu 10 cm langen, am Ende mit einer kleinen hellgrünen Blase oder Spitze versehenen Tentakeln vollständig verdeckt. Diese Tentakel sind grünlich gefärbt, wobei man bei genauerer Untersuchung eine feine, graue Netzzeichnung erkennen kann. Das Skelett kann 20 cm Breite erreichen, ist rund und liegt dem Untergrund lose auf.

Verwechslungsmöglichkeiten: Wird gelegentlich mit Aktinien verwechselt. Diese besitzen aber kein Skelett. Es gibt nur eine einzige Art dieser Gattung.

Lebensraum: Ab etwa 3 m Wassertiefe meist an lichtgeschützteren Plätzen. Im Roten Meer nicht nachgewiesen. Auch sonst eher selten aber auffällig.

Besonderheiten: Die Tentakel werden auch tagsüber nicht eingezogen. Nur zur Vermehrungszeit oder bei massiven Störungen durch Feinde geschieht dies dennoch.

Goniopora planulata
Margheriten-Koralle

Familie Poritidae

Erkennungsmerkmale: Besonders auffällig sind die bis zu 10 cm langen Tentakel dieser Koralle, die am Ende ein blütenartiges Köpfchen mit etwa 24 kurzen Tentakeln tragen. Die Färbung reicht von weiß bis dunkelbraun, gelegentlich ist die Innenseite des Köpfchens Grün oder Goldfarben. Das Skelett ist nur sichtbar, wenn die Polypen eingezogen sind. Jeder Polypenkelch hat 24 Septen. Große Kolonien können über einen Meter Durchmesser erreichen.

Verwechslungsmöglichkeiten: Es gibt 20 bis 30 *Goniopora*-Arten, von denen *G. planulata* die größte, auffälligste und im gesamten Indopazifik verbreitet ist. *Goniopora*-Arten mit kleineren Polypenkelchen können mit *Porites*-Arten verwechselt werden. Diese haben aber nur zwölf Septen, und die Polypen sind klein und tagsüber nie offen.

Lebensraum: Schon in wenigen Metern Tiefe bis 30 m. Liebt gut umströmte, exponierte Stellen.

Besonderheiten: Diese Koralle wird gelegentlich von kleinen braunen Planarien befallen, die dem Tier aber offensichtlich kaum schaden (siehe Seite 168 und kleines Foto oben). *Goniopora*-Kolonien können mehrere Quadratmeter Riffflläche bedecken.

Porites sp.
Porenkoralle, Bergkoralle

Familie Poritidae

Erkennungsmerkmale: *Porites*-Korallen bilden große, meist kugelige oder unregelmäßig gewellte oder schwach verzweigte Blöcke, die mehrere Meter Durchmesser erreichen können. Die Polypenkelche sind meist winzig und haben etwa zwölf Septen. Die Färbung variiert zwischen braun, grünlich, gelblich und rosa (unter Wasser blau). Die Polypen sind winzig und tagsüber normalerweise eingezogen.
Verwechslungsmöglichkeiten: Von *Montipora* kann man *Porites* leicht abgrenzen, denn sie hat viele, gleichmäßig verteilte, gut entwickelte Polypenkelche und keine Zähnchen oder Granulae auf der Oberfläche. *Montipora* ist stets mit Zähnchen besetzt und ihre Polypenkelche sind kaum erkennbar (s. Seite 91). Etwa 50 Arten wurden bisher beschrieben.

Lebensraum: Stets im flachen Wasser des Riffdachs bis höchstens 15 m Tiefe. *Porites*-Korallen halten selbst stärkster Brandung stand, leben aber genauso in Stillwasserzonen und erreichen bei Ebbe manchmal die Wasseroberfläche. Dadurch entstehen gelegentlich sogenannte Mikroatolle, da die an die Wasseroberfläche stoßende Oberseite vor allem im Zentrum abstirbt und erodiert. So entsteht ein winziges Atoll (Mikroatoll).
Besonderheiten: Eine der wichtigsten Korallenarten des Riffs. Die massiven Blöcke machen die eigentliche Stabilität des Korallenriffs aus. Sie bieten Siedlungsfläche für Röhrenwürmer, Mördermuscheln, Wurmschnecken u. v. m. Fische suchen unter den überhängenden Blöcken Unterschlupf, lichtscheue Gorgonien verbergen sich im Schatten der riesigen Kolonien.

Oben und rechts: Verschiedene Wuchsformen von Porites-Korallen.

Favia favus
Echte Favia

Familie Faviidae

Erkennungsmerkmale: Diese Koralle bildet meist kugelige Blöcke, seltener inkrustierende Kolonien, deren 1 bis 2 cm große Polypen sich nicht berühren, sondern stets von einem kleinen Rand getrennt sind und außerdem meist etwas erhaben auf der Oberfläche stehen. Die Färbung variiert zwischen gelb, braun und grüngrau, wobei die Zone um die Gastralöffnung auch anders gefärbt sein kann als der Rest der Kolonie. Maximal 1 m Durchmesser.

Verwechslungsmöglichkeiten: Bei *Favites*-Arten berühren sich die Polypen stets, und diese sind nicht erhaben, sondern eingesenkt. Nur *Favia stelligera* hat kleine, kaum 2 mm große Polypen und wird dadurch leicht mit *Porites* verwechselt. Die Gattung *Favia* beinhaltet etwa 15 Arten, die sich sehr ähneln.

Lebensraum: Bereits im Flachwasser bis etwa 20 m Tiefe.

Besonderheiten: Die Polypen sind tagsüber geschlossen.

Favites sp.
Falsche Favia

Familie Faviidae

Erkennungsmerkmale: Die *Favites*-Polypenkelche berühren sich gegenseitig. Lediglich eine dünne Furche trennt die Polypen voneinander ab. Die Kelche sind eingesenkt. Die Färbung variiert von hellgrün bis braungrau. Die Polypen sind innen gelegentlich grünlich, rosa oder gelbbraun gefärbt. Die massiven Kolonien erreichen bis 1 m Umfang.

Verwechslungsmöglichkeiten: Siehe *Favia*. Etwa 15 Arten. Kann leicht mit *Goniastrea* verwechselt werden. Deren Septen sind allerdings anders geformt, was unter Wasser aber nicht bei allen Arten deutlich sichtbar ist.

Lebensraum: Ab wenigen Metern Tiefe bis etwa 20 m. In größerer Tiefe neigen die Kolonien zu krustenartigen Formen, die den Untergrund flächig überziehen.

Besonderheiten: Wie auf allen großen Korallen, so kann man auch auf *Favites* häufig kleine Grundeln finden, die hier leben und die Koralle nie verlassen.

Goniastrea sp.
Sternkoralle

Familie Faviidae

Erkennungsmerkmale: Die Sternkoralle bildet kissenförmige, gelegentlich auch inkrustierende, gewölbte Polster. Die bis zu 1 cm großen Polypenkelche stehen dicht und teilen die Kelchwände miteinander. Das Zentrum der Kelche ist oft grünlich gefärbt. Die Septen sind zahlreich und deutlich gratartig sichtbar. Die Färbung variiert zwischen grüngrau und braun. Bis 1 m. Meist kleiner.
Verwechslungsmöglichkeiten: Kann leicht mit *Favites* verwechselt werden. Die Septen der Polypenkelche sind bei *Favites* aber weniger scharfkantig, flacher und kaum sichtbar, da sie stets von fleischigem Gewebe überzogen sind.
Lebensraum: Ab wenigen Metern Tiefe bis etwa 20 m. Meist auf dem Rückriff oder in geschützteren Bereichen.

Besonderheiten: Besonders auf dieser Koralle sollte man auf die kleinen, oft ansprechend gefärbten Grundeln achten, die dort leben (s. Foto).

Diploastrea heliopora
(Lamarck, 1816)
Strahlenkoralle

Familie Faviidae

Erkennungsmerkmale: Diese Koralle bildet massive, runde Blöcke, die oft mehrere Quadratmeter Rifffläche bedecken können. Die sich gegenseitig berührenden Polypenkelche erreichen etwa 1 cm im Durchmesser und stehen deutlich nach oben gewölbt (konusförmig) auf der Oberfläche. Die Färbung variiert zwischen grünbraun und graubraun, wobei die Polypenöffnung meist heller gefärbt ist.
Verwechslungsmöglichkeiten: Keine. Einzige Art der Gattung.
Lebensraum: Bereits im Flachwasser des Riffdaches ab etwa 2 m Tiefe. Liebt Strömung und Brandung.
Besonderheiten: Besonders auf dieser Koralle findet man häufig winzige Grundeln aus der Familie der *Gobiidae*. Sie verlassen ihre Koralle nie. Meist sind sie aufgrund der geringen Größe und der hervorragenden Farbanpassung kaum aufzufinden. Die Polypen sind nachtaktiv.

Platygyra daedalea
Hirnkoralle

Familie Faviidae

Erkennungsmerkmale: Die Hirnkoralle ist unschwer an ihren mäanderförmig verlaufenden Polypenkelchwänden erkennbar. Entlang dieser Mäander verlaufen Rinnen, in die sich die Polypen zurückziehen können. Diese Rinnen sind am Grund häufig Grün, während die Mäander braun oder grau gefärbt sind. Die kugelförmigen Blöcke erreichen einen Durchmesser von bis zu 1 m. Seltener ist krustenartiges Wachstum zu beobachten.
Verwechslungsmöglichkeiten: *P. lamellina* ist nach VINE 1986 ein Synonym für *P. daedalea*, also dieselbe Art, wenn sich auch die Experten darüber nicht einig sind. Darüberhinaus gibt es noch etwa sieben weitere Arten, die aber *P. lamellina*, die die weitaus häufigste Vertreterin dieser Gattung ist, äußerlich nicht sehr ähneln. Eine ähnliche Art ist *Leptoria phrygia*, die aber schmälere Mäander hat, die außerdem gleichmäßiger verlaufen.
Lebensraum: Vom Flachwasser bis in etwa 30 m Tiefe.
Besonderheiten: Hirnkorallen öffnen ihre Polypen nur nachts. Sie gehören ebenso wie die großen *Porites*-Arten zu den für die Stabilität des Korallenriffs ausgesprochen wichtigen Arten, da die massiven Blöcke sehr stabil sind.

Leptoria phrygia

(Ellis u. Solander, 1786)

Falsche Hirnkoralle

Familie Faviidae

Erkennungsmerkmale: Auch diese Art bildet runde, aber unregelmäßige, bis zu 1,5 m hohe Blöcke. Die mäanderförmig angelegten, relativ parallel verlaufenden Polypenkelchwände stehen dicht beeinander, berühren sich fast und sind fein quergezähnt. Die kleinen Zwischenräume zwischen den Mäandern sind meist ebenso bräunlich oder grünlich gefärbt, wie die ganze Kolonie.

Verwechslungsmöglichkeiten: Die sehr ähnliche Hirnkoralle *Platygyra daedalea* bildet stets gleichmäßig kugelige Blöcke und hat größere und anders gefärbte Zwischenräume zwischen den breiteren Mäandern. Außerdem verlaufen diese in unregelmäßigen Windungen, die von *Leptoria phrygia* häufig parallel. *L. phrygia* ist die einzige Art der Gattung im Indopazifik und nicht überall häufig.

Lebensraum: Bereits im Flachwasser bis maximal 15 m Tiefe.

Besonderheiten: Die kleinen Polypen sind tagsüber eingezogen.

Echinopora lamellosa
Stachlige Koralle

Familie Faviidae

Erkennungsmerkmale: 20 bis 50 cm breite, blattartig gewellte Trichter sind typisch für diese Art. Die Polypenkelche sind warzenartig und gleichmäßig auf der rauhen, mit spitzen Dörnchen übersäten Oberfläche verteilt. Der hellere, polypenlose, glatte Rand hebt sich von der grauen Kolonie deutlich ab. Gelegentlich werden klobig geformte Auswüchse gebildet.
Verwechslungsmöglichkeiten: Im Roten Meer kommen nur zwei der etwa fünf *Echinopora*-Arten vor. *E. gemmacea* (kleines Bild) hat bis zu 7 mm über die inkrustierende Kolonie hinausragende Polypen. Bei *E. lamellosa* erreichen die Polypen kaum 2 bis 3 mm und sie wächst stets platten- bis trichterförmig, während *E. gemmacea* inkrustierend wächst oder Platten, nie aber deutliche Trichter bildet.
Lebensraum: Von wenigen Metern Tiefe bis etwa 40 m.
Besonderheiten: Häufig findet man mehrere Trichter stufenartig angeordnet, unter denen sich viele lichtempfindliche Tiere ansiedeln. An der dornigen Oberfläche kann man sich leicht Abschürfungen zuziehen, die häufig schlecht heilen.

Großes Bild: Echinopora lamellosa;
kleines Bild: Echinopora gemmacea.

Galaxea fascicularis
Rasenkoralle

Familie Oculinidae

Erkennungsmerkmale: Die Rasenkoralle bildet bis zu 80 cm breite Polster. Ihre etwa 1,5 cm großen Polypenkelche stehen einzeln durch tiefe Gräben von den anderen getrennt und haben hohe, scharfkantige Septen. Die Polypen sind oft grün, bräunlich oder gelblichgrau und verleihen der Kolonie durch ihre spitzen Tentakel ein stacheliges Aussehen.
Verwechslungsmöglichkeiten: Unverwechselbar. Etwa fünf Arten sind bekannt.
Lebensraum: Die Rasenkoralle besiedelt die verschiedensten Lebensräume vom Riffdach bis ins Vorriff. Sowohl ruhige als auch strömungsreiche Standorte werden besiedelt.
Besonderheiten: In ruhigen Riffzonen entstehen manchmal auch Formen mit langgestreckten Polypenkelchen. Die Polypen sind meistens auch tagsüber geöffnet. Die grüne Farbvariante leuchtet je nach Sonneneinstrahlung oft in einem irisierenden Licht. Auch auf UW-Fotos bleibt diese herrliche Färbung erhalten.

Lobophyllia corymbosa
Rosenkoralle

Familie Mussidae

Erkennungsmerkmale: Die Polypen dieser Koralle werden bis zu 4 cm groß, sind unregelmäßig rund bis gebogen oval und haben kräftige, abgerundete Septen, die oft mit kleinen Zähnchen besetzt sind. Sie stehen stets mit 2 bis 10 mm Abstand zueinander, was jedoch meist durch das fleischige Polypengewebe verdeckt wird. Die Färbung variiert stark. Es gibt grüne, goldbraune oder graubraune Kolonien, die kuppelartig wachsen und bis zu zwei Meter Durchmesser erreichen können.
Verwechslungsmöglichkeiten: Nur etwa vier Arten wurden bisher beschrieben.
Lebensraum: Vor allem auf dem Riffdach ab etwa 5 m Tiefe häufig.
Besonderheiten: Die Polypenkelche der *Lobophyllia*-Arten stehen auf langen, kantigen, den ganzen Korallenstock durchziehenden Säulen, die nur an der Basis und an der Stelle miteinander verbunden sind, an der der lebende Polyp sitzt. Aus diesem Grund werden diese Kolonien, so massiv und stabil sie auch aussehen, durch Anker oder Stürme , aber auch durch riffzerstörende Organismen, besonders leicht beschädigt. Die Kolonien brechen regelrecht auseinander, und die orgelpfeifenartig zusammengefügten Polypensäulen werden sichtbar.

Lobophyllia hemprichii
Mäanderkoralle

Familie Mussidae

Erkennungsmerkmale: Die Mäanderkoralle besitzt keine einzelnen Polypenkelche sondern wallartige, wulstige, bis zu 5 cm breite Mäander, in deren Zwischenräumen die Polypen sitzen. Die Färbung variiert zwischen schokoladenbraun und graubraun. Bis 80 cm.
Verwechslungsmöglichkeiten: Die Gattung *Symphyllia* sieht ähnlich aus, hat aber keine Gräben zwischen den Mäandern. Sie ist eher selten, kommt aber durchaus zusammen mit *Lobophyllia*-Arten vor. *Lobophyllia hemprichii* ist nicht sehr auffällig, da meist nur kleinere, einzelstehende Kolonien vorkommen.
Lebensraum: Ab etwa 10 m Tiefe. Häufig auch tiefer.
Besonderheiten: Die Polypen sind tagsüber geschlossen.

Mycedium elephantotus

(Pallas, 1766)

Elefantenhaut-Koralle

Familie Pectiniidae

Erkennungsmerkmale: Diese Koralle bildet eigenartig deformierte, in alle Richtungen wachsende, an der Basis krustenartig festgewachsene Fächer, die mit Knollen und Auswüchsen bedeckt sein können. Die Oberfläche hat ein arttypisches, paralleles Linienmuster, in das die unauffälligen, gelegentlich mit roten oder grünen Zentren versehenen Polypen eingebettet sind. Die Kolonien erreichen bis zu zwei Meter Größe. Oft wachsen viele Fächer blattartig gestaffelt über- und nebeneinander. Die Färbung variiert von goldgelb bis grau.

Verwechslungsmöglichkeiten: Kann eventuell mit der eng verwandten *Echinophyllia aspera* verwechselt werden, die aber Zähnchen und Alveolen (zähnchenartige Auswüchse) auf der Oberfläche hat.

Lebensraum: Erst ab etwa 15 m Tiefe an lichtgeschützten Stellen ohne starke Strömung. In größeren Ticfen werden die Kolonien verzweigter und zerbrechlicher.

Besonderheiten: Die Polypen sind tagsüber geschlossen. Die oft irisierende, aber bei verschiedenen Kolonien am gleichen Standort variierende Färbung der Polypenzentren ist auch tagsüber sichtbar und ein Beispiel für Fluoreszenz bei Korallen. Ob sie ein festes Artmerkmal darstellt und welche Funktion sie hat ist unklar.

Echinophyllia aspera
Falsche Echinopora

Familie Pectiniidae

Erkennungsmerkmale: Typisch für diese krusten- bis plattenartig wachsende Kolonie sind die unregelmäßig stehenden, teilweise sich berührenden, teilweise einzelstehenden dunklen Polypen, die sich von der helleren, unter Wasser grünlich leuchtenden Oberfläche der Kolonie deutlich abheben. Zwischen den Polypenkelchen kann man ein Linienmuster erkennen, das von kleinen Zäpfchen (Alveolen) unterbrochen ist. Bis 80 cm.

Verwechslungsmöglichkeiten: Die Gattung *Echinopora* unterscheidet sich vor allem durch die dicht stehenden Stacheln auf der Oberfläche, *Mycedium elephantotus* fehlen die Alveoli und bei *Oxypora* stehen die Polypenkelche stets allein und sind von vielen kleinen Warzen umgeben, die den anderen ähnlichen Gattungen fehlen.

Lebensraum: Bereits im Flachwasser, aber hier stets abgeschattet.

Besonderheiten: Die Kolonien wachsen vom Fels horizontal ins freie Wasser und bilden oft ästige, knollige Auswüchse. Die grüne Farbe zwischen den Polypen verschwindet durch den Einfluß von Tageslicht (Fotoblitz).

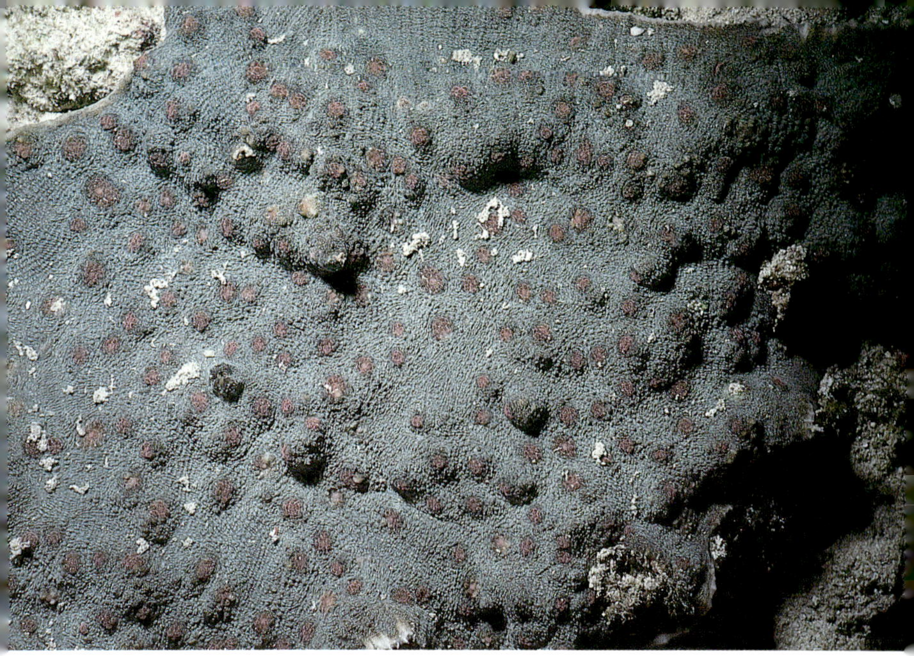

Oxypora lacera

(Verrill, 1864)

Pockenkoralle

Familie Pectiniidae

Erkennungsmerkmale: Diese Koralle bildet zwar dünne, krustenartige Überzüge, die Ränder der Kolonie stehen jedoch stets frei vom Untergrund ab. Die graue bis grünbraune Oberfläche ist mit kleinen, noppenartigen Warzen übersät, das Zentrum der unregelmäßig 3 bis 6 mm großen, nur leicht erhaben stehenden Polypenkelche ist meist rötlich oder rosa gefärbt und dadurch deutlich sichtbar. Die Polypenkelche sind nur manchmal miteinander verwachsen. *Oxypora lacera* erreicht eine Größe bis etwa 80 cm Durchmesser.

Verwechslungsmöglichkeiten: *Echinopora gemmacea* sieht ähnlich aus, hat aber keine andersfarbigen Polypenzentren. Außerdem ist ihr Rand stets krustig mit dem Untergrund verwachsen.

Lebensraum: Ab etwa 10 m Tiefe auf dem Riffhang. Meist an steilen Riffteilen, die eher lichtgeschützt sind. Typische Koralle an Drop-Off-Riffen.

Besonderheiten: Vorsicht! Diese Koralle ist sehr dünn und bricht leicht.

Plerogyra sinuosa
(Dana, 1846)
Blasenkoralle

Familie Caryophylliidae

Erkennungsmerkmale: Diese Koralle fällt sofort durch die ungewöhnlichen, 2 bis 3 cm großen, tagsüber blasenartig aufgetriebenen, weißlichgrau durchsichtigen Vesikel der Polypen auf. Die Art bildet bis zu 2 m große, kugelig wachsende Kolonien. Das Skelett, das man nur bei eingezogenen Polypen erkennen kann, ist mäanderartig gewunden. Auf den einzelnen, an den Seitenwänden glatten Mäandern sitzen die Polypen, zwischen den Mäandern sind bis zu 30 cm tiefe Furchen, die man aber nur am Skelett erkennen kann.
Verwechslungsmöglichkeiten: Es gibt eine weitere Art, *Plerogyra simplex*, die keine Mäander, sondern Einzelpolypen hat. Bei *Physogyra* sind die Mäander miteinander verbunden und daher ohne Zwischenräume. *Euphyllia anchora* hat hammerförmige Bläschen im Gegensatz zu den runden von *Plerogyra sinuosa*.
Lebensraum: Bereits ab etwa 3 m Tiefe auf dem Riffdach und Riffabhang.
Besonderheiten: Die Vesikel beinhalten Zooxanthellen und werden nachts eingezogen. Stattdessen werden jetzt die spitzen Tentakel geöffnet. Gelegentlich findet man auch kleine Kolonien von etwa 10 cm Durchmesser. Häufig findet man auf dieser Koralle *Periclimenes*-Garnelen. Normalerweise sieht man von der Blasenkoralle kaum Exemplare, die größer als 30 cm sind. Besonders im Golf von Aqaba, der strömungsgeschützt liegt, erreicht diese Koralle aber bis zu zwei Meter im Durchmesser.

Dendrophyllia sp.
Rote Zäpfchenkoralle

Familie Dendrophylliidae

Erkennungsmerkmale: Diese Koralle bildet kleine Polster aus bis zu 50 einzelstehenden, nur am Grund sich berührenden Polypenkelchen mit glatten Außenwänden. Die Septen der Kelche sind unter einer fleischigen Hautschicht halb verdeckt, die größeren der Septen sind aber dennoch gut sichtbar. Die Färbung variiert zwischen rosa, orange und blaßgrün. Die Einzelpolypen erreichen einen Durchmesser von etwa 1 cm und werden bis zu 8 cm lang.
Verwechslungsmöglichkeiten: Die Gattung *Dendrophyllia* wird häufig mit der Gattung *Tubastrea* verwechselt und einige Systematiker würden beide Gattungen gerne unter *Dendrophyllia* einordnen. In der Tat sind die Unterschiede geringfügig: *Dendrophyllia* hat zahlreiche Septen, die am Grunde meist miteinander verwachsen sind, *Tubastrea* deutlich weniger, die nie verwachsen sind. Beide Merkmale kann man nur am toten Skelett feststellen.
Lebensraum: Unter Überhängen und an der Decke von Höhlen bereits ab geringer Tiefe. Nie im Licht stehend. Liebt Strömung.
Besonderheiten: Die herrlichen, gelborangen Polypen werden nur nachts voll geöffnet. Auf *Dendrophyllia*-Korallen findet man gelegentlich Nacktschnecken der Art *Phestilla melanobranchia*, die farblich so angepaßt sind, daß man sie kaum von einem voll entfalteten Polypen unterscheiden kann. Sie fressen einen Korallenstock vollständig kahl, so daß nur das weiße Kalkskelett übrigbleibt. Auch die Wendeltreppenschnecke *Epitonium* sp. frißt von *Dendrophyllia*-Korallen, wobei sie nur einzelne Polypen ausfrißt und dann gelegentlich ihre orangefarbenen Eier in den leeren Kelch legt. Beobachtungen dieser Nacktschnecken liegen aber bisher nur vom Großen Barriereriff vor Australien vor. Durch die gute Tarnung werden sie oft übersehen.

Tubastrea aurea
Verwachsene Zäpfchenkoralle

Familie Dendrophylliidae

Erkennungsmerkmale: Im Gegensatz zur vorigen Art sind die Polypenkelche dieser Art miteinander verwachsen und ragen nur etwa 1/2 cm über die Oberfläche der Kolonie hinaus. Die Färbung ist einheitlich orangegelb. Die Kolonie erreicht einen maximalen Durchmesser von etwa 25 cm bei etwa 10 bis 15 cm Höhe.
Verwechslungsmöglichkeiten: Die Einteilung der *Dendrophylliidae* in die Gattungen *Dendrophyllia* und *Tubastrea* ist wie erwähnt umstritten. Jedenfalls ist diese Art die einzige der Gruppe mit verwachsenen Polypen. In der Literatur wird sie gelegentlich auch *T. coccinea* genannt. Somit ist das Durcheinander perfekt.
Lebensraum: Unter Überhängen und an anderen lichtgeschützten Stellen vom Flachwasser bis in große Tiefen.
Besonderheiten: Auch *Tubastrea*-Arten werden gelegentlich von Nacktschnecken heimgesucht.

Tubastrea micrantha
Grüne Zäpfchenkoralle

Familie Dendrophylliidae

Erkennungsmerkmale: Diese verzweigte Koralle hat ihre Polypenkelche in größerem Abstand voneinader an den verzweigten, hochwachsenden Ästen sitzen. Dazwischen ist das Skelett bis auf eine feine Linienzeichnung praktisch glatt. Die Stöcke sind grünlichbraun gefärbt, die etwa 6 mm großen Polypen braun mit hellgrünen, durchsichtigen Spitzen. Bis zu 1,5 m hohe Büsche kommen in den Riffen der Malediven häufiger vor. Vor allem im Roten Meer sind sie jedoch meist erheblich kleiner.
Verwechslungsmöglichkeiten: Unverwechselbar. Wird häufig als *Dendrophyllia micrantha* bezeichnet.
Lebensraum: An besonders strömungsexponierten Stellen ab etwa 15 m Tiefe. Kleine Stöcke findet man vor allem im Roten Meer auch in wenigen Metern Tiefe, hier aber stets lichtgeschützt an überhängenden Steilwänden und in Felsspalten.
Besonderheiten: An diesen Korallen kann man als Taucher besonders leicht hängen bleiben. Sie brechen dann ab und hinterlassen braune Flecken auf dem Tauchanzug. So erkennt man schlecht austarierte oder rücksichtslose Strömungstaucher gut an diesen Flecken. *T. micrantha* erscheint unter Wasser oft fluoreszierend Grün. Dies verschwindet leider mit dem Blitzlicht der Kameras. Die Polypen sind meist erst nachts geöffnet. An strömungsreichen Stellen oder bei bedecktem Wetter können sie jedoch manchmal auch tagsüber geöffnet sein.

Kleines Bild: Erst bei Nacht öffnen sich die Polypen von Tubastrea micrantha.

Turbinaria mesenterina
Salatkoralle

Familie Dendrophylliidae

Erkennungsmerkmale: Die Salatkoralle ist schon wegen ihrer goldgelben Farbe unübersehbar. Die trichterartigen, dünnen Wände sind wie ein Salat gewunden, was ihr zu ihrem Populärnamen verhalf. Die Polypen stehen nur auf der Kolonieoberseite. Sie bilden kleine, noppenartige Höcker, wobei die Septen nicht sichtbar sind. Große Kolonien können 1,5 m Durchmesser erreichen.

Verwechslungsmöglichkeiten: Ähnliche Arten haben stets sichtbare Septen.

Lebensraum: Ab etwa 10 m bis 30 m Tiefe auf dem Riffabhang. Besonders häufig im Roten Meer. Kommt aber bis ins Barriere-Riff vor Australien vor.

Besonderheiten: Einzige riffbildende (hermatypische) Korallengattung der *Dendrophylliidae*. Die anderen Gattungen (*Tubastrea*, *Dendrophyllia*) tragen zum Riffwachstum nur geringfügig bei. Zwischen den Windungen findet man häufig Röhrenwürmer, Muscheln, Schnecken und andere Korallen, die dort festgewachsen sind. Häufig umschwärmen Hunderte von *Anthias*-Rötlingen diese Korallenstöcke. Die gelbe Färbung der oft riesigen Kolonien ist selbst in größerer Tiefe noch unübersehbar und ein imponierender Anblick.

Turbinaria frondens
Schalenkoralle

Familie Dendrophylliidae

Erkennungsmerkmale: Im Gegensatz zur vorigen Art ist diese *Turbinaria*-Koralle nur unaufällig beige bis graubraun gefärbt. Sie bildet schalenförmige, nur wenig gewundene Trichter, die leicht einen Meter Durchmesser erreichen können. Die Polypen stehen wie Noppen auf der Oberseite der Kolonie.
Verwechslungsmöglichkeiten: Aufgrund ihrer besonderen Form und Oberfläche unverwechselbar.
Lebensraum: Ab 15 m Tiefe am Riffabhang und in Nischen von Steilwänden. Besonders an gut umströmten Stellen auch freistehend und dort besonders große Kolonien bildend.
Besonderheiten: Im Roten Meer bislang nicht nachgewiesen. Die Polypen sind tagsüber häufig zumindest teilweise entfaltet. Unter den Trichtern wachsen fast immer lichtempfindliche Gorgonien, Seescheiden und Anemonen. Andere lichtscheue Tiere, wie z.B. Soldatenfische, Muränen etc. verbergen sich dort gerne.

Unterklasse Octocorallia (Achtstrahlige Korallen)

Die Octocorallia zeichnen sich durch Polypen aus, die stets acht gefiederte Tentakel tragen. Zu ihnen gehören die Stolonifera (Röhrenkorallen), die Alcyonacea (Lederkorallen), die Gorgonacea (Hornkorallen) und die Pennatulacea (Seefedern).

Ordnung Stolonifera (Röhrenkorallen)

Zu den Stolonifera gehören die *Tubiporidae*, die Orgelkorallen. Ihr Skelett ist tiefrot und besteht aus etagenförmig angeordneten Röhrchen, in denen die weißen Polypen leben. Auch nach dem Absterben der Kolonien bleibt die schöne Farbe erhalten. Aber auch die *Clavulariidae*, die Röhrenkorallen, haben kein Innenskelett, sondern scheiden ein stützendes Kalkröhrchen ab, das den Polypen hält. Trotzdem sind alle Polypen einer Kolonie durch Ausläufer (Stolonen) miteinander verbunden.

Tubipora musica
Orgelkoralle

Familie Tubiporidae

Erkennungsmerkmale: Das Skelett dieser Art besteht aus mehreren Etagen von roten, harten Röhrchen, die lediglich am Ende der jeweiligen Etage miteinander verbunden sind. Die weißen, nur wenig gefiederten Polypen stehen dicht ineinander verschachtelt und bedecken dadurch das Skelett vollständig. Die gesamte Kolonie kann bis zu 80 cm Durchmesser erreichen.

Verwechslungsmöglichkeiten: Kann mit den nachfolgenden Arten verwechselt werden, da sich die Polypen ähneln. Diese haben jedoch kein rotes Skelett. Außerdem sind nur die Polypen von *T. musica* rein-

weiß. Sie bedecken das rote Skelett so vollständig, daß es nicht sichtbar ist.
Lebensraum: Bereits ab wenigen Metern Tiefe auf dem Korallenriff zu finden. Selten tiefer als 25 m.
Besonderheiten: Das Skelett dieser Art bleibt auch nach dem Absterben tiefrot. Am Sandstrand, dem Korallenriffe vorgelagert sind, findet man daher immer wieder Bruchstücke dieser Koralle. Die Polypen der lebenden Koralle sind auch tagsüber geöffnet.
Aquarienhaltung: Empfindlich. Veralgt leicht. Braucht starke Beleuchtung und sollte immer gut umströmt sein.

Links oben: Tubipora musica.
Kleines Bild: Polypen von Tubipora musica.
Rechts oben: Clavularia sp.

Clavularia sp.
Grünrote Röhrenkoralle

Familie Clavulariidae

Erkennungsmerkmale: Die Polypen dieser Koralle sind weiß mit einem irisierend grünlichen Schimmer. Die Stolonen sind rot gefärbt. Bis 15 cm.
Verwechslungsmöglichkeiten: Wird häufig mit *Tubipora musica* verwechselt, die aber wesentlich kräftigere und stets schneeweiße Polypen hat.
Lebensraum: Die Röhrenkorallen siedeln häufig auf abgestorbenem Riffgestein oder überwuchern abgestorbene Gorgonien.
Besonderheiten: Kommt erst ab etwa 8 m Tiefe vor. Verwandte Arten, die schon auf dem Riffdach in wenigen cm Tiefe leben können, sind meist braun oder beige gefärbt.
Aquarienhaltung: Je nach Herkunft brauchen Röhrenkorallen viel Licht. Eine Fütterung ist nicht möglich und unnötig. Die obengenannte Art veralgt leicht.

Ordnung Alcyonacea (Lederkorallen, Weichkorallen)

Statt eines richtigen Skeletts werden die fleischigen Kolonien der Alcyonacea lediglich von kalkigen Nädelchen, den Skleriten gestützt. Sie verleihen den sonst meist recht weichen Kolonien einen gewissen Halt. Bei den eigentlichen Lederkorallen (*Sarcophyton*, *Sinularia* u. ä.) wird das Gewebe fast hart und ist sehr stabil, bei anderen Gattungen (*Dendronephthya* u. ä.) kann man die einzelnen Sklerite durch den nur durch Wasserdruck aufrecht gehaltenen Tierstock regelrecht durchscheinen sehen. Daher nennt man sie meist Weichkorallen.

Sarcophyton sp.
Lederkoralle

Familie Alcyoniidae

Erkennungsmerkmale: Die Lederkorallen der Gattung *Sarcophyton* sind durch die unterschiedliche Wuchsform nur schwer voneinander zu unterscheiden. Die Länge der Polypen hängt z. B. von der Beleuchtungsstärke ab, die Form von den Strömungsgegebenheiten. *S. trocheliophorum* bildet bis zu 80 cm breite, stark lappig gefaltete Tierstöcke (s. Abb. Seite 127). Die Grundfarbe ist grüngelb bis hellbeige, die Polypen sind klein, weiß, sitzen an kurzen Stielen und haben wie alle Octocorallia acht Arme. Die Tiere werden bis zu 50 cm hoch, der kräftige Fuß ist jedoch oft vom großen, lappigen Hut benachbarter Exemplare verdeckt. Andere Lederkorallen (s. Abb. oben) sind eher pilzförmig und stehen auf einem langem Stiel. Die weißen Polypen sind bei diesen Arten relativ lang. Die Färbung variiert zwischen

grüngelb und sandfarben. Durchmesser bis 15 cm. Meist kleiner. Immer einzelstehend.
Verwechslungsmöglichkeiten: Es gibt etliche *Sarcophyton*-Arten, die sicher nur anhand der Skelettnadeln bestimmt werden können. *S. trocheliophorum* ist allerdings die größte Art und kann dadurch noch am ehesten sicher identifiziert werden.
Lebensraum: Auf dem Riffdach in bis zu 10 m Tiefe. Stets im vollen Sonnenlicht. Die pilzförmigen, kleineren Arten kommen auch bis zu 30 m Tiefe noch vor, bleiben aber hier recht klein.
Besonderheiten: Kolonien aus mehreren Exemplaren von *S. trocheliophorum* bedekken oft mehrere Quadratmeter des Riffdachs. Dadurch entstehen ganze Lederkorallen-Felder. Auf großen Lederkorallen findet man häufig bis 3 cm große Rippenquallen der Gattung *Coeloplana*, die sich dort festhalten und ihre bis zu 1,5 m langen, dünnen, fädigen Fangarme in der Strömung treiben lassen. Da sie fast durchsichtig sind, werden sie meist übersehen. Mit diesen Fangarmen, an denen kleinste Partikel und winzige Planktonkrebschen hängen bleiben, können die winzigen Tiere große Bereiche abfischen. Beim Einziehen der Arme werden die eingefangenen Partikel verzehrt.
Aquarienhaltung: Kleinere Exemplare sind sehr gut haltbar. Wie viele Weichkorallen des Flachwassers leben auch die Lederkorallen der Gattung *Sarcophyton* in Symbiose mit Zooxanthellen, von deren Stoffwechselprodukten sie sich ernähren. Auch für die Arten des tieferen Wassers scheint diese Ernährungsweise auszureichen, denn auch sie nehmen keine feste Nahrung zu sich. Sie müssen wie alle Weichkorallen mit Zooxanthellen gut beleuchtet werden. *Sarcophyton*-Lederkorallen können durch Abschneiden von Teilen des Hutrandes vermehrt werden. Diese Teile werden in Spalten von löchrigem Gestein gesteckt, wo sie unter guten Bedingungen schnell anwachsen und neue Kolonien bilden. Lederkorallen stoßen von Zeit zu Zeit die äußere Hautschicht zur Reinigung ab.

Sinularia sp.
Finger-Lederkoralle

Familie Alcyoniidae

Erkennungsmerkmale: Die *Sinularia*-Arten bilden je nach Art bis zu 1 m große, flächig inkrustierend wachsende Kolonien, deren Oberfläche von mehr oder weniger langen, fingerartigen Auswüchsen bedeckt sind. Aber auch buschige, kleinere Arten mit Stamm kommen vor. Die Färbung der Oberfläche variiert zwischen messingfarben, braun, blaugrau und hellbeige. Die Polypen sind stets weiß.

Verwechslungsmöglichkeiten: Etliche ähnliche Arten erschweren die genaue Bestimmung. Wie bei allen Lederkorallen kann auch hier nur die Präparation der Kalksklerite des Gewebes genauen Aufschluß über die jeweilge Art geben. Die Art *Sinularia flexibilis* weicht durch ihren bäumchenartigen Wuchs und die dünnen, mit Polypen besetzten Äste von den meisten häufigeren Arten auffällig ab. Von *Sarcophyton* lassen sich die *Sinularia*-Arten nicht immer gut unterscheiden. Sie bilden aber nie pilzförmige Kolonien sondern liegen dem Untergrund stets dicht an. Auch sind die Polypen tagsüber selten geöffnet (Ausnahme *Sinularia flexibilis*).

Lebensraum: Bereits im Flachwasser ab 2 m Tiefe bis etwa 20 m Tiefe. Stets an sonnenexponierten Stellen.

Besonderheiten: Tagsüber sind die Polypen meist eingezogen. Die Kolonien erscheinen dann fast glatt oder leicht rauh. Nachts oder bei starker Strömung werden die kleinen, weißen Polypen geöffnet und überziehen die Tiere mit einem weichen Flaum. Im Schatten der *Sinularia*-Stöcke leben häufig lichtempfindliche Gorgonien. Auf der Oberfläche klammern sich manchmal schwarze, tagaktive Haarsterne fest. Ansonsten findet man auf *Sinularia*-Lederkorallen kaum Aufwuchs, da sich die Tiere gelegentlich häuten und dabei Schmutz oder eventuell anhaftende Larven abstoßen.

Aquarienhaltung: *Sinularia*-Arten sind hervorragend für Riffbecken geeignet. Normalerweise wird keine feste Nahrung angenommen, da die Tiere in Symbiose mit einzelligen Algen (Zooxanthellen) leben.

Links oben: Große Kolonie von Sinularia sp.
Kleines Bild: Makroaufnahme derselben Art mit geschlossenen Polypen.
Rechts oben: Sinularia sp.
Rechts unten: Sinularia sp. mit geöffneten Polypen.

Lithophytum arboreum
Forsskål

Brokkoli-Koralle, Kenia-Bäumchen

Familie Alcyoniidae

Erkennungsmerkmale: Diese Weichkoralle wird bis zu 80 cm hoch, hat einen baumartigen Wuchs, wobei der helle Stamm ohne Polypen ist. Die verzweigten Äste sind dicht mit in Gruppen stehenden Polypen besetzt. Der Stamm ist fast weiß bis gelblich, die Polypen hellgelb bis kräftig schmutziggelb.
Verwechslungsmöglichkeiten: Die ähnlichen *Lemnalia*-Arten bleiben erheblich kleiner und sind stets weiß.
Lebensraum: Ab wenigen Metern Tiefe bis etwa 20 m. Stets auf exponierten Korallenblöcken meist einzeln oder in losen Gruppen stehend.
Besonderheiten: Die Polypen werden unabhängig von der Tageszeit geöffnet und sind in der Lage, feinen Plankton zu fangen.
Aquarienhaltung: Sehr gut geeignet. Die Tiere können rasch zu großen Exemplaren heranwachsen, die man auch vorsichtig mit geringen Mengen Ersatzplankton füttern kann.

Lemnalia sp.

Lemnalia-Koralle

Familie Alcyoniidae

Erkennungsmerkmale: Die unregelmäßig verzweigten, bis zu 25 cm hohen Kolonien sind gelblichweiß bis reinweiß gefärbt. Die Tentakel der Polypen sind auch tagsüber geöffnet. Je nach Strömung und Sonneneinfall sind die Kolonien eher flächig oder einzelne, bäumchenartig verzweigte Stöcke bilden sich aus.

Verwechslungsmöglichkeiten: Es gibt einige ähnliche Weichkorallen der Gattungen *Lemnalia*, *Sinularia* und *Nephthea*, die nur schwierig exakt bestimmt und kaum voneinander unterschieden werden können. Nur eine Untersuchung der arttypischen Sklerite hilft hier weiter.

Lebensraum: Ab 8 m Tiefe auf festem Untergrund, meist im vollen Sonnenlicht.

Besonderheiten: *Lemnalia*-Korallen können große Flächen des tieferen Riffdachs bedecken. Die Kolonien werden dabei aber kaum höher als 25 cm.

Aquarienhaltung: Sehr haltbare Aquarientiere, die hell untergebracht werden müssen und die man nur selten füttern muß, da sie wie fast alle Lederkorallen symbiontische Algen in ihrem Gewebe beherbergen, von deren Stoffwechselprodukten sie zumindest teilweise leben können.

Paralemnalia sp.
Falsche Lemnalia

Familie Alcyoniidae

Erkennungsmerkmale: Typisch sind die aus einem Punkt entspringenden Arme, die mit kleinen, kurz gestielten Polypen besetzt sind. Der Durchmesser kann 25 cm erreichen, die Farbe ist schmutzigweiß bis cremeweiß.
Verwechslungsmöglichkeiten: Die Gattung *Cladiella* erkennt man gut an den braunen Polypen auf weißem Grund. Selbst mit eingezogenen Polypen – die Kolonien sehen dann braun gepunktet aus – kann man sie noch gut von *Lemnalia*- oder baumförmig wachsenden *Sinularia*-Arten unterscheiden.
Lebensraum: Stets etwas versteckt zwischen Korallen, in Spalten oder kleinen Höhlungen. Von 8 bis 25 m Tiefe.
Besonderheiten: Zwischen den Tentakeln dieser Weichkoralle leben kleine, weiß oder gelb gefärbte Mysis-Garnelen in kleinen Schwärmen.
Aquarienhaltung: Gut haltbar. Kein volles HQI-Licht.

Lobophytum pauciflorum
Ehrenberg

Lappige Lederkoralle

Familie Alcyoniidae

Erkennungsmerkmale: Die bis zu 50 cm messenden Korallen bilden eng dem Untergrund anliegende, flache und glatte, an den lappigen Enden handförmig eingeschnittene Kolonien. Die Polypen stehen hauptsächlich an den Rändern der Lappen, durch das Gewebe kann man deutlich größere Skelettelemente (Sklerite) erkennen. Die Färbung variiert zwischen hellbeige bis braungrau.

Verwechslungsmöglichkeiten: Die Form und Struktur von *L. pauciflorum* ist typisch. Eine weitere *Lobophytum*-Art, die nicht genau bestimmt werden kann, hat fingerförmige Auswüchse auf dem Oberteil der Kolonie und kann dadurch gut von *L. pauciflorum* abgegrenzt werden. Weitere ähnliche Arten sind vorhanden.

Lebensraum: Im Gegensatz zu Literaturangaben kann man diese Art auch in größeren Tiefen um 25 m an stark abgeschatteten Plätzen finden, z. B. in überhängenden Nischen an senkrechten Riffabhängen. Das dort noch vorkommende Licht scheint für die Zooxanthellen im Gewebe dieser Tiere noch auszureichen. Im Flachwasser bevorzugt sie eher lichtgeschützte Stellen.

Besonderheiten: Mehrere Exemplare dieser Art können größere Flächen des Riffs bedecken.

Aquarienhaltung: Gut geeignet. Sollte aber nicht im vollen Licht untergebracht werden.

Alcyonium fulvum Forsskål
Schwefelkoralle

Familie Alcyoniidae

Erkennungsmerkmale: Diese Lederkorallen-Art bildet dünne inkrustierende Überzüge auf toten Stein- oder Hornkorallen. Die kleinen, kurzgestielten Polypen sitzen dicht an dicht. Die Färbung ist einheitlich schmutziggelb bis schwefelgelb.

Verwechslungsmöglichkeiten: Früher wurde die Art als *Parerythropodium fulvum* bezeichnet. Die durchaus ähnlichen *Sarcophyton*-Arten mit kleinen Polypen besitzen stets einen deutlich erhabenen Stamm und wachsen daher nie inkrustierend.

Lebensraum: Im Flachwasser bis etwa 15 m Tiefe auf abgestorbenen Korallen, die krustig überwuchert werden.

Besonderheiten: *A. fulvum* ist eine sogenannte Pionierkoralle, d.h. abgestorbene Riffteile werden von dieser Art als erste wieder besiedelt, und damit ist der erste Schritt für ein neues, intaktes Riff getan.

Aquarienhaltung: Gut haltbar. Starke Beleuchtung ist erforderlich. Die Polypen nehmen auch feines Ersatzplankton an. Auf einen gewissen Abstand zu anderen Korallen sollte geachtet werden.

Cespitularia sp.
Metallische Straußenkoralle

Familie Xeniidae

Erkennungsmerkmale: An den Ästen des wenig verzweigten, baumartigen Stammes sitzen die kurzgefiederten Polypen. Der Stamm ist bläulichviolett und metallisch glänzend überhaucht, die Polypen sind grauweiß bis grünlich.
Verwechslungsmöglichkeiten: Mehrere, kaum unterscheidbare Arten.
Lebensraum: Ab etwa 10 m Tiefe bis höchstens 25 m. Auf festem Untergrund.
Besonderheiten: Die Polypen können nicht mehr vollständig in die Tierstöcke zurückgezogen werden. Wie bei vielen Lederkorallen, so ist auch hier eine exakte Identifizierung nur mit Gewebeproben und durch Spezialisten möglich.
Aquarienhaltung: Gut haltbar, aber empfindlich gegen organische Verschmutzung des Wassers. Eiweißabschäumer und biologische Filterung sind empfehlenswert. Vermehren sich durch Teilung. Eine Fütterung ist nicht möglich, da diese Art vollständig von ihren Symbiosealgen und der Aufnahme gelöster Stoffe aus dem Meerwasser lebt.

Heteroxenia fuscescens

Falsche Pumpende Straußenkoralle

Familie Xeniidae

Erkennungsmerkmale: Die Falsche Pumpende Straußenkoralle bildet einen halblangen, fleischigen Stamm, von dessen Ende wenige kurze Verzweigungen die gestielten, stark gefiederten Polypen tragen. Die Fiederchen der Polypen können lediglich eingerollt, nicht aber zurückgezogen werden. Zwischen den großen, pumpenden Polypen (Autozoide) befinden sich am Fuße der Stiele kleine, kurze Sekundärpolypen (Siphonozoide). Die Farbe variiert je nach Belichtung und Standort zwischen hellweiß bis dunkelbraun. Bis 15 cm hoch.

Verwechslungsmöglichkeiten: Kann mit anderen *Xenia*-Arten und mit Arten aus der Gattung *Anthelia* verwechselt werden. *Anthelia*-Arten besitzen aber keinen zentralen Stamm. Nur *Heteroxenia* hat Sekundärpolypen, die man allerdings erst bei genauerem Hinsehen erkennen kann.

Lebensraum: Bereits in geringer Tiefe bis etwa 15 m. Pionierkoralle, die sogar auf den Blättern von Seegras oder in verschmutzten Hafenbecken vorkommt. Häufigste Art des Roten Meeres.

Besonderheiten: Die Polypen einiger Xeniiden, so auch von *H. fuscescens*, öffnen und schließen sich in kurzen Abständen. Dadurch werden die Polypen besser mit gelösten organischen Stoffen aus dem Meerwasser versorgt. Möglicherweise ist dies eine Anpassung an Stillwasserzonen, in denen z. B. bei Ebbe keine oder nur geringe Strömung herrscht.

Aquarienhaltung: Obwohl die Tiere auch in stark organisch belasteten Gewässern vorkommen, sind sie im Aquarium empfindlich gegen hohe Nitratwerte. Dürfen beim Transport keinesfalls gequetscht werden.

Xenia umbellata
Pumpende Straußenkoralle

Familie Xeniidae

Erkennungsmerkmale: Der sehr kurze, fleischige Stamm ist kaum verzweigt. An seinem Ende sitzen die gefiederten Polypen in dichten Büscheln. Es gibt nur eine Art von Polypen, die wie bei allen Xeniiden nur halb eingezogen werden können. Die Fiederchen dieser Polypen sind gleichmäßig und pumpen regelmäßig. Die Färbung variiert zwischen weiß und grauweiß.
Verwechslungsmöglichkeiten: Es gibt allein im Roten Meer etwa zehn Arten aus der Gattung *Xenia*. Nur diese Art besitzt jedoch wie *H. fuscescens* pumpende Polypen.
Lebensraum: Im Flachwasser an eher abgeschatteten Stellen, ab etwa 5 m Tiefe auch offen. Selten tiefer als 15 m vorkommend. Meist in kleinen Gruppen.
Besonderheiten: Die Färbung der meisten *Xenia*-Arten variiert deshalb, weil sie ihre Zooxanthellen von Zeit zu Zeit ausstoßen. und dadurch heller gefärbt sind.
Aquarienhaltung: Nicht zu hell unterbringen. Empfindlicher als *Heteroxenia fuscescens.*

Anthelia sp.
Stammlose Straußenkoralle

Familie Xeniidae

Erkennungsmerkmale: Aus einem kaum als Stamm erkennbaren, flächig ausgebildeten Fuß entspringen die lang gestielten, mit großen gefiederten Tentakeln ausgestatteten Polypen. Die Färbung variiert zwischen weiß und hellbraun. Die Kolonien erreichen einen Durchmesser von etwa 20 cm, bestehen aber oft aus nur wenigen Polypen.
Verwechslungsmöglichkeiten: Im Gegensatz zu den *Xenia*-Arten entwickeln die *Anthelia*-Weichkorallen keinen erkennbaren Stamm. Die Polypen sind außerdem meist größer und länger gestielt. Bei dichten Kolonien ist dies jedoch nicht immer erkennbar. Die meisten Arten pumpen nicht.
Lebensraum: Ab etwa 8 m Tiefe bis 25 m. Je nach Art auch an schattigeren Stellen. Die Arten mit wenigen, meist weißen Polypen bevorzugen schattige, tiefere Stellen am Riff. Die braunen, dicht mit Polypen besetzten Arten findet man auch im flacheren Wasser.
Besonderheiten: Auf allen Xeniiden kann man parasitische Krebse und Schnecken finden. Sie werden jedoch wegen der meist hervorragenden Farbanpassung häufig übersehen.
Aquarienhaltung: Sehr gut geeignet. Wie alle Xeniiden transportempfindlich. Werden an einem schwimmenden Styroporstück hängend transportiert, damit sie nicht gequetscht werden. Nicht zu hell unterbringen, da sie auch in der Natur an eher schwach beleuchteten Plätzen vorkommen.

Scleronephthya sp.
Runzelige Weichkoralle

Familie Nephtheidae

Erkennungsmerkmale: Die bis zu 20 cm hohen, baumartig verzweigten Tierstöcke besitzen kleine Polypen ohne Dornen. Im Stamm befinden sich winzige Skelettnädelchen, die so dicht stehen, daß er undurchsichtig ist. Stamm und Polypen sind kräftig orangegelb gefärbt. Die Polypen sind tagsüber oft eingezogen. Die Kolonie wirkt dann eher klumpig und hängt nach unten.
Verwechslungsmöglichkeiten: Durch die meist geringe Größe und das Fehlen der Dornen an den Polypen eindeutig von ähnlichen Arten unterscheidbar.
Lebensraum: Ab etwa 10 m Tiefe unter Überhängen, unter Tischkorallen, am Fuße großer Gorgonien oder anderer Hornkorallen. Stets im Schatten.
Besonderheiten: Tagsüber sind die Kolonien häufig geschlossen und ziehen sich dabei zu klumpigen, unförmigen Gebilden zusammen. Da dennoch meist einige einzelne Exemplare geöffnet sind, erkennt man die Art sicher. Nachts sind die Kolonien stets voll geöffnet.
Aquarienhaltung: Nur in schwach beleuchteten Aquarien und mit häufiger Planktonfütterung empfehlenswert. Empfindlich. Bei zu knapper Fütterung werden die Kolonien immer kleiner.

Kleines Bild: Bei Nacht sind die Polypen von Scleronephtya sp. geöffnet

Dendronephthya sp.
Stachelige Prachtkoralle

Familie Nephtheidae

Erkennungsmerkmale: *Dendronephthya gigantea*: Die feuerrote bis kräftig pinkfarbene, wenig verzweigte, gedrungene Kolonie ist über und über mit Stacheln besetzt, die aus dichten Klumpen von Polypen entspringen. Sie wird bis zu 30 cm hoch.
Dendronephthya hemprichi: Diese Weichkoralle besitzt einen langen Stamm, der kräftige Zweige entwickelt, die aber mehr oder weniger auf einer Ebene stehen. Die Polypen sind nicht so deutlich bedornt wie bei *D. gigantea*. Der fleischige Stamm ist durchsichtig und deutlich mit kräftigen Kalknadeln verstärkt. Die Färbung ist sehr variabel. Bis 40 cm.
Dendronephthya klunzingeri: Im Roten Meer lebt diese Art, die nach allen Seiten verzweigte Büsche bildet. Meist ist sie dunkelrot gefärbt. Bis 40 cm.
Dendronephthya habereri: Zu dieser Gruppe gehören all jene Arten, deren Polypen keine sichtbaren Kalkstacheln aufweisen und die mehr oder weniger direkt dem Stamm entspringen. Wissenschaftlich belegt ist diese Einteilung nicht, die unterschiedliche Wuchsform deutet sogar auf eine eigene Gattung hin.
Verwechslungsmöglichkeiten: Die verschiedenen Arten der Gattung *Dendronephthya* sind nur schwierig unterscheidbar, da sie sich oft sehr ähnlich sehen. Die oben aufgeführten Arten sind die häufigsten, können aber nicht als sicher gelten, da die verfügbare Literatur teilweise widersprüchliche Angaben enthält.
Lebensraum: Ab etwa 10 m Tiefe auf exponierten Standorten. Bis 30 m und tiefer. An der oberen Verbreitungsgrenze eher lichtgeschützt vorkommend, in größerer Tiefe stets offen in der Strömung. Häufig auf Gorgonien oder abgestorbenen Korallen. Oft kommen verschiedenfarbige Kolonien dicht beieinander vor.

Besonderheiten: Zu unterschiedlichen Tageszeiten kontrahieren die Tiere oft stark. Die Polypen können dabei jedoch nicht eingezogen werden. Nachts sind die Stöcke meist vollständig geöffnet. Etliche Krebsarten und Grundeln leben mit *Dendronephthya*-Korallen zusammen. Da sie hervorragend an die typische Färbung ihres Wirtes angepaßt sind, erkennt man diese Tiere oft erst, wenn man sehr genau auf den Verästelungen der Zweige nachschaut. Genaues über Lebensweise und Verhalten dieser Untermieter ist nicht bekannt.

Aquarienhaltung: Nur in schwach beleuchteten Aquarien. Schwierig. Da die Tiere häufig mit feinem Ersatzplankton gefüttert werden müssen, ist ein starker Abschäumer notwendig, da sich die Wasserqualität sonst schnell verschlechtert.

Links oben: Dendronephthya habereri; rechts oben: Dendronephthya gigantea; Mitte: Dendronephthya hemprichi; unten: Dendronephthya klunzingeri.

Nephthya sp.
Knotige Weichkoralle

Familie Nephtheidae

Erkennungsmerkmale: Eine zu den *Nephtheidae* gehörende Gruppe von Weichkorallen, deren Polypen nie in Gruppen stehen, sondern direkt den kurzen, aber zahlreichen Verzweigungen entspringen, was typisch für diese Gattung ist. Die Färbung ist sehr unterschiedlich. In Höhlen sind die Tiere reinweiß mit bläulichen Flecken, an Steilwänden findet man hellgelbe Tiere mit dunkelgelben Polypen oder dunkelrote Exemplare mit gelb-rot gefleckten Polypen. Ob dies manchmal nur Farbvarianten sind oder eigene Arten, ist nicht bekannt.
Verwechslungsmöglichkeiten: Von diesen Weichkorallen konnte mit der vorhandenen Literatur nicht einmal die Gattung sicher bestimmt werden. Dennoch sind sie auf den Malediven durchaus häufig und durch ihre Wuchsform leicht von den *Dendronephthya*-

Arten unterscheidbar. Vermutlich handelt es sich um verschiedene Arten derselben Gattung.

Lebensraum: Meist hängen oder stehen diese großen Stöcke in Höhlen oder an steilen, lichtgeschützten Steilwänden. Sie sind bisher nur von den Malediven her bekannt, sind aber wahrscheinlich im gesamten Indopazifik verbreitet.

Besonderheiten: Die in Höhlen lebenden Arten erinnern stark an verschneite Weihnachtsbäume.

Aquarienhaltung: Unbekannt. Sicher sehr empfindlich und daher nicht empfehlenswert.

Links oben und links unten: Nepthya sp.
Rechts oben: Alcyonaria sp.

Alcyonaria sp.
Tropische Meerhand

Familie Alcyoniidae

Erkennungsmerkmale: Dem bis zu 15 cm langen, kräftig orange gefärbten, fingerförmigen Stamm entspringen zahlreiche langgestielte, zartgefiederte, weißlichgelbe Polypen.

Verwechslungsmöglichkeiten: Es gibt ähnliche Arten, die sich in der Färbung und Form nur geringförmig unterscheiden.

Lebensraum: Bereits in geringer Tiefe in Spalten und Rissen halb verborgen.

Besonderheiten: Die Tropische Meerhand lebt tagsüber völlig verborgen in einer Felsspalte. Erst nachts wird die Kolonie völlig entfaltet und ragt dann aus ihrem Versteck hervor, um den nachts reichlicher vorhandenen Plankton zu fangen.

Aquarienhaltung: Nur in schwach beleuchteten Aquarien. Schwierig. Muß ständig mit Ersatzplankton gefüttert werden.

Links und unten: Subergorgia mollis, nachts mit geöffneten Polypen.
Oben: Subergorgia sp. (Stacheldraht-Riesengorgonie).

Ordnung Gorgonacea (Hornkorallen)

Die Hornkorallen besitzen ein inneres Skelett aus einer hornartigen, oft schwarz oder braun gefärbten Substanz (Gorgonin), das meist flexibel ist und von einer lebenden, farbigen Rindenschicht ummantelt ist, in die die Polypen sich mehr oder weniger tief zurückziehen können.

Subergorgia sp.
Riesengorgonie, Fächergorgonie

Familie Subergorgiidae

Erkennungsmerkmale: Von dieser Familie gibt es etliche Arten, die nicht immer einfach unterschieden werden können. *Subergorgia hicksoni* (Rotmeer-Riesengorgonie, Hickson's Riesenfächer)

Subergorgia hicksoni.

Die bis zu 2 m hohen, auf einer Ebene stark verzweigten Fächer sind rötlichbeige gefärbt. Die von dickeren Hauptadern ausgehenden Verzweigungen sind häufig miteinander verwachsen. Lediglich die äußeren Spitzen sind einige Zentimeter weit offen. Aus einem Hauptstamm können mehrere, auf einer Ebene stehende Fächer entstehen.
Subergorgia mollis: Die Netz-Riesengorgonie wird bis zu 2 m im Durchmesser. Ihre Verzweigungen sind dicht netzartig miteinander verwachsen, lediglich die äußersten Enden sind kaum sichtbar geöffnet. Sie ist blaßgelbrot gefärbt. Bei geöffneten Polyen erscheint sie jedoch orangerot. Die Verzweigungen stehen stets auf einer Ebene.
Eine dritte, bislang unbestimmte Art, *Subergorgia* sp.(Ästige Riesengorgonie), kommt erst im tieferen Wasser ab etwa 30 m vor. Diese beige gefärbte, strauchartig wachsende Gorgonie ist stark verzweigt, wobei aber die einzelnen Verzweigungen nur selten miteinander verwachsen sind. Tagsüber sind die vollständig eingezogenen Polypen nur als kleine, dunkle Punkte erkennbar. Die einzelnen Hauptäste stehen nicht in einer Ebene.
Subergorgia sp. (Stacheldraht-Riesengorgonie): Die von den Hauptästen ausgehenden kurzen, nach außen offenen Verzweigungen stehen seitlich vom Fächer ab und geben ihm ein stacheliges Aussehen. Am äußeren Rand des Fächers stehen die Ästchen mit wechselständigen, einfachen Verzweigungen. Die Grundfarbe der Hauptäste ist graulila, die Verzweigungen sind etwas heller. Bis 1,5 m. Ab 30 m Tiefe auf sandig-felsigem Grund. Meist im Vorriff.
Verwechslungsmöglichkeiten: Siehe oben.
Lebensraum: *Subergorgia hicksoni* und *S. mollis* kommen ab etwa 20 m Tiefe vor, leben bevorzugt aber noch tiefer. Stets an strömungsexponierten Steilwänden. *S. hicksoni* ist die häufigste Art des Roten Meeres

Subergorgia sp. (Ästige Riesengorgonie).

und kommt wahrscheinlich nur dort vor. Im Indischen Ozean bisher nicht nachgewiesen. *S.mollis* ist die häufigste Art der Malediven. Vom Roten Meer nicht bekannt. Die beiden anderen, hier beschriebenen Arten findet man erst ab 30 m Tiefe.

Besonderheiten: Die Fächer der großen Riesengorgonien stehen stets quer zur Strömung, um möglichst viel Plankton fangen zu können. Die Polypen sind nachts voll geöffnet. Tagsüber erscheinen sie sporadisch bei bedecktem Wetter oder wenn viel Plankton im Wasser schwimmt. Viele Tiere benutzen Riesengorgonienfächer als idealen Sitzplatz um besser in der planktonreichen Strömung stehen zu können. Hierzu gehören vor allem Haarsterne, aber auch die Muscheln aus der Gattung *Pteria*, die sich mit ihren Byssusfäden fest an den Fächern fixieren. Am Fuß von Gorgonien, die offen auf ebenen Hartböden leben, stehen oft Schwämme, Weichkorallen o.ä., die dort Deckung und Strömungsschutz finden. Oft sind diese großen Gorgonien die einzigen Deckungsmöglichkeiten auf tieferen Sedimentböden. Daher suchen auch Fische und andere Tiere hier nach Verstecken oder jagen von hier aus nach Nahrung.

Aquarienhaltung: Schon aufgrund der Größe unmöglich.

Paramuricea sp.
Rote Gorgonie

Familie Paramuriceidae

Erkennungsmerkmale: Der bis zu 80 cm hohe Fächer dieser Art besteht aus dicken, verzweigten, stets auf einer Ebene stehenden Ästen, die nur selten miteinander verwachsen sind. Die Äste zeigen stets einigermaßen direkt nach oben. Das Skelett scheint gelblichbeige durch die dunkelrot gefärbten, dicht rund um die Zweige stehenden Polypen durch.
Verwechslungsmöglichkeiten: Diese Art kann mit der vorhandenen Literatur nicht eindeutig bestimmt werden. Sie kommt besonders in den maledivischen Riffen relativ häufig vor.
Lebensraum: Ab 15 m Tiefe auf abgestorbenen Korallen. Stets lichtgeschützt vorkommend. In größeren Tiefen ab 25 m auch freistehend. Auch an Steilwänden und Riffabhängen.
Besonderheiten: Die Fächer stehen stets quer zur Strömung, um genügend Plankton fangen zu können.
Aquarienhaltung: Unbekannt.

Plexaura sp.
Zweifarbige Gorgonie

Familie Plexauridae

Erkennungsmerkmale: Die stets auf einer Ebene stehenden Äste dieser Gorgonie sind an der Basis rötlich gefärbt, werden zu den Spitzen hin aber gelber. Die links und rechts auf den Ästen stehenden Polypen sind gelb. Die Äste wachsen mäandrierend zur Seite und nach oben, sind aber dennoch wenig miteinander verwachsen.
Verwechslungsmöglichkeiten: Diese Art ist schwierig einzuordnen, da es viele ähnliche Arten gibt und die exakten Merkmale der einzelnen Familien nur anhand des toten Skeletts genau bestimmt werden können.
Lebensraum: Ab 15 m Tiefe, meist auf dem Korallenschutt des Vorriffs oder auf abgestorbenen Korallenstöcken.
Besonderheiten: Wie viele Gorgonien, die sich exponiert in die Strömung stellen, wird auch diese Art gerne von Aufsitzern (Haarsternen etc.) als idealer Sitzplatz benutzt.
Aquarienhaltung: Unbekannt.

Chlathraria rubrinodis
Rotknoten-Hornkoralle

Familie Gorgoniidae

Erkennungsmerkmale: Typisch für diese Art sind die gleichmäßig dicken, am Ende spitz zulaufenden Äste, die weißlich bis gelb gefärbt sind. Diese Äste stehen in dichten, dichotom verzweigten Büschen, die bis zu 50 cm hoch werden können. Tagsüber sind die Polypen kaum sichtbar.
Verwechslungsmöglichkeiten: Die Steinkoralle *Seriatopora histrix* sieht auf den ersten Blick ähnlich aus, besitzt aber hellere und glasig harte Zweige, während *C. rubrinodis* wie fast alle Hornkorallen flexibel ist.
Lebensraum: Bereits ab etwa 5 m Tiefe auf exponierten Standorten, oft im vollen Licht stehend. Bisher nur im Roten Meer beobachtet.
Besonderheiten: Das Skelett dieser Koralle ist rot, durch den gelben Überzug des Polypengewebes jedoch nicht erkennbar.

Aquarienhaltung: Veralgt leicht, verträgt aber relativ viel Licht. Schwierig, da sehr kleine Polypen.

Siphonogorgia mutabilis
Trug-Gorgonie

Familie Corallidae

Erkennungsmerkmale: Das leuchtend rote Skelett dieser Art ist durch dicht gepackte Kalknadeln hart und nicht flexibel. Die weißen Polypen können in kleine Kelche eingezogen werden. Bis 30 cm hoch.
Verwechslungsmöglichkeiten: Durch das harte Skelett eindeutig bestimmbar. Es gibt allerdings Varianten mit weißlichem oder gelblichem Skelett.
Lebensraum: Ab 15 m Tiefe in Höhlen. Freistehend erst ab 25 m.
Besonderheiten: Diese Art gehört nicht zu den Hornkorallen, sondern eher zu den Lederkorallen, wird wegen der äußeren Ähnlichkeit aber hier abgebildet. Sie ist von der Skelettbauweise her betrachtet am ehesten mit der Edelkoralle (*Corallium rubrum*) des Mittelmeeres vergleichbar. Tatsächlich ist sie mit dieser Art auch nahe verwandt und leicht verwechselbar. Die Edelkoralle (*Corallium rubrum*) kommt jedoch nur im Mittelmeer im kalten Wasser größerer Tiefen vor.
Aquarienhaltung: Vermutlich sehr empfindlich.

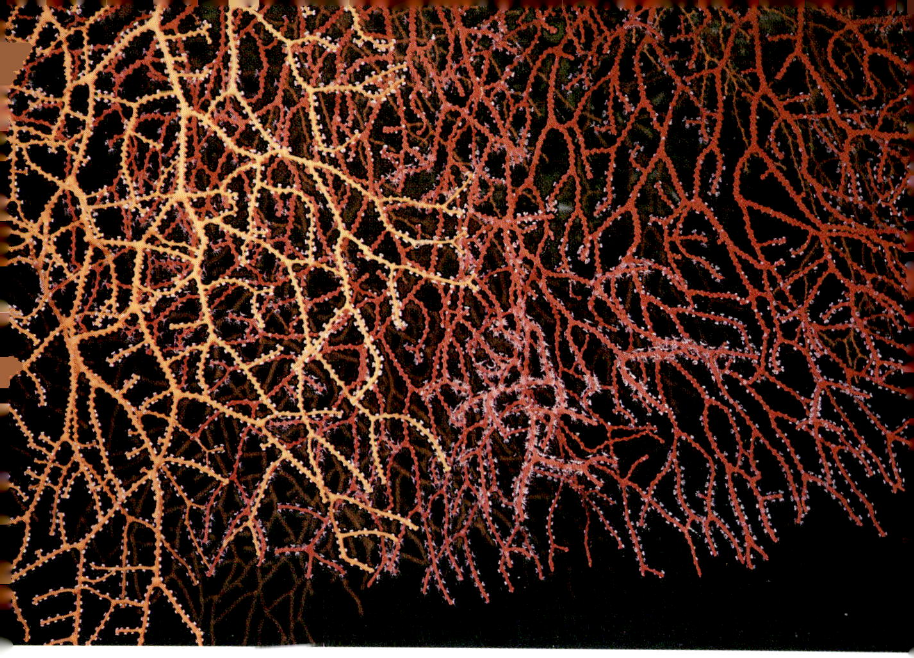

Acabaria sp.
Netzfächer

Oben und unten: Acabaria splendens. Linke Seite: Acabaria sp.

Familie Melitodidae

Erkennungsmerkmale: Es gibt einige verschiedene *Acabaria*-Arten, die nicht immer anhand der Färbung unterschieden werden können, da diese bei manchen Arten variiert. Zunächst sollen hier die häufigsten Rotmeer-Arten beschrieben werden.
Acabaria splendens: Die Äste des stark dichotom verzweigten Fächers stehen auf einer Ebene und sind oft miteinander verwachsen und dadurch netzartig. Sie sind sehr dünn, die Polypen stehen links und rechts in gut sichtbaren Kelchen und sind leuchtend weiß gefärbt. Es gibt leuchtend gelbe und leuchtend rote Fächer. Bis 45 cm.
Acabaria erythrea ist meist ziegelrot, wächst buschig und kommt bereits in lichtgeschützten Spalten des Riffdachs zusammen mit *A. pulchra*, einer kleineren, ebenfalls roten Art vor.

Acabaria erythrea.

A. biserialis ist weiß gefärbt und besitzt rote Knoten an den Verzweigungsstellen. Diese Art ist auch von den Malediven her bekannt.

Acabaria sp. (Riffdach-Netzfächer): Diese *Acabaria*-Art ist vor allem an den gelben Flecken erkennbar, die an den Verzweigungsstellen sichtbar sind. Die braunroten bis roten oder gelben Fächer sind netzartig dichotom verzweigt, wobei mehrere kleinere Fächer dicht zusammenstehen können, so daß ein buschiger Gesamteindruck entsteht. Bis 40 cm. Kommt nur im zentralen Indischen Ozean vor. Auf den Malediven häufig. Es gibt Exemplare, denen die gelben Flecken fehlen oder die leuchtend gelb sind, aber zartlilafarbene Flecken an den Verzweigungsstellen haben. Auch die Wuchsform ist je nach Strömung und Standort verschieden. Möglicherweise handelt es sich aber um ähnliche, eigene Arten und nicht nur um Farbformen.

Lebensraum: Die meisten *Acabaria*-Arten kommen erst ab 15 m Tiefe an völlig abgeschatteten Stellen wie Höhlen, überhängenden Steilwänden oder in und unter Schiffswracks vor.

Aquarienhaltung: Schwierig. Veralgen leicht.

Rechts oben und unten: Acabaria sp.

Melithaea sp.
Vielfarbiger Grottenfächer

Familie Melithaeidae

Erkennungsmerkmale: Die dünnen, dichotom verzweigten Äste des Vielfarbigen Grottenfächers stehen normalerweise nicht in einer Ebene. Die kleinen, auch tagsüber geöffneten Polypen stehen dicht rund um die Äste. Die gesamte Kolonie ist leuchtendgelb, orange oder rot gefärbt. Das sehr dünne, braune Skelett scheint leicht durch. Bis 30 cm.

Verwechslungsmöglichkeiten: Die Familie *Melithaeidae* umfaßt viele ähnliche Arten. Diese Art kann auch rot mit gelben oder weißlichen Polypen vorkommen. Offensichtlich hängt dies auch vom Standort ab, da die Farbvarianten fast immer räumlich getrennt vorkommen. Freistehende Exemplare des tieferen Wassers wachsen oft als ausgeprägter Fächer, dessen Arme in einer Ebene stehen. Kolonien des Flachwassers stehen oft in Spalten und sind dann eher buschförmig verzweigt. *Melithaea sp.* ist vor allem auf den Malediven häufig.

Lebensraum: An Steilwänden und in Grotteneingängen ab 20 m Tiefe. Dann stets quer zur Strömung ausgerichtet. Nur an lichtgeschützten Stellen auch im Flachwasser.

Besonderheiten: Eine bestimmte Art von Wurmschnecken (s.Seite 185) setzt sich als Larve auf dieser Gorgonie fest und läßt sich von deren Gewebe so umwachsen, daß nur noch die Öffnung freibleibt. Die Wurmschnecke kann so die Netzwirkung des Fächers mit ausnutzen und an der Gorgonie hängengebliebene organische Partikel aufnehmen

Aquarienhaltung: Ungeeignet. Veralgt in kürzester Zeit.

Anthogorgia sp.
Kleiner Seefächer

Familie Gorgoniidae

Erkennungsmerkmale: Dieser bis zu 60 cm große Seefächer hat lilafarbene Hauptäste, die ebenso wie die feinen, dichotomen Verzweigungen nach oben zur Spitze hin gelber werden. Die Färbung ist variabel. Die Polypen sind in größerer Tiefe auch tagsüber geöffnet und stehen rund um die Äste sowie auf den Hauptästen.
Verwechslungsmöglichkeiten: Schwierig exakt bestimmbar, da nur das Skelett genaue Auskunft über die Art geben kann. Die *Plexauridae*, die ansonsten ähnlich sind, haben keine Polypen auf den Hauptästen.
Lebensraum: Ab 20 m Tiefe an Steilwänden.
Besonderheiten: Die Polypen sind auch tagsüber häufig geöffnet.
Aquarienhaltung: Vermutlich sehr empfindlich. Fast alle Gorgonien veralgen leicht und müssen regelmäßig gefüttert werden, da sie keine Symbiosealgen in ihrem Gewebe aufweisen.

Junceella rubra
Rote Peitschenkoralle

Familie Ellisellidae

Erkennungsmerkmale: Die goldrot gefärbten, peitschenartigen und bis zu 1 m hohen, stets einzeln stehenden Korallen sind dicht mit gelbroten Polypen besetzt.
Verwechslungsmöglichkeiten: Die ähnlich aussehenden *Cirripathes*- und *Antipathes*-Korallen besitzen stets auffällige Dornen, die den *Ellisellidae* fehlen.
Lebensraum: Am Rande von Höhlen, im Schatten der Höhlendecke. Häufig in größeren Gruppen. Auch auf sandigem Grund, wenn darunter fester Fels ist.
Besonderheiten: Tagsüber sind die Peitschen relativ glatt, da die Polypen vollständig eingezogen werden können. Erst nachts öffnen sich die Polypen, um Nahrung aus dem vorbeiströmenden Freiwasser zu fangen. Das Foto zeigt die Tiere bei Nacht in völlig geöffnetem Zustand.

Aquarienhaltung: Ungeeignet. Sehr empfindlich gegen Veralgung. Nur für Spezialisten.

Ellisella sp.
Gelbe Bescngorgonie

Familie Ellisellidae

Erkennungsmerkmale: Aus einem Fuß zweigen bereits nach wenigen Zentimetern mehrere lange, gelborange gefärbte Zweige ab.
Verwechslungsmöglichkeiten: Keine.
Lebensraum: In Höhlen lichtgeschützt schon ab geringer Tiefe. Sonst über 30 m auch auf flachem Hartgrund.
Besonderheiten: Die Polypen werden ausschließlich nachts geöffnet. Beliebter Sitzplatz für Haarsterne. Auch kleine Grundeln leben auf den Zweigen und verlassen diese nie.
Aquarienhaltung: Ungeeignet.

Ellisella plexauroides
Weinrote Besengorgonie

Familie Ellisellidae

Erkennungsmerkmale: Die wenigen, aber langen Verzweigungen der Weinroten Besengorgonie wachsen von unregelmäßig quer wachsenden Zweigen ausgehend nach oben. Sie sind weinrot, mit ebenso gefärbten Polypen besetzt und werden bis 1 m hoch.
Verwechslungsmöglichkeiten: Es gibt noch eine Vielzahl ähnlicher Hornkorallen, die aber meist in unerreichbar großen Tiefen leben. Auch diese Art ist nicht häufig und wird nur an sehr strömungsexponierten Stellen schon ab etwa 30 m Tiefe gefunden.
Lebensraum: Ab etwa 30 m Tiefe auf Felsen, die voll in der Strömung stehen. Sonst auch erheblich tiefer.
Besonderheiten: Die Polypen sind im tiefen Wasser auch tagsüber geöffnet, da es hier nie sehr hell wird.
Aquarienhaltung: Ungeeignet.

Ordnung Pennatulacea (Seefedern)

Die Seefedern sind die einzigen Octocorallia, die nicht an einen Standort gebunden sind, da sie sich frei bewegen können. Meist halten sich die Tiere mit einem fleischigen Fuß im weichen Sand- oder Schlammboden fest. Der mittlere Teil der Kolonie ist gewöhnlich ohne Polypen und häufig von einer stützenden Achse durchzogen. Die Seefedern leben in großer Zahl in der Tiefsee. Die wenigen Arten des Korallenriffs sind nachtaktiv und tagsüber stets im Boden verborgen.

Cavernularia sp.
Walzen-Seefeder

Familie Veretillidae

Erkennungsmerkmale: Um die fingerförmige, fleischige Achse stehen die langen, am Ende mit acht fein gefiederten Tentakeln ausgestatteten Polypen. Die bis zu 15 cm lang werdenden Tiere sind fleischfarben bis rötlich gefärbt.

Verwechslungsmöglichkeiten: Es gibt eine große Zahl von Seefedern, die nur schwer exakt bestimmt werden können.

Lebensraum: In sandigen Böden bereits in geringer Tiefe.

Besonderheiten: Alle Seefedern sind ausschließlich nachtaktiv. Tagsüber rollen sich die Tiere ein und verbergen sich völlig im Sand.

Aquarienhaltung: Schwierig. Die Tiere bewegen sich im Sand fort. Eine mindestens 20 cm dicke Sandschicht wäre für ein seefedergerechtes Aquarium nötig.

Pteroeidida sp.
Höhlen-Seefeder

Familie Pteroeididae

Erkennungsmerkmale: Auf den gegenständig angeordneten Ästen dieser Seefeder befindet sich eine große Zahl zarter, feingefiederter Polypen. Die Hauptachse ist weiß, die Seitenzweige sind graubraun-weiß gefleckt. Höhe bis 25 cm.
Verwechslungsmöglichkeiten: Diese Art kann mit der vorhandenen Literatur nicht exakt bestimmt werden, obwohl sie zumindest auf den Malediven recht häufig ist.
Lebensraum: In sandigen Höhlen bereits in wenigen Metern Tiefe. Sonst sehr tief auf Sandgrund.
Besonderheiten: Seefedern können sich vollständig in den Sand zurückziehen. Sie besitzen einen fleischigen Fuß, mit dem sie sich im Sand verankern und fortbewegen können.
Aquarienhaltung: Unbekannt. Schwierig.

Klasse Bryozoa (Moostierchen)

Die Moostierchen gehören zum Stamm der Tentaculata, der Tentakelträger. Da sie den vorher beschriebenen Hohltieren, vor allem den Steinkorallen und den Hydratieren, äußerlich etwas ähneln, werden sie an dieser Stelle beschrieben. Systematisch müßte man die Moostierchen jedoch anders einordnen. Obwohl es in den tropischen Meeren viele attraktive Arten gibt, werden sie aufgrund der meist geringen Größe häufig übersehen.
Bei den Moostierchen handelt es sich im winzige, kaum einen halben Millimeter große Tierchen, die aus zwei Teilen bestehen. Der Cystid bildet das harte Kalkgehäuse, der Polypoid ist für den Fang der mikroskopisch kleinen Nahrung verantwortlich. Viele Einzeltiere zusammen bilden eine Kolonie. Arttypisch sind die mikroskopisch kleinen Öffnungen, durch die der Polypoid seine Fangarme streckt und mit denen

er Kleinstplankton fängt. Moostierchen sind meist zwittrig.
Über 3000 Arten sind weltweit beschrieben worden. Nur wenige Arten können sicher anhand des Aussehens bestimmt werden. Gerade über die tropischen Vertreter findet man selten genauere Angaben in der Literatur. Beispielhaft soll hier nur eine besonders auffällige Kolonie dargestellt werden.

Adeona sp.
Moostierchen

Familie Smittinidae

Erkennungsmerkmale: Die bis zu 15 cm im Durchmesser groß werdenden Kolonien fallen vor allem durch die orangerote bis lachsrote Färbung auf. Die kurzen, wenig verzweigten Äste sind sehr dünn und flach. Sie sind mit feinen, kaum sichtbaren Poren bedeckt. Die Polypoiden sind nur als heller Flaum erkennbar.

Verwechslungsmöglichkeiten: Es gibt viele ähnliche Arten, deren Bestimmung kaum möglich ist. Von Korallen lassen sie sich leicht durch die winzigen Polypen unterscheiden. Von Hydrozoen kann man nicht alle Arten leicht unterscheiden. Im Gegensatz zu den Hydrozoen (Ausnahme Milleporidae – Feuerkorallen) bilden sie aber komplexe hornige bis glasharte Skelette.
Lebensraum: Stets an abgeschatteten Stellen vom Flachwasserbereich bis in die tiefsten, noch von Tauchern erreichbaren Zonen am Riff. Immer auf hartem Untergrund.
Besonderheiten: Moostierchen besitzen keine Nesselzellen.
Aquarienhaltung: Ungeeignet. Veralgen sofort.

Stamm Plathelminthes (Plattwürmer)

Klasse Turbellaria (Strudelwürmer)

Die Turbellaria sind eine recht ursprüngliche Klasse des Stammes Plathelminthes (Plattwürmer). Sie sind sehr einfach gebaut und bestehen nur aus einem dünnen, flachen Hautlappen, der von Muskeln durchzogen ist und in dem die einfachen Organe liegen. Die Unterseite ist bewimpert, wobei sich die Würmer mit diesen Wimpern fortbewegen können (Strudelwürmer). Hinzu kommt ein Hautschleim, der ebenfalls zur Fortbewegung dient, aber auch Feinde vom Verzehr der Würmer abhält, da er offensichtlich unangenehm schmeckt. Strudelwürmer, die von Nesseltieren leben, sind wie Fadenschnecken (s. Seite 202) teilweise in der Lage, von den Nesseltieren Nesselkapseln aufzunehmen, um sich damit zu schützen.

Die Strudelwürmer sind zwar zwittrig, paaren sich aber dennoch, wobei Samen vom einen Tier zum anderen übergeben werden. Aus dieser Paarung entsteht die Protrochula-Larve, die planktonisch lebt, sich aber bald niederläßt und zum fertigen Plattwurm entwickelt. Allerdings können sich Strudelwürmer auch durch Teilung vermehren. Dies geschieht jedoch nicht absichtlich, sondern nur durch Fremdeinwirkung. Aus jedem Gewebestück eines z. B. von Räubern zerstückelten Plattwurms kann sich unter günstigen Umständen ein neuer Strudelwurm entwickeln. Die Tiere sind im Korallenriff nicht sehr häufig, aber leicht zu entdecken, da viele Arten farbenprächtig sind. Eine weitaus größere Artenzahl lebt oft in großen Mengen unerkannt im Riff, da sie unscheinbar gefärbt oder klein sind und zudem häufig versteckt leben.

Pseudoceros zebra
Zebra-Plattwurm

Pseudoceros sp.
Leoparden-Plattwurm

Pseudoceros sp.
Orangeblauer Plattwurm

Ordnung Polycladida

Erkennungsmerkmale: Der Körper der Plattwürmer ist im Gegensatz zu Nacktschnecken sehr dünn, besitzt keine Kiemenbüschel und keine richtigen Tentakel. Allerdings wird das Vorderende häufig so eingefaltet, daß der Eindruck entsteht, Tentakel wären vorhanden. Die farbenprächtigen tropischen Arten haben meist keine Anhängsel. Nur wenige besitzen eine noppige oder fransige Oberfläche. *Pseudoceros zebra* ist eine der auffälligsten und schönsten Arten und wurde bisher meist auf Lederkorallen der Gattung *Sarcophyton* und *Sinularia* gefunden, von denen er sich möglicherweise ernährt. Der Orangeblaue Plattwurm, *Pseudoceros* sp. lebt vermutlich von Schwämmen. Es gibt Exemplare, die sich farblich von ihm unterscheiden, aber dieselbe Zeichnung aufweisen. Möglicherweise handelt es sich bei diesen um Farbformen der selben Art.

Verwechslungsmöglichkeiten: Plattwürmer sind in der Regel charakteristisch gefärbt. Allerdings variiert die Zeichnung und die Färbung in gewissem Umfang. Die meisten Arten lassen sich nicht sicher bestimmen, da die gesamte Gruppe nur wenig bearbeitet wurde. Nacktschnecken lassen sich leicht von Plattwürmern abgrenzen, da sie zwar auch Kopftentakel haben, aber meist zusätzlich über Kiemenbüschel verfügen. Dennoch werden sie häufig mit den Plattwürmern verwechselt.

Lebensraum: Überall im Korallenriff in verschiedenen Tiefenzonen. Häufig auch unter Steinen.

Besonderheiten: Die *Pseudoceros*-Arten sind Nahrungsspezialisten, die nur ganz bestimmte Nahrung annehmen. Den Fundstellen nach zu urteilen leben einige von Ihnen von Korallengewebe, andere werden auf Schwämmen oder zwischen Hydrozoen oder Seescheiden gefunden. Einige Arten können schwimmen, tun dies aber nur im Notfall, z. B. wenn sie gewaltsam vom Substrat gelöst werden. Bei Verletzungen regenerieren aus abgetrennten Gewebeteilen manchmal neue Tiere.

Aquarienhaltung: Unbekannt. Wie die Nacktschnecken sind sie meist Nahrungsspezialisten, die kein Ersatzfutter annehmen. Es gibt jedoch Arten, die von Algen leben oder solche, die tierische Nahrung zu sich nehmen. Ohne Spezialkenntnisse sollte man dennoch auf die Haltung von *Pseudoceros*-Arten verzichten.

Oben: Pseudoceros sp. auf einem Schwamm, von dem der Wurm vermutlich lebt.

Callioplana marginata
Gehörnter Samtplattwurm

Ordnung Polycladida

Erkennungsmerkmale: Der Gehörnte Samtplattwurm unterscheidet sich von den *Pseudoceros*-Arten vor allem durch das Vorhandensein von kleinen Kopfanhängseln (Tentakeln), die Ausstülpungen des Körpers darstellen und nicht einfach durch das Einfalten des Körpersaumes entstehen. Die Grundfärbung ist samtschwarz, der Körper ist von einem orangefarbenen bis violetten und einem weißen Streifen umrandet. Die Tentakel sind ebenfalls orange.
Verwechslungsmöglichkeiten: Es gibt auch von dieser Art Varianten, die sich aber nur in der Farbgebung unterscheiden.
Lebensraum: Unter Überhängen an lichtabgewandten Felsen zwischen Sekundärbewuchs.
Besonderheiten: Diese Art kann mit undulierenden Bewegungen schwimmen, macht dies aber nur, wenn sie aufgescheucht wird.
Aquarienhaltung: Unbekannt. Vermutlich Nahrungsspezialist, der im Aquarium verhungern oder sich an sessilen Wirbellosen vergreifen würde.

Convolutriloba retrogemma
Roter Plattwurm

Klasse Turbellaria

Erkennungsmerkmale: Die kaum 3 mm messenden, dunkelrot bis braun gefärbten Planarien sind nur schwer zu entdecken.
Lebensraum: Bereits in geringer Tiefe auf Korallen, totem Riffgestein, Schwämmen etc. Vermutlich kommen die Tiere im gesamten Indopazifik vor. Das oben gezeigte Foto entstand im Roten Meer (Golf von Aqaba) in 10 m Tiefe.
Besonderheiten: Diese Planarien besitzen symbiontische Algen in ihrem Gewebe, von deren Stoffwechselprodukten sie offensichtlich ausschließlich leben. Trotzdem findet man sie in der Natur auch an abgeschatteten Plätzen, allerdings in relativ geringer Tiefe.
Aquarienhaltung: In Aquarianerkreisen werden diese Plattwürmer die »Rote Pest« genannt, da sie sich bei entsprechender Beleuchtung (starkes HQI-Licht) massenhaft vermehren können. Direkten Schaden richten sie nicht an, sie können aber empfindliche Wirbellose regelrecht ersticken.

Stamm Echiurida (Igelwürmer)

Hier handelt es sich um Meerestiere mit wurmförmigem Körper, der meist eingegraben oder in Felspalten verborgen ist. Von ihm aus geht ein langer Rüssel, der aber nicht eingezogen sondern nur verlängert oder verkürzt werden kann. Mit ihm werden feine organische Partikel aufgetupft und zur Mundöffnung geführt. Bei viele Arten sind die Männchen winzig und leben, sobald sie ein Weibchen gefunden haben, in dessen Uterus oder Schlund. Nach der Befruchtung entwickelt sich eine kleine, bewimperte planktonische Larve (Thlassema), die sich an geeigneter Stelle festsetzt und ins erwachsene Tier verwandelt.

Bonellia sp.
Igelwurm

Familie Echiurinea

Erkennungsmerkmale: Vom Igelwurm ist nur der bis zu 1,5 m lange, grünlich gefärbte Kopflappen (Rüssel) sichtbar, der weit aus der Wohnhöhle herausgestreckt wird. Der Körper selbst ist ca. 10 cm lang, gurkenförmig und vollständig in Riffgestein eingewachsen. Gelegentlich findet man ihn auch unter größeren Steinen.
Verwechslungsmöglichkeiten: Die im Mittelmeer vorkommende Art *Bonellia viridis* ist kräftiger grün gefärbt.
Lebensraum: In festem Korallengestein oder unter großen Steinen in wenigen Metern Tiefe. Meist an schattigen Plätzen.
Besonderheiten: Die Igelwürmer, deren Kopftentakel man sieht, sind stets Weibchen. Die winzigen Männchen (Zwergmännchen) leben zeitlebens als Schmarotzer auf den Weibchen.
Aquarienhaltung: Unbekannt. Kleine Exemplare werden höchstens zufällig mit lebenden Steinen eingeführt.

Stamm Annelida (Ringelwürmer)

Aus diesem Stamm sind für uns nur die Vielborster, die Polychaeten interessant.

Klasse Polychaeta (Vielborster)

Typisch für die Vielborster ist der in Segmente gegliederte Körper mit den in Bündeln anhängenden Borsten (Borstenwürmer) und den Stummelfüßen (Parapodien). Am Kopfteil findet man die verschiedensten Fühler, Tentakel oder regelrechte Tentakelkränze, wie z. B. bei den Röhrenwürmern. Eine große Zahl von Arten lebt versteckt in Löchern des Korallenriffs, unter Steinen oder im Sand und Schlamm, andere bauen sich eigene Wohnröhren aus Kalk oder Schleim. Man unterscheidet freilebende Borstenwürmer (Errantia), von den festsitzenden Arten (Sedentaria), die meist auffälliger sind und im Riff überall vorkommen. Nur letztere sollen hier besprochen werden, obwohl ihre Arten- und Individuenzahl weit geringer als die der Errantia ist.

Reteterebella queenslandica
Spaghettiwurm

Familie Terebellidae

Erkennungsmerkmale: Vom gesamten Wurm sind nur die weißen, bis zu 30 cm langen Kopfanhängsel zu sehen, die über den Korallenfels ausgestreckt werden. Der wurmartige, mit Borsten besetzte Körper verbirgt sich im Korallenfels oder unter Steinen und wird etwa 20 cm lang. Er hat an der Basis der Tentakel dunkelrote Kiemen.

Verwechslungsmöglichkeiten: Weitere Arten mit weißen Tentakeln sind bekannt, können aber durch die verborgene Lebensweise beim Tauchen nicht voneinander unterschieden werden. Es gibt außerdem Terebelliden, deren Kopftentakel gelb gefärbt sind. Die Färbung der Tentakel allein reicht aber für eine exakte Identifizierung nicht aus. *Reteterebella queenslandica* ist die größte und daher auffälligste Art im Riff.

Lebensraum: Auf Korallenfels in allen Tiefenbereichen des Riffs. Bevorzugt an eher unzugänglichen Stellen. Eine ähnliche Art kommt auch im Mittelmeer vor.

Besonderheiten: Die Kopftentakel dienen dem Nahrungserwerb. Sie sind klebrig und tupfen kleine organische Partikel auf, die auf einer nur mit der Lupe sichtbaren Rinne des jeweiligen Tentakels zum Körper und dort zur Mundöffnung transportiert werden. Mit seinen Fangtentakeln kann der Wurm eine Fläche von fast einem Quadratmeter nach Nahrung absuchen. Bei Störungen werden die berührungsempfindlichen Tentakel sofort eingezogen. Der Körper wird bei den meisten Arten in einer selbstgebauten Röhre verborgen. Diese Röhre wird aus Schleim und Steinchen, Schlammpartikeln etc. zusammengeklebt und ist nicht sehr stabil. Daher wird sie stets zusätzlich in Spalten und unter Steinen verankert, um sie vor Beschädigung zu schützen.

Aquarienhaltung: Kleinere Exemplare werden häufig mit Lebenden Steinen eingeschleppt und erweisen sich als dauerhafte und nützliche Beckengäste, da sie heruntergefallene Nahrungsreste verwerten.

Sabellastarte sanctijosephi
Indischer Federwurm, Schraubensabelle

Sabellastarte japonica
Doppelter Federwurm

Familie Sabellidae

Erkennungsmerkmale: Der Indische Federwurm fällt durch seine bis zu 6 cm große, spiralig gedrehte, einfache Fiederkrone auf, die in vielen Farben und Mustern vorkommt. Am häufigsten sind braune Exemplare mit weißen oder hellbraunen Mustern. Die ledrige, sehr reißfeste, pergamentartige Wohnröhre ist unter Steinen verborgen oder sogar von Korallen umwachsen, so daß nur die Tentakelkrone sichtbar ist.
S. japonica ist sehr variabel, weist aber stets einen doppelt-gedrehten Tentakelkranz auf. Die pergamentartige Wohnröhre ist meist in Korallengestein eingewachsen, so daß nur die Tentakelkrone sichtbar ist. Durchmesser bis 6 cm.
Verwechslungsmöglichkeiten: *Sabellastarte sanctijosephi* hat eine einfache Fiederkrone, *S. japonica* eine doppelte. In der Literatur werden beide Arten häufig verwechselt. *Sabella* sp. lebt stets im Sand und besitzt einen einfachen, gleichmäßigen Tentakelkranz, bei *S. japonica* erscheint dieser als buschiger Strauß ohne erkennbare Symmetrie. Häufig werden aber auch in der Literatur diese und weitere ähnliche Arten verwechselt.
Lebensraum: Überall auf Riffgestein und Korallen vom Flachwasser bis in größere Tiefen.
Besonderheiten: Röhrenwürmer sind Strudler. Sie fangen mit ihrem Tentakelkranz die Nahrung, feine organische Teilchen, aus der Strömung und transportieren sie in einer kaum erkennbaren v-förmigen Rinne der Tentakel mit feinen Wimpern zur Mundöffnung. Verwertbare Teilchen werden

gefressen, nicht verwertbare werden je nach Bedarf mit Schleim versehen und in die Wohnröhre eingebaut.Alle Röhrenwürmer können selbst geringste Erschütterungen (Druckwellen) unter Wasser hervorragend wahrnehmen und ziehen sich dann blitzschnell zurück. Hell-Dunkel-Unterschiede (Schatten des Tauchers) werden ebenfalls erkannt.

Aquarienhaltung: Sehr gut haltbar. Verschiedene Fische und Krebse zupfen aber an den Tentakeln und verletzen so die Tiere. Röhrenwürmer müssen mit unverletzter Röhre gekauft werden. Das Sammeln der Hartböden bewohnenden Arten dürfte oft nur mit Hammer und Meißel möglich sein, was abzulehnen ist. Dies gilt nicht für Exemplare, deren Röhre an die Unterseite von lose aufliegenden Steinen geheftet ist. Diese lassen sich leicht sammeln.

Links oben: Sabellastarte sanctijosephi. Oben: Sabellastarte sanctijosephi, rechts oben und unten: Sabellastarte japonica.

Sabella sp.

Sandröhrenwurm

Familie Sabellidae

Erkennungsmerkmale: Der Sandröhrenwurm besitzt eine rotbraun-weiß quergestreifte, bis zu 8 cm Durchmesser erreichende, einfache Fiederkrone. Die pergamentartige Wohnröhre erhebt sich einige cm über den Boden und ist daher teilweise sichtbar. Im Sandboden setzt sie sich aber noch bis zu 20 cm fort.

Verwechslungsmöglichkeiten: Es gibt einige ähnliche Arten, die sich aber meist durch die Färbung und die Größe der Tentakelkrone unterscheiden.

Lebensraum: An abgeschatteten Standorten, wie z. B. auf dem sandigen Grund von Höhlen oder in kleinen Nischen ab etwa 10 m Tiefe. Besonders im Roten Meer häufig.

Besonderheiten: Unter Wasser erscheint diese Art leuchtend rosa gefärbt. Die Enttäuschung ist dann groß, wenn das Blitzlicht oder die Lampe die wirkliche Färbung enthüllt.

Aquarienhaltung: Sandröhrenwürmer sind gut haltbar, benötigen aber eine dicke Schicht aus feinem Korallensand.

Protula magnifica
Prachtröhrenwurm

Familie Serpulidae

Erkennungsmerkmale: Die weiße, harte und kalkige Röhre dieses Wurms ist stets halb eingewachsen und daher kaum sichtbar. Die Tentakelkrone ist doppelt und spiralig gedreht. Die Tentakel selbst sind weiß, das Zentrum ist blutrot. Ohne Operculum (Verschlußdeckel der Röhre). Bis 5 cm Tentakelkronen-Durchmesser.
Verwechslungsmöglichkeiten: Einzige größere Art mit doppelter Tentakelkrone. Eine weitere Art, *Protula tubularia,* kommt im Roten Meer häufiger vor. Sie stammt vermutlich aus dem Mittelmeer, von wo sie durch den Suezkanal eingewandert sein könnte.
Lebensraum: Ab etwa 5 m Tiefe zwischen Korallen etc. eingewachsen. Kommt wahrscheinlich nur im westlichen Indischen Ozean und im Zentralpazifik vor.
Besonderheiten: Wie alle Röhrenwürmer, so kann auch diese Art im Notfall ihre Tentakelkrone abwerfen. Sie wächst unter normalen Umständen wieder nach.
Aquarienhaltung: Sehr gut geeignet. Frißt feinstes Planktonfutter.

Spirobranchus giganteus
Bunter Spiralröhrenwurm, Christmas-Tree-Worm

Familie Serpulidae

Erkennungsmerkmale: Dieser Röhrenwurm ist sofort an seiner doppelten, spiralig gewundenen Fiederkrone und dem dazwischen stehenden Operculum (Verschlußdeckel) zu erkennen. Die Färbung ist extrem variabel. Sowohl gemusterte als auch einfarbige Tiere kommen direkt nebeneinander vor. Die Wohnröhre ist aus Kalk, aber bis auf die Öffnung vollständig eingewachsen. Die Öffnung selbst ist mit spitzen Dornen bewehrt. Bis 4 cm Gesamtgröße.
Verwechslungsmöglichkeiten: Diese Art ist weltweit in den tropischen Riffgebieten verbreitet. Eine Verwechslungmöglichkeit besteht daher nicht.
Lebensraum: Im Flachwasser, vor allem auf dem sonnenbeschienen Riffdach in großen Korallenblöcken meist in großer Anzahl eingewachsen. Bevorzugt werden massige Formen, wie z. B. *Porites*-Korallen und die Feuerkorallen *Millepora dichotoma* und *M. platyphylla*.
Besonderheiten: Bei unvorsichtiger Annäherung ziehen sich die Tiere blitzschnell zurück und verschließen die kalkige Röhre mit einem genau passenden Deckel (Operculum).
Aquarienhaltung: Die Tiere sind gut haltbar. Sie werden häufig in Lebenden Steinen eingeführt.

Stamm Mollusca (Weichtiere)

In diesem Stamm finden wir vier Klassen:
Placophora (Käferschnecken)
Gastropoda (Schnecken)
Cephalopoda (Tintenfische)
Bivalvia (Muscheln).

Klasse Placophora (Käferschnecken)

Die Käferschnecken sind eine recht altertümliche Gruppe der Weichtiere. Sie zeichnen sich vor allem durch ihr gegliedertes Gehäuse aus, das sie von den »echten« Schnecken deutlich unterscheidet, da diese stets ein einteiliges Gehäuse besitzen. Wie die Gastropoda besitzen sie eine Raspelzunge, mit der sie auch harte und feste Algenbeläge abweiden können.

Acanthopleura haddoni
Käferschnecke

Familie Chitonidae

Erkennungsmerkmale: Käferschnecken besitzen acht bewegliche und lose miteinander verbundene Schalenplatten, die schuppenartig angeordnet sind. Meist sind sie von flexiblen Seitenränder umrandet. Die Färbung dieser Art macht sie auf abgestorbenem Riffgestein fast unsichtbar. Bis 8 cm.
Verwechslungsmöglichkeiten: Es gibt viele Arten von Käferschnecken, die sich weniger in der Zeichnung, wohl aber in der Anordnung und Form der Platten sowie im Vorhandensein oder Fehlen eines umrandenden Mantels unterscheiden. Die größen variieren zwischen einem halben und über 20 cm.
Lebensraum: Ausschließlich im Ebbe-Flut-Bereich an Steinen und totem Korallenfels festgeheftet. Häufig über der Wasserlinie (Ebbe).

Besonderheiten: Käferschnecken, die in der Gezeitenzone leben, überstehen problemlos tagelange Trockenheit. Sie lassen sich vom Untergrund nur mit Gewalt entfernen und werden dabei leicht verletzt. Sind sie vom Untergrund gelöst, rollen sie sich wie eine Assel ein. Bei Flut verlassen sie ihren Standort zur Nahrungsaufnahme. Danach kehren sie gewöhnlich an denselben Platz zurück.
Aquarienhaltung: Kleinere Arten lassen sich im Aquarium gut halten. Manche vermehren sich sogar spontan aus eingebrachten »Lebenden Steinen«. Alle Käferschnekken sind reine Pflanzenfresser, die den dünnen Algenaufwuchs auf Steinen und abgestorbenen Korallen mit ihrer Raspelzunge abweiden.

Lepidozona sp.
Käferschnecke

Familie Chitonidae

Erkennungsmerkmale: Diese bis zu 2 cm lange Käferschnecke hat einen grau-weiß gebänderten Seitenrand und hellbraun gefleckte Rückenplatten.
Verwechslungsmöglichkeiten: Es gibt eine große Zahl ähnlicher Arten. Diese Art ist nur ein Beispiel für die nicht im Ebbe-Flut-Bereich lebenden Käferschnecken.
Lebensraum: Unter Steinen im Flachwasser bis in größere Tiefen.
Besonderheiten: Die meisten Käferschnekken sind standorttreu, d. h. sie kommen nach der Nahrungssuche wieder an den gleichen Platz zurück.
Aquarienhaltung: Sehr gut haltbar. Fressen ausschießlich die dünnen Algenbeläge auf den Scheiben und auf Dekorationsmaterial.

Klasse Gastropoda (Schnecken)

Mit zu den bekanntesten und beliebtesten Meerestieren gehören die Schnecken, da sie meist farbenprächtige oder schön geformte Gehäuse besitzen, die schon seit ewigen Zeiten gesammelt werden. Kaum ein Meeresbesucher kann es sich verkneifen, einige besonders schöne Exemplare beim Strandgang mitzunehmen. Leider sind viele Schnecken (und Muscheln) durch das Sammeln bedroht, da von Spezialisten gerade seltene Arten bevorzugt werden. Natürlich ist gegen das Mitnehmen von einigen kleinen, am Strand gefundenen Allerweltsschnecken nichts einzuwenden. Der Naturfreund sollte sich aber mit dem Anschauen und Beobachten oder Fotografieren der Tiere begnügen und auch keine Schnecken von Straßenhändlern oder in Souvenir-Shops kaufen. Sie werden, um eine tadellose Schale zu erhalten, extra für den Handel getötet. Vielerorts ist das Sammeln von Schnecken und Muscheln ohnehin bereits verboten.

Die Schnecken zeichnen sich vor allem durch ihre einteilige Schale aus, wobei nicht alle Arten überhaupt eine solche besitzen. Der Körper selbst besteht aus dem fleischigen Fuß und dem Eingeweidesack, der bei den Gehäuseschnecken im Schneckenhaus verborgen ist. Der Fuß wiederum besteht aus dem Kopfteil mit den Augen und einer Raspelzunge (Radula), die zum Abweiden und Zerlegen der Nahrung dient. Bei vielen Arten findet man hier auch einen Syphon, ein schnorchelartiges Rohr, das die »Nase« der Schnecke darstellt und bei den grabenden Arten zusätzlich als Schnorchel dient, um auch in eingegrabenem Zustand noch eine Atmung zu ermöglichen.

Bei den *Conus*-Schnecken befindet sich in diesem Rüssel auch ein Giftpfeil, der zur Lähmung der Nahrungstiere eingesetzt wird. Von *Conus textile* und einigen anderen Arten kann dieser Giftpfeil sogar für Menschen tödlich oder zumindest sehr schmerzhaft sein.

Die meisten Schnecken sind getrenntgeschlechtlich oder zwittrig. Häufig findet eine innere Befruchtung statt. Die Eier werden in teilweise farbenprächtigen oder skurril geformten Gelegen auf Korallenfelsen oder auf Pflanzen abgelegt. Nach einiger Zeit schlüpfen die Veliger- oder Trochophora-Larven, die sich erst nach einer längeren Planktonphase wieder niederlassen. Einige Arten sind aber auch lebendgebärend oder den Eiern entschlüpfen bereits winzige, fertig entwickelte Schnecken.

Man unterteilt die Schnecken ganz grob in zwei große Gruppen, in die *Streptoneura* (Gekreuztnervige Schnecken, etwa 56 000 Arten), zu denen praktisch alle Schnecken mit festem Gehäuse gehören, und in die *Euthyneura* (Geradnervige Schnecken, etwa 47 000 Arten), zu denen alle Nacktschnekken und die Schnecken mit rudimentärer (nur noch teilweise vorhandener) Schale, z. B. die Seehasen oder die Saftsauger und Schirmschnecken, gehören.

Patella sp.
Napfschnecke

Familie Patellidae

Erkennungsmerkmale: Die etwa 2 cm breiten und 1/2 cm hohen Hütchen der Napfschnecke sind grau, weiß, schwarz und braun gesprenkelt. An der Spitze des Hütchens ist kein Loch.

Verwechslungsmöglichkeiten: Es gibt viele verschiedene Napfschnecken, die sich in Form und Farbe des Gehäuses aber voneinander unterscheiden.

Lebensraum: Auf Steinen und Felsen in der Brandungszone.

Besonderheiten: Napfschnecken können durchaus auch längere Zeit trockenfallen, ohne daß es ihnen schadet. Die Tiere kommen nach der Futtersuche stets zum exakt gleichen Standort zurück. Man sieht sogar einen regelrechten Abdruck des Tieres an der betreffenden Stelle. Dort, wo Napfschnecken reichlich vorkommen, werden sie auch gesammelt und gegessen.

Aquarienhaltung: Gut geeignet. Harmlose Algenaufwuchsfresser. Müssen unverletzt von den Steinen gelöst werden, was nicht einfach ist.

Nerita undata Linné, 1758
Strandschnecke

Familie Neritidae

Erkennungsmerkmale: Das seitlich spiralig gedrehte Gehäuse der *Nerita*-Arten wird 1 bis 2 cm groß. *Nerita undata* ist unregelmäßig hell-dunkel gefleckt.

Verwechslungsmöglichkeiten: Die *Nerita*-Arten sind charakteristisch für die Brandungszonen der subtropischen und tropischen Meere. Es gibt viele verschiedene Arten, die sich leicht an der Färbung und Gehäusestruktur voneinander unterscheiden lassen.

Lebensraum: In der Brandungszone, meist über der Wasserlinie.

Besonderheiten: Diese Schnecken sieht man auch tagsüber die Steine und Felsen der Brandungszone abweiden. Bei Flut halten sie sich in Spalten und Rissen fest, um nicht weggeschwemmt zu werden. Bei Ebbe finden sich oft viele Exemplare dicht zusammen, um eine zu starke Austrocknung zu verhindern.

Aquarienhaltung: Gut geeignet. Verlassen aber gelegentlich das Aquarium und finden nicht immer zurück. Müssen die Möglichkeit haben, sich über der Wasserlinie aufzuhalten.

Dendropoma maxima
Horndeckel-Wurmschnecke

Familie Vermetidae

Erkennungsmerkmale: *Dendropoma maxima* lebt in einer Röhre, die meist vollständig in Stein- oder Feuerkorallen eingewachsen ist. Lediglich die Öffnung ist sichtbar. Bei Störungen kann die Wurmschnecke mit einem hornigen Deckel (Operculum) die Wohnröhre verschließen. Durchmesser der Röhre maximal 1 cm.

Verwechslungsmöglichkeiten: Die nachfolgende Art, *Serpulorbis imbricatus*, besitzt keinen Deckel, um ihr Gehäuse zu schließen.

Lebensraum: Im flachen Wasser bis zu 5 m Tiefe häufig auf totem und lebendem Korallengestein.

Besonderheiten: Wurmschnecken können ihre Wohnröhre nicht verlassen. Daher scheiden sie ein Schleimnetz aus, in dem sich im Wasser schwebendes Plankton verfängt. Das Netz wird dann wieder eingezogen und dabei komplett aufgefressen.

Aquarienhaltung: Diese Art läßt sich ohne das Zerstören von ganzen Korallenbrocken nicht entfernen, da sie fest eingewachsen ist.

Serpulorbis imbricatus
Große Wurmschnecke

Familie Vermetidae

Erkennungsmerkmale: Die Große Wurmschnecke besitzt keinen Deckel. Daher sieht man den braunrot und gelb gezeichneten Körper mit den Fühlern und dem Mund sehr gut. Die Wohnröhre steht zu einem Großteil frei oder sitzt dem Untergrund ganz auf. Sie ist stets stark gewunden. Länge der Röhre bis 15 cm. Durchmesser der Öffnung 1 cm.
Verwechslungsmöglichkeiten: Die Wohnröhren von Wurmschnecken der Gattung *Serpulorbis* liegen stets offen, sind also nicht eingewachsen. Einen Deckel besitzen sie nie.
Lebensraum: Bereits im Flachwasser, meist aber an eher abgeschatteten Stellen auf hartem Untergrund.
Besonderheiten: Wurmschnecken sind häufig von Schwämmen und anderem Aufwuchs überkrustet und dadurch gut getarnt.
Aquarienhaltung: Sehr gut haltbar. Allesfresser. Feines Kleinpartikelfutter wird direkt ins Schleimnetz gegeben. Im Gegensatz zur vorigen Art kann *S. imbricatus* relativ leicht von ihrem Untergrund entfernt werden. Arten, die nur mit Hammer und Meißel abgebrochen werden können, sollte man im Aquarium aus Umweltschutzgründen nicht halten.

Vermetus sp.
Gorgonien-Wurmschnecke

Familie Vermetidae

Erkennungsmerkmale: Diese Wurmschnecke lebt auf Gorgonien, wo sie in den Verästelungen ihre nur einmal gebogene Röhre baut. Ein Deckel ist vorhanden. Bis 3 cm.

Lebensraum: Bereits im flachen Wasser auf kleinen Gorgonien, die unter Korallenblökken im Schatten wachsen. Meist aber in größerer Tiefe, da Hornkorallen in größerer Zahl erst dort vorkommen.

Besonderheiten: Bevorzugt wahrscheinlich Hornkorallen der Gattung *Acabaria*. Zumindest wurde sie bisher nur dort gefunden. Der ungewöhnliche Standort verschafft der Wurmschnecke den Vorteil, daß sie Plankton direkt aus der Strömung fangen kann, da die Korallenfächer weit ins Wasser hinausragen. Ein Schleimnetz konnte bislang noch nicht beobachtet werden. Möglicherweise leben die Tiere als Schmarotzer. Sie veranlassen die Hornkoralle, das Wohnröhrchen bis auf die Öffnung zu umwuchern. Dadurch ist das Tier sehr gut getarnt.

Aquarienhaltung: Unbekannt.

Cyprea annulus Linné, 1785
Kaurischnecke

Familie Cypraeidae

Erkennungsmerkmale: Diese bis zu 3 cm große Kaurischnecke erkennt man an der weißlichgelben Grundfarbe und dem charakteristischen, gelbraunen Ring auf der Oberseite des Schneckenhauses. Die Unterseite hat wie bei allen *Cypraea*-Arten nur einen schmalen Schlitz, der häufig quer gezähnt ist. Der Mantel von *Cypraea annulus*, der normalerweise fast ganz über das Haus gezogen wird, ist schmutzigbraun fein gefleckt und mit kurzen, verästelten Anhängseln bedeckt.
Verwechslungsmöglichkeiten: Ähnlich ist *Cypraea moneta*, die früher als Zahlungsmittel verwendet wurde. Sie ist meist unregelmäßiger geformt als *C. annulus*.
Lebensraum: Bereits auf dem Riffdach unter Steinen und zwischen Korallen, wo sie Algen abweidet.
Besonderheiten: Diese Kaurischnecke ist wie die meisten anderen Arten nachtaktiv.
Aquarienhaltung: Sehr haltbar. Frißt ausschließlich Algen.

Cypraea carneola Linné, 1758
Gebänderte Kaurischnecke

Familie Cypraeidae

Erkennungsmerkmale: Bei hellbeiger Grundfarbe besitzt diese Kaurischnecke fünf breite, braune Querbänder auf dem Gehäuse. Bis 6 cm.
Verwechslungsmöglichkeiten: *Cypraea talpa* ist wesentlich dunkler. Bei Hunderten von Arten ist es aber schwer, die einzelnen Arten unter Wasser exakt zu bestimmen, zumal die meisten davon in der Färbung variabel sind. Außerdem ist das Gehäuse oft durch den anders gefärbten Mantel bedeckt.
Lebensraum: Auf dem Korallenriff im Flachwasser bis etwa 15 m.
Besonderheiten: Nachtaktiv. Versteckt sich tagsüber unter Steinen und in Rissen und Spalten des Korallenriffs.
Aquarienhaltung: Unbekannt. Manche Kaurischnecken sind Nahrungsspezialisten. Ihre Haltung sollte man Spezialisten überlassen, zumal einige Arten relativ selten sind oder durch übertriebenes Muschelsammeln selten geworden sind. Im Riff findet man Kaurischnecken ohnehin nicht häufig.

Pusiostoma mendicaria
Wespenschnecke

Familie Mitridae

Erkennungsmerkmale: Diese Art ist durch ihre auffällige schwarz-gelb-Färbung deutlich gekennzeichnet. Der Körper selbst ist tiefschwarz. Sie wird bis zu 1,5 cm groß.
Verwechslungsmöglichkeiten: Ähnlich, aber viel blasser gefärbt und mit quergebändertem Syphon ist *Enzinopsis lineata*.
Lebensraum: *Pusiostoma mendicaria* lebt in den sandigen Rissen und Kanälen auf dem Riffdach. Bei Ebbe sucht sie dort nach Eßbarem. Dabei gräbt sie halb im Sand, wobei oft nur der schnorchelartige Syphon zu sehen ist.
Besonderheiten: Bei Flut versteckt sich diese Schnecke im Sand, um nicht von der Strömung weggerissen zu werden.
Aquarienhaltung: Allesfresser, der sich an Wirbellosen aber nicht vergreift. Sehr haltbar. Braucht feinsandigen Boden. Der Syphon (siehe Lebensraum) wird auch als Riechorgan verwendet. Sobald Futter ins Wasser gelangt, riechen die Schnecken dies und finden dadurch zielsicher herumliegende Futterbrocken.

Chicoreus saulii
Sowerby, 1841
(syn. microphyllus)

Orangefarbene Leistenschnecke

Familie Muricidae

Erkennungsmerkmale: Die *Chicoreus*-Arten fallen alle durch das skurrile, mit kräftigen, leicht verzweigten Auswüchsen bedeckte, tief gefurchte Gehäuse auf. *C. saulii* ist von allen Arten am schönsten orange gefärbt, wobei die Furchen oft schwarzbraun gestrichelt sind. Bis 12 cm.
Verwechslungsmöglichkeiten: Sehr ähnlich ist *Chicoreus palmarosae*, diese Art ist aber dunkelbraun gefärbt.
Lebensraum: Auf dem Korallenriff, vor allem dort, wo abgestorbenes Gestein mit Algen etc. überwuchert wird. Bereits im Flachwasser ab 5 Meter.
Besonderheiten: Wie viele Schnecken, so verschließt auch diese bei Gefahr ihr Haus mit einem Operculum, einem Deckel, der am Fuß der Schnecke fixiert ist. Oft findet man solche Deckel einzeln am Strand.
Aquarienhaltung: Vermutlich Algenfresser. Haltbar.

Tectus dentatus Forsskål, 1775
Gezähnte Kreiselschnecke

Familie Trochidae

Erkennungsmerkmale: Von den anderen Kreiselschnecken unterscheidet sich diese Art durch die auffälligen kräftigen Dornen am Gehäuse. Das Haus selbst ist meist mit Algen und Schlammresten überzogen und daher schmutziggrau. Die Unterseite der Öffnung ist aber auffällig türkis gefärbt und schillert perlmuttfarben. Bis 10 cm.
Verwechslungsmöglichkeiten: Nur mit anderen *Tectus*-Arten verwechselbar. Wichtige Bestimmungsmerkmale sind die Zähne und Dornen des Gehäuses sowie die Farbe und Form der Öffnung.
Lebensraum: Im Flachwasser bis ca. 10 m Tiefe häufig auf abgestorbenen Korallengestein und zwischen Algen.
Besonderheiten: Vor allem im Roten Meer überall anzutreffen. Sollte nicht mutwillig vom Gestein abgerissen und umgekehrt hingelegt werden, da sie sich tagsüber nicht mehr getraut, sich wieder in die gewohnte Position zu setzen.
Aquarienhaltung: Gut haltbar, da Algenfresser. Wird aber relativ groß und schleimt dann stark. Daher möglichst kleine Exemplare wählen.

Conus textile Linné, 1758
Textil-Kegelschnecke

Familie Conidae

Erkennungsmerkmale: Typisch für diese *Conus*-Art ist das weiße, mit einer braunen Strichzeichnung versehene, konusförmige Haus. Die Gesamtlänge kann über 10 cm erreichen. Der Körper ist grauweiß gefleckt, aber bis auf den vordersten Teil mit dem Rüssel und den Augenstielen bzw. Fühlern kaum sichtbar. Mit dem fleischigen Fuß läuft das Tier auf und halb im Sand.
Verwechslungsmöglichkeiten: Es gibt mehrere ähnliche Arten, die aber stets in verschiedenen Meeresgebieten vorkommen. *C. tigrinus* stammt aus Australasien und Melanesien, *C. omaria* aus dem Pazifik, lediglich *C. pennaceus* stammt wie *C. textile* aus dem Indopazifik, wird aber nur etwa halb so groß wie *C. textile*.
Lebensraum: Tagsüber leben die meisten *Conus*-Arten versteckt. Nachts kommen sie aus ihren Verstecken und kriechen auf Nahrungssuche über den Sand.
Besonderheiten: Alle *Conus*-Schnecken sind Räuber. Viele Arten besitzen ein starkes Gift, das bei *C. textile* sogar Menschen töten kann. Dieses Gift wird mit einem Giftpfeil regelrecht aus dem Rüssel geschleudert. Normalerweise dient dies dazu, größere oder bewegliche Beute wie Fische oder andere Schnecken zu überwältigen. Vor allem Muschelsammler sind aber beim Aufsammeln gefährdet.
Aquarienhaltung: Durch die räuberische Lebensweise nur für spezielle Aquarien. Dann aber sehr haltbar. Frißt besonders tiefgefrorene Garnelen oder Futterfische. Kommt dann auch tagsüber aus dem Versteck.

Strombus plicatus plicatus
Röding, 1798

Rotmeer-Strombus

Familie Strombidae

Erkennungsmerkmale: Das weißlich-gelbe Haus der *Strombus*-Schnecke wird bis zu 8 cm lang und ist fast glatt. Lediglich einige flache Rillen ziehen sich quer zur längsgedrehten Schale. Eine Zeichnung ist kaum erkennbar.
Verwechslungsmöglichkeiten: Typisch ist die wenig ausgeprägte Färbung, die eine gute Tarnung im Sand ermöglicht..
Lebensraum: Erst in Tiefen ab 10 m auf Sandgrund und zwischen Seegras und Algen. *S. plicatus plicatus* kommt nur im Roten Meer vor.
Besonderheiten: Lebt räuberisch. Durchpflügt Sand oder Schlamm nach freßbaren Tieren. Daher sind diese Schnecken oft halb eingegraben. Meist findet man nur leere Gehäuse.

Aquarienhaltung: Haltbar, aber sehr räuberisch.

Chromodoris godeffroyana
Orangeflecken-Nacktschnecke

Familie Chromodorididae

Erkennungsmerkmale: Auf dem fast weißen Körper sind viele orangefarbene Punkte zu sehen. Ein violetter Saum bildet eine kontrastierende Umrandung des Fußes. Auch die Fühler (Rhinophoren) sind dunkel gefärbt. Die Kiemenbüschel sind weiß mit violetten bis orangeroten Rändern.
Verwechslungsmöglichkeiten: Die *Chromodoris*-Nacktschnecken sind stets unverwechselbar gefärbt. Gelegentlich kommen aber ähnliche Arten vor, die jedoch bei genauerem Hinsehen sichtbare Unterschiede aufweisen.
Lebensraum: Im tieferen Wasser auf mit Sekundärbewuchs überzogenem Korallengestein und auf Felsen.
Besonderheiten: Viele Nacktschnecken sind Nahrungsspezialisten und ernähren sich nur von bestimmten Organismen. Die Nahrung dieser Art ist unbekannt.
Aquarienhaltung: Fast alle Nacktschnecken sind Todeskandidaten, da sie von schwierig beschaffbaren Schwämmen, Hydrozoen o. ä. leben. Leider wurden sie früher immer wieder eingeführt. Inzwischen scheinen die Importeure sich aber gegen solche unerwünschten »Beigaben« zu wehren, denn man sieht die Tiere kaum mehr in den Zoogeschäften.

Chromodoris quadricolor
Pyjamaschnecke

Familie Chromodorididae

Erkennungsmerkmale: Ein breiter orangegelber und ein schmälerer weißer Rand umsäumen das schwarze Zentrum, das durch zwei weiße bis hellblaue Längsstreifen unterbrochen ist. Kiemenbüschel und Fühler (Rhinophoren) sind ebenfalls orangegelb. Bis 4 cm.
Verwechslungsmöglichkeiten: Es gibt noch einige andere *Chromodoris*-Arten, die eine ähnliche Zeichnung aufweisen. Bei genauem Hinsehen entdeckt man aber die Unterschiede.
Lebensraum: Ab wenigen Metern Tiefe auf dem gesamten Korallenriff. Stets auf abgestorbenem Korallengestein zwischen Hydrozoen, Schwämmen und anderem Aufwuchs. Besonders im Roten Meer die häufigste Nacktschnecke, aber im gesamten Indischen Ozean nicht selten.
Besonderheiten: Die genaue Nahrung ist unbekannt. Vermutlich lebt *C. quadricolor* wie alle *Chromodoris*-Arten von ganz bestimmten Schwämmen, Hydrozoen o. ä. Leider werden diese und andere Arten von »künstlerisch« ambitionierten Fotografen immer wieder auf farbenprächtige Unterlagen gesetzt. Lediglich der Feuerschwamm *Latrunculia magnifica* wird außer anderen Schwämmen von dieser Art aufgesucht. Sucht man bunte Korallen o. ä. als Fotohintergrund für die Tiere aus, so ist das wie Spießrutenlaufen, da diese die Nacktschnecken nesseln.
Aquarienhaltung: Mangels geeigneter Nahrung nicht möglich.

Chromodoris boucheti
Rudman, 1982
Falsche Pyjamaschnecke

Familie Chromodorididae

Erkennungsmerkmale: Auf blaßbläulicher Grundfarbe ziehen sich mehrere dünne schwarze Streifen über den gesamten Körper. Kopftentakel und Kiemen sind orangegelb. Bis 5 cm.
Verwechslungsmöglichkeiten: Kann mit *Chromodoris quadricolor* verwechselt werden. Bei genauem Hinsehen erkennt man aber den Unterschied in der Zeichnung gut.
Lebensraum: Auf lichtabgewandten, mit allerlei Hydrozoen und anderem Aufwuchs bewachsenen Felsen ab etwa 10 m Tiefe. Vor allem in den Riffen der Malediven häufiger. Die meisten Nacktschnecken sind nicht sehr häufig, fallen aber durch ihre Färbung leicht auf.
Aquarienhaltung: Ungeeignet, da Nahrungsspezialist.

Chromodoris geminus
Porzellan-Chromodoris

Familie Chromodorididae

Erkennungsmerkmale: Der flache, rundlich-ovale Körper ist von einer weißen, einer violetten und einer gelben Linie gesäumt. Auf dem blassen Körper selbst sind violette Flecken mit hellem Hof. Die Kopftentakel sind gelb, die Kiemen weiß gefärbt.
Verwechslungsmöglichkeiten: Die Färbung ist arttypisch und variiert nur geringfügig. Sehr ähnlich, aber mit bräunlicher Grundtönung ist *C. tertianus* Rudman 1987.
Lebensraum: Wie die meisten *Chromodoris*-Arten lebt auch diese Nacktschnecke an lichtabgewandten Korallenfelsen. Eher selten.
Besonderheiten: Zweifellos eine der schönsten Nacktschnecken überhaupt.

Phyllidia zeylanica Keelart, 1858
Kleine Warzenschnecke

Familie Phyllididae

Erkennungsmerkmale: Kaum 2 cm lange Nacktschnecke mit gedrungenem, nicht sehr flachem Körper. Tiefschwarz mit erhabenen, wellig skulpturierten Längsgraten. Rhinophoren tiefschwarz. Ohne Kiemenbüschel odere andere Anhängsel.
Verwechslungsmöglichkeiten: Häufigste Nacktschnecke an der ostafrikanischen Küste und bei den Malediven. *P. maeandrina* Pruvot-Fol 1957 ist ähnlich, aber nicht rosaschwarz sondern hellbraun-schwarz gefärbt. Unter Wasser werden beide Arten wegen der Farbfilterwirkung des Meerwassers dennoch häufig verwechselt.
Lebensraum: Überall auf dem Riff ab etwa 5 m Tiefe. Wie die meisten Nacktschnecken ist auch die kleine Sternschnecke meist zwischen allerlei Aufwuchs zu finden, von dem sie teilweise lebt.

Besonderheiten: Im Gegensatz zu den meisten anderen Nacktschnecken besitzt diese Gattung keine einziehbaren Kiemenbüschel.
Aquarienhaltung: Ungeeignet.

Phyllidia arabica

Ehrenberg, 1831

Dreifarbige Warzenschnecke

Familie Phyllididae

Erkennungsmerkmale: Auf dem samtschwarzen Körper dieser bis zu 10 cm langen Schnecke stehen oberseits drei hellgraue, gezähnte Kämme mit gelben Spitzen. An der Körperseite stehen gleichgefärbte Warzen in unregelmäßiger Anordnung.

Verwechslungsmöglichkeiten: Es gibt etliche ähnliche Arten, die sich oft nur in kleinen Details unterscheiden. *Fryeria rippelli* ist fast identisch gefärbt. Ihr fehlen aber die geradlinigen Rückenkämme.*Phyllidia varicosa* ist ein Synonym für *P. arabica*.

Lebensraum: Meist findet man *Phyllidia arabica* erst ab etwa 5 m Tiefe an lichtgeschützten Stellen.

Besonderheiten: Volles Sonnenlicht lieben die wenigsten Nacktschnecken. Dies liegt weniger an einer besonderen Lichtempfindlichkeit als an der Tatsache, daß die Nahrung der meisten Nacktschnecken, Hydrozoen, Schwämme etc., nur an abgeschatteten Plätzen vorkommt.

Phyllidia elegans
Netz-Warzenschnecke

Familie Phyllididae

Erkennungsmerkmale: Auf samtig-schwarzem Grund erheben sich rosafarbene Hökker in ungleichmäßigen Gruppen. Dadurch entsteht ein netzartiges Muster. Die Höcker selbst bestehen aus mehreren kleinen, hellen Warzen. Bis 8 cm.
Verwechslungsmöglichkeiten: Es gibt etliche *Phyllidia*-Arten, von denen aber nur eine der vorliegenden Art ähnelt. Sie wird aber nur 1,5 bis 2 cm lang und ihre Höcker sind sehr flach.
Lebensraum: Im Korallenriff ab 15 m Tiefe.
Besonderheiten: Diese Schnecke lebt von Schwämmen. Bisher wurde sie vor allem auf *Siphonochalina siphonella* gefunden, den sie total kahlfressen kann.
Aquarienhaltung: Ungeeignet, da das artspezifische Futter nicht in geeigneter Menge beschafft werden kann.

Unbekannte Spezies
Samtblaue Schwammschnecke

Familie Unbekannt.

Erkennungsmerkmale: Diese bis zu 8 cm lange Nacktschnecke besteht aus miteinander verbundenen, fingerförmigen Auswüchsen. Die tiefblaue Färbung erscheint durch die samtige Struktur der Körperoberfläche fast schwarz. Trotz der Häufigkeit ist für dieses Tier kein wissenschaftlicher Name bekannt.

Verwechslungsmöglichkeiten: Von den meisten Tauchern wird diese Schnecke für einen Schwamm gehalten, da die fingerförmigen Auswüchse sogar oben ein Loch (Schwamm mit Osculum) vortäuschen. Außerdem sind viele Schwämme ebenso dunkel gefärbt. Hinzu kommt, daß sich die Samtblaue Schwammschnecke extrem langsam bewegt, was den Eindruck, es handele sich um einen Schwamm, noch verstärkt.

Lebensraum: Auf dem Riffdach auf abgestorbenem Riffgestein in geringer Tiefe bis etwa 5 m.

Besonderheiten: Das Tier bewegt sich kaum und täuscht so einen Schwamm vor. Die tiefblaue Färbung absorbiert das Licht stark, so daß UW-Fotos die Schnecke praktisch schwarz zeigen.

Aquarienhaltung: Unbekannt.

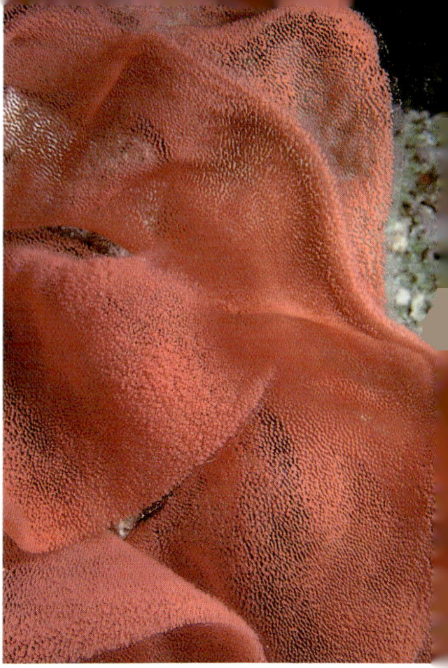

Halgerda sp.
Netz-Halgerda

Familie Doridae

Erkennungsmerkmale: Auf weißem Grund befindet sich eine grobe, gelbe Netzzeichnung. In den Netzwischenräumen und an der Seite des Körpers stehen einzelne schwarze Punkte. Weiße Fühler und Kiemenbüschel mit schwarzen Flecken. Bis 6 cm.
Verwechslungsmöglichkeiten: Die Gattung *Halgerda* besteht aus einigen, charakteristisch gefärbten Arten, die gut voneinander zu unterscheiden sind. Die Grundform ist jedoch identisch.
Lebensraum: Erst ab etwa 5 m Tiefe auf dem Korallenriff zu finden.
Besonderheiten: Lebt vermutlich von Korallengewebe.
Aquarienhaltung: Ungeeignet. Alle *Halgerda*-Arten sind Nahrungsspezialisten und daher für die Aquarienhaltung ungeeignet.

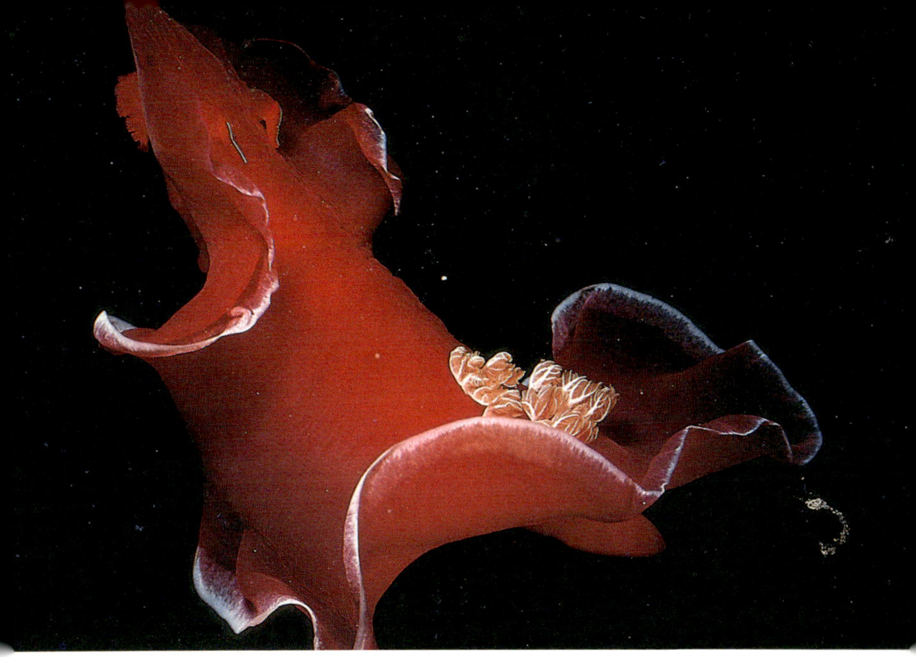

Hexabranchus sanguineus
Spanische Tänzerin

Familie Doridae

Erkennungsmerkmale: Diese große, leuchtendrot gefärbte Nacktschnecke besitzt sechs große, stark verzweigte Kiemenbüschel an der Hinterseite. Normalerweise ist der Mantel eingerollt. Die Schnecke wirkt dadurch eher schmal. Aufgerollt ist der Körper oval und flach.

Verwechslungsmöglichkeiten: Es gibt viele Farbvarianten. Im Roten Meer ist die Spanische Tänzerin stets leuchtendrot mit weißem Saum. Vor Ostafrika findet man gelegentlich orangerote Exemplare. In anderen Gebieten ist die Grundfarbe rot, während der Mantelrand blaugrün gefärbt ist. Auch Zwischenstufen sind möglich.

Lebensraum: Bereits im ganz flachen Wasser auf dem Riff in Ritzen und Spalten. Erst bei Nacht verläßt die Spanische Tänzerin ihr Versteck.

Besonderheiten: Diese Schnecke rollt bei Gefahr ihren herrlichen Mantel weit auf und fängt dann an zu schwimmen. Ein Erlebnis! Gelegentlich findet man die rosarot gefärbten, kreisförmig angelegten Laichbänder dieser Schnecke.

Aquarienhaltung: Ungeeignet. Wie viele Nacktschnecken reiner Nahrungsspezialist.

Erwachsenes Tier (linke Seite oben links) und Laichbänder (linke Seite oben rechts) von Hexabranchus sanguineus.
Links unten: Halgerda sp.

Oben: Hexabranchus sanguineus kann im Notfall auch schwimmen.

Pteraeolidia semperi
Fadenschnecke

Familie: Pteraeolidiidae

Erkennungsmerkmale: Diese kleine Nacktschnecke fällt durch den fadenförmigen Körper und die in Bündeln angeordneten Anhängsel auf. Bis 2 cm.

Verwechslungsmöglichkeiten: Es gibt ähnliche Arten, die aber stets sichtbare Unterschiede in der Färbung sowie in der Form, Anzahl und Anordnung der Anhängsel aufweisen.

Lebensraum: Auf Schwämmen und zwischen Algen und Hydrozoen bereits ab geringer Tiefe. Durch ihre geringe Größe werden sie leicht übersehen.

Besonderheiten: Lebt vermutlich von Schwämmen, da sie häufig auf solchen gefunden wird. Andere Fadenschnecken fressen sogar Hydrozoen, deren Nesselzellen sie zur Feindabwehr in ihre fädigen Anhängsel einbauen können. Wie sie dies bewerkstelligen ist unbekannt. Sicher ist, daß die Nesselzellen unversehrt eingebaut werden und ihre Funktion voll erhalten bleibt. Diese Schnecken werden denn auch nie von Fischen u.a. potentiellen Feinden gefressen. Eine auffällige Färbung unterstreicht bei vielen Arten die Ungenießbarkeit (Warnfärbung).

Pleurobranchus sp.
Sofakissen-Schnecke

Familie Pleurobranchidae

Erkennungsmerkmale: Diese ungewöhnlich geformte, kissenförmige Schnecke wird bis zu 25 cm im Durchmesser. Sie besitzt auf der Körperoberseite eine weiß genetzte, grünlichgelbe Zeichnung mit zwei länglichen schwarzen Flecken, während die Seiten des Mantels tiefschwarz sind. Andere Exemplare besitzen dieses Farb- und Zeichnungsmuster in anderer Anordnung. Der fleischige Fuß ist wie die Manteloberseite gefärbt, aber wesentlich heller. Der Kopfteil der Schnecke ist nur an einer Mantelfalte am Vorderende erkenntlich. Diese Schnecke gehört wie die folgenden Arten nicht zu der vorab beschriebenen Ordnung Nudibranchia, sondern in die Ordnung Pleurobranchomorpha, da sich in ihrem Körper noch Reste eines Schneckenhauses, ein rudimentäres Schalenstück also, befinden.

Verwechslungsmöglichkeiten: Durch die Variabilität dieser Schnecke kann man die einzelnen Farbformen durchaus für verschiedene Arten halten. Nur diese eine Art hat aber die rotbraune Färbung mit der charakteristischen, unterschiedlich angeordneten Netzzeichnung.

Lebensraum: Meist am Fuße von Korallenstöcken zwischen abgestorbenen Korallenblöcken und Schutt. Gelegentlich auch auf Sand. Bereits in wenigen Metern Tiefe. Bisher nur im Roten Meer beobachtet.

Besonderheiten: Diese Art ist ausschließlich nachtaktiv. Tagsüber lebt sie versteckt in Spalten des Riffs, die sie nachts verläßt, um auf den umliegenden Sandgründen nach Nahrung zu suchen. Vermutlich Fleischfresser (Aas etc.).

Aquarienhaltung: Für die Aquarienhaltung zu groß.

Notobryon wardi
Blaupunkt-Sargassumseehase

Familie Aplysiidae

Erkennungsmerkmale: Der durchsichtig-gelbgrüne Körper ist mit weißlichen, ausgefransten Anhängseln und blauen, braunrot umrandeten Augenflecken bedeckt. Typisch für die Seehasen, zu deren näherer Verwandschaft diese Art zählt, sind ein Paar Fühler und ein Paar Rhinophoren (fühlerähnliche Kopfanhängsel). Bis 4 cm.
Verwechslungsmöglichkeiten: Keine.
Lebensraum: Zwischen Grün- und Braunalgen. Vor allem auf treibenden oder festgewachsenen *Sargassum*-Algen.
Besonderheiten: Aufgrund der Färbung sind die Tiere auf den *Sargassum*-Algen kaum sichtbar. Sie weiden dort den dünnen sekundären Algenbewuchs ab, schaden also der Pflanze selbst nicht. Durch die gute Tarnung übersieht man die Tiere oft, obwohl sie ausgesprochen häufig sind.
Aquarienhaltung: Im Aquarium wachsen aus oft winzigen Schnecken, die man versehentlich mit Algen eingeschleppt hat, innerhalb weniger Wochen fortpflanzungsfähige, ausgewachsene Sargassumschnecken. Die Eigelege werden in wild verschlungenen, gelblichen Haufen auf den Aquarienscheiben abgelegt. Die schlüpfenden Larven besitzen ein Schneckenhaus, das aber während des weiteren Wachstums wieder verlorengeht. Sie überleben in einem normalen Aquarium nicht.

Elysia sp.
Algensauger

Familie Elysiidae

Erkennungsmerkmale: Auf dem schmutziggrünen, schlanken, langgestreckten Körper stehen mehrere lappige Körperanhängsel. Die Haut selbst ist rauh, sieht matt und filzig aus und ist mit feinen Fransen bedeckt. Bis 3 cm. Die Elysiidae gehören zur Ordnung Sacoglossa (Saftsauger).
Verwechslungsmöglichkeiten: Möglicherweise gibt es mehrere, schwer unterscheidbare Arten.
Lebensraum: Stets auf Grünalgen, vor allem der Gattung *Caulerpa*. Sie saugt den Zellsaft der Algen aus.
Besonderheiten: Man entdeckt diese Schnecke eigentlich nur zufällig. Sie bewegt sich unter ständigem Vor- und Zurückwiegen langsam vorwärts und täuscht dadurch ein in der Strömung sich bewegendes, losgelöstes Algenstück vor.
Aquarienhaltung: Kann versehentlich mit Algen eingeschleppt werden. Vernichtet in wenigen Wochen den gesamten Algenbestand, der aber nicht gefressen, sondern ausgesaugt wird.

Klasse Cephalopoda (Tintenfische, Kopffüßer)

Eng verwandt mit den Schnecken sind trotz ihrer unterschiedlichen Gestalt die Tintenfische oder Kopffüßer. Die meisten dieser eigenartigen, aber relativ intelligenten Tiere leben in tiefen Bereichen der Küstengewässer oder sogar in der Tiefsee. Wahre Monster von gewaltiger Größe sollen dort vorkommen. Die Arten des Korallenriffs sind dagegen Zwerge und völlig harmlos. Lediglich manche *Octopus*-Verwandte sind giftig. Einige sind ausschließlich nachtaktiv. Nur wenige Arten findet man regelmäßig am Riff.
Man teilt die Tintenfische ein in die Achtarmigen Tintenfische (Octobrachia oder Octopoda) und die Zehnarmigen Tintenfische (Ordnungen Sepioidea und Teuthoidea). Obwohl der bekannteste achtarmige Tintenfisch (*Octopus vulgaris*) im Mittelmeer sehr häufig ist, findet man im Korallenriff diese Tintenfische seltener. Häufiger trifft man aber auf die zehnarmigen Tintenfische, die vor allem nachts im Scheinwerferlicht leicht beobachtet werden können. Sie besitzen, wie der Name schon sagt, zehn Arme und schwimmen stets frei, während der Octopus am Boden kriecht und sich in Löchern versteckt. Beide Gruppen legen ihre Eier meist in Höhlen ab. Aus den Eiern schlüpfen nach einiger Zeit die fertig entwickelten, winzigen Tintenfische, die sofort selbständig auf Nahrungssuche gehen. Die Eltern vieler Arten betreiben bis zum Schlupf eine intensive Brutpflege.

Octopus macropus Risso, 1826
Langarmkrake

Familie Octopodidae

Erkennungsmerkmale: Typisch für diesen Octopus ist die ziegelrote Farbe mit den weißen Punkten. Die relativ schlanken Arme weisen an der Unterseite zwei parallel laufende Saugnapfreihen auf und werden bis zu einem Meter lang.

Verwechslungsmöglichkeiten: Durch die ständigen Farbwechsel kann man die verschiedenen Krakenarten leicht miteinander verwechseln. Dennoch gibt es bestimmte Merkmale, die man meistens erkennen kann. Bei *O. macropus* ist dies die Fleckenzeichnung auf mehr oder weniger ziegelrotem Grund, die fast immer sichtbar ist. *Octopus cyaneus* zeichnet sich durch eine dunkelbraune bis schwarze Färbung, vor allem aber durch zwei Augenflecken zwischen den Augen aus. Er kann angeblich bis zu 3 m lang werden, bleibt aber meist kleiner. Auch *O. vulgaris* aus dem Mittelmeer kommt im Roten Meer vor.
Lebensraum: Bereits im Flachwasser in Löchern und Höhlen im Korallengestein und in selbst gegrabenen Löchern. Fällt oft erst durch seine mit Muschelschalen, Korallenbrocken etc. »verzierten« Wohnlöcher auf.
Besonderheiten: Die verschiedenen *Octopus*-Arten sind trotz ihrer Verwandtschaft mit den Schnecken relativ intelligente Tiere. Sie können sogar im Versuch von Menschen gestellte einfache Aufgaben lösen. In der Natur behaupten sie sich vor allem durch ihre vielfältigen Abwehr- und Fluchtmöglichkeiten. Bei Gefahr stößt ein Octopus eine braunschwarze, giftige Tinte aus, um seine Verfolger zu irritieren. Mit Hilfe seines Syphons kann er sich nach dem Rückstoßprinzip blitzschnell und völlig überraschend fortbewegen. Durch seine Beweglichkeit verschwindet er bei Gefahr, aber auch bei der Nahrungssuche, in kleinsten Spalten und Löchern. Seine Fähigkeit, sich farblich zu verändern, ist spektakulär. Außerdem kann er seine Körperoberfläche stark verändern. All dies macht die *Octopus*-Arten zu hochinteressanten Lebewesen.
Aquarienhaltung: Leicht zu halten, aber schwer zu transportieren, da die Tiere bereits im Fangbehälter ihre giftige Tinte ausspritzen können und dann daran sterben. Große Aquarien werden benötigt, die absolut sicher abgedeckt werden müssen, da die Tintenfische Ausbrechspezialisten sind.

Euprymna morsei
Zwergsepia

Familie Sepiolidae

Erkennungsmerkmale: Die maximal 5 cm groß werdenden Tintenfische besitzen im Gegensatz zu den Sepien keinen durchgehenden Flossensaum, sondern rundliche, seitlich angeordnete flügelartige Flossen. Der hinten abgerundete Körper und die Fangarme sind fein dunkelbraun gesprenkelt, die großen Augen sind gelblichgrün.
Verwechslungsmöglichkeiten: Es gibt einige ähnliche Arten im besprochenen Gebiet, sie sind alle aber eher selten und erwachsen erheblich größer.
Lebensraum: In der Nähe des Korallenriffs vor allem über Sandboden und Seegraswiesen bereits in geringer Tiefe.
Besonderheiten: Wie alle Sepien und Sepioliden kann sich auch diese Art blitzschnell verfärben sowie auf der Flucht Tinte verspritzen. Nachtaktiv.

Sepia prashadi
Gemeine Sepia

Familie Sepiidae

Erkennungsmerkmale: *Sepia prashadi* kann bis zu 40 cm lang werden. Häufig sind Tiere um 15 cm. Charakteristisch sind die dreieckigen Hautlappen auf dem Körper und dessen Querbänderung, die man besonders in der Schreckfärbung deutlich erkennen kann. Die Fangarme sind meist teilweise eingerollt. Zwei Fangarme sind in seitlichen Taschen verborgen. Sie sind länger als die anderen Arme und werden zum Nahrungsfang benutzt.
Verwechslungsmöglichkeiten: *Sepia latimanus* aus dem Indopazifik fehlt die Querbänderung, und sie hat nur kleine Anhängsel am Körper. *Sepia prashadi* ist die häufigste Art des Roten Meeres.
Lebensraum: Über Seegras und Sandgrund in geringer Tiefe. Tagsüber eher selten dort anzutreffen.

Besonderheiten: Nachtaktiv. Lebt tagsüber vermutlich im tieferen Wasser, da man sie im Licht nur selten sieht. Imposant sind die extremen Farbveränderungen bei Erregung. Alle Tintenfische können eine bräunlichblaue Tinte ausstoßen, mit der sie versuchen ihre Gegner zu irritieren. Anschließend schießen sie mit dem durch den rohrförmigen Syphon am Körpervorderteil ausgestoßenen Wasserstrahl davon (Rückstoßprinzip). Als Nahrung dienen kleine Fische, Garnelen etc., die mit den Fangarmen ergriffen werden.
Aquarienhaltung: Schwierig. Nur Experten vorbehalten. Die schwarzen, blasenförmigen Eier können allerdings leicht zum Schlüpfen gebracht werden.

Sepioteuthys lessoniana
Grünaugen-Sepia

Familie Lolinginidae

Erkennungsmerkmale: Diese bis zu 45 cm lang werdende Tintenfisch-Art hat einen weißbläulich-durchsichtig schimmernden Körper, der bei Beleuchtung grünlich zu glühen scheint. Die großen Augen sind ebenfalls grünlich. Von den zehn Tentakeln sind nur die acht kurzen Primärtentakel zu sehen. Die langen Sekundärtentakel mit den Keulenartigen Verdickungen am Vorderende sind in seitlichen Taschen verborgen.

Verwechslungsmöglichkeiten: Diese Art ist im gesamten indopazifischen Raum an den Korallenriffen recht häufig. Ähnliche Arten sind zwar vorhanden, kommen aber meist nur auf dem offenen Meer vor.

Lebensraum: Eigentlich sind *Sepia*-Tintenfische Tiere des offenen Meeres. Einige Arten leben aber auch in Riffnähe.

Besonderheiten: Diese Nachtjäger kann man sogar von Booten oder vom Ufer aus mit starken Lampen bei der Jagd beobachten. In Formation werden Schwärme von Garnelen oder Jungfischen eingekreist. Mit den beiden normalerweise verborgenen verlängerten Fangarmen werden dann einzelne Opfer regelrecht aus dem Lichtkegel »herausgeschossen« und verzehrt. Die Formation der Kalmare, wie diese Tintenfische auch genannt werden, wechselt ständig, nicht unähnlich einem Geschwader von Kampfflugzeugen.

Aquarienhaltung: Sepien sind allgemein schwer zu halten, da sie sich an den Aquarienscheiben leicht verletzen. Nur für Spezialisten. Die Zucht von *Sepia officinalis* aus dem Mittelmeer ist allerdings über mehrere Generationen schon öfter gelungen.

Klasse Bivalvia (Muscheln)

Hervorstechendes Merkmal der Muscheln sind die zweiteiligen Kalkschalen, die man häufig am Strand findet. Diese zwei Schalenhälften sind es auch, die diese Tiergruppe von den Schnecken mit ihrem einteiligen Gehäuse am deutlichsten unterscheiden.

Die Schalenhälften sind durch ein Scharnier beweglich. Ein flexibles Schloßband (Ligament) hält die Schalen am Scharnier zusammen, ohne das Öffnen oder Schließen zu beeinträchtigen.

Das Tier selbst besteht aus dem Mantel, der Kiemen und Eingeweide bedeckt, und dem Fuß, der häufig als Graborgan dient. An der Fußwurzel befindet sich eine Byssusdrüse, die die gleichnamigen Byssusfäden absondert, mit denen sich viele Muscheln am felsigen Untergrund festheften können. Selbst der starken Brandung halten diese Byssusfäden stand.

Die Ernährungsweise der Muscheln entspricht der vieler anderer sessiler Meeresbewohner. Sie sind Filtrierer, d. h., sie filtern das Meerwasser, um an die darin enthaltenen Kleinstpartikel zu gelangen. Eine Ansaugöffnung leitet das Wasser zu den Kiemen, die als Filterkorb dienen. Die Ausströmöffnung führt das gefilterte Wasser und die Exkremente wieder ab. Bei im Sand lebenden Muscheln sind diese beiden Öffnungen (Siphonen) oft verlängert und ragen über die Sandoberfläche hinaus, bei anderen Muscheln sind sie unter der Schale verborgen. Wieder andere Muscheln stülpen einen Teil ihres oft farbenprächtigen Mantels mit diesen Öffnungen ein Stück über die Schalen, um den im Mantel befindlichen Symbiosealgen möglichst viel Sonnenlicht zukommen zu lassen (*Tridacna*).

Am äußeren Rand dieses Mantels befinden sich oft Reihen von Augen, die tatsächlich Lichteindrücke wahrnehmen können. Oft ist der Mantelrand zusätzlich lappig oder tentakelartig ausgezogen, um die Sinneseindrücke der Muschel noch zu verbessern (Feilenmuscheln, Mördermuscheln, Stachelaustern).

Muscheln sind überwiegend getrenntgeschlechtlich, Eier und Spermien werden einfach ins Wasser abgegeben, wo sie sich treffen und je nach Art zu Trochophora- oder Veligerlarven werden. Diese Larven setzen sich nach einiger Zeit auf einem geeigneten Untergrund fest und verwandeln sich dann zur Muschel.

Über 20 000 Arten von 0,2 mm Körpergröße bis 130 cm Schalenumfang sind bisher nachgewiesen worden. Die meisten davon Leben im Meer, wo sie viele Lebensräume besiedelt haben. Im Korallenriff finden wir Muscheln auf dem Riffdach, wo sie sich in Korallen einbohren oder an Felsen festheften. Am Riffabhang kleben große Stachelaustern an Höhlenwänden, andere Arten bevorzugen Steilwände oder halten sich an Gorgonien oder verzweigten Korallen fest. Viele Muscheln stecken halb im Sand und Schlamm oder im Dickicht der Seegraswiesen. Eine große Zahl aber lebt unsichtbar im Sand an der Riffbasis oder zwischen den Riffen in der Lagune. Sie können sich in diesem mit ihrem Grabfuß sogar recht gut fortbewegen. Wenn man mit der Hand oder mit einem groben Sieb durch den Sand fährt, findet man diese verborgen lebenden Tiere.

Oben: Tridacna maxima; unten: Tridacna squamosa.

Tridacna sp.
Mördermuschel

Familie Tridacnidae

Erkennungsmerkmale: Die verschiedenen Arten der Mördermuscheln sind in der Natur nur schwer voneinander zu unterscheiden. Alle besitzen gewellte, meist halb im Korallengestein eingewachsene Schalen. Der über den Schalenrand hinausgestülpte Mantel ist stets prächtig gefärbt. Häufig findet man auf grüner, blauer oder brauner Grundfarbe braune, schwarze oder weiße Flecken und Streifen. Für die jeweilige Art charakteristisch sind nur die unterschiedlich strukturierten Schalen, die man aber meist durch das Einwachsen kaum sieht, und die unterschiedliche Größe der einzelnen Arten. So bringt es *Tridacna gigas* auf über einen Meter Schalendurchmesser, während die kleineren Arten, z. B. *T. squamosa*, höchstens 30 cm Durchmesser erreichen. *T. crocea* wird höchstens 8 cm groß und ist vollständig eingewachsen, *T. maxima* erreicht 15 cm und ist nur an der Schalenbasis eingewachsen.

Verwechslungsmöglichkeiten: Im Indopazifik kommen sechs Arten der *Tridacnidae* vor. Die Struktur der Schalen unterscheidet sie voneinander. Beim Tauchen ist diese Unterscheidung aber kaum möglich.

Lebensraum: Mördermuscheln kommen nur im Flachwasser bis in eine Tiefe von maximal 15 Metern vor, da sie mit symbiontischen Algen zusammenleben. Diese Algen bewirken auch die charakteristische Färbung des Mantels.

Besonderheiten: Großen Exemplaren der Mördermuschel wurde nachgesagt, daß sie Beine von Tauchern festhalten könnten. Inzwischen weiß man, das dies kaum möglich ist, da sich die Schalenhälften bei einer entsprechenden Störung nicht sofort schließen, sondern dazu zwei oder drei Muskelkontraktionen benötigen. Selbst ein versehentlich (!!!) zwischen die Schalen geratenes Bein könnte also mühelos wieder be-

freit werden. Solche Experimente sind außerdem strikt abzulehnen, da dabei die Muscheln zerstört werden.

Aquarienhaltung: Die kleineren *Tridacna*-Arten lassen sich hervorragend und über viele Jahre in hellen Riffbecken halten. Alle Arten sind inzwischen aber geschützt und dürfen nur noch mit Cites-Bescheinigung eingeführt werden. Es werden aber in großem Umfang Muscheln zum Verzehr geerntet, da sie in Asien als Delikatesse gelten. Da *Tridacna*-Muscheln inzwischen bereits kommerziell gezüchtet werden, ist es vielleicht in Zukunft möglich, gezüchtete Arten für die Aquarienhaltung zu erwerben. Daß dies möglich ist, beweisen auch die Erfolge australischer Meeresbiologen, deren Zuchtversuche mit der bis dahin stark dezimierten *Tridacna gigas* so erfolgreich verliefen, daß die Nachzuchten auf andere Riffe ausgesiedelt werden mußten. Auch hier war der Grund der Zuchtversuche übrigens kommerzieller Natur und für die menschliche Ernährung gedacht.

Linke Seite: Tridacna spec.

Rechte Seite: Tridacna gigas.

Lopha folium
Riffzackenauster, Hahnenkammauster

Familie Ostreidae

Erkennungsmerkmale: Diese Muschel fällt durch den tief gezackten Schalenrand auf. Stets sind die Tiere vollständig mit Schwämmen, Moostierchen und Korallen überwachsen. Die Schale ist dadurch kaum sichtbar. Der Name Hahnenkammauster rührt von einem roten Schwamm her, der die Schale vieler Exemplare überzieht. Zusammen mit den hahnenkammartigen Zacken des Schalenrandes wirkt dies tatsächlich wie ein solcher. Bis 30 cm.
Verwechslungsmöglichkeiten: Die nachfolgende *Lopha*-Art ist nie stark überwachsen und hat einen anderen Lebensraum.
Lebensraum: Auf Korallenriffen, vor allem an Steilwänden und unter Überhangen. In Höhlen. Erst ab 10 m Tiefe.
Besonderheiten: Die Schalen dieser Muschel sind regelrechte Minibiotope, denn sie beherbergen eine Vielzahl von Lebewesen, die auf ihr festgewachsen sind (Epibionten).
Aquarienhaltung: Wird für das Aquarium meist zu groß.

Linke Seite: Lopha folium, umgeben von unzähligen Wirbellosen und selbst davon überwuchert. Nur die gezackte Öffnung ist noch sichtbar.

Rechts oben: Lopha cristagalli.

Lopha cristagalli Linné, 1758
Mangrovenzackenauster

Familie Ostreidae

Erkennungsmerkmale: Diese Zackenauster ist selten mit Epibionten überwachsen. Die Schalen sind braunschwarz und meist mit Schlamm oder Schlick bedeckt. Sie erreichen maximal 25 cm Durchmesser.
Verwechslungsmöglichkeiten: Die Art *Lopha folium* ist zwar ähnlich geformt, aber stets mit Epibionten überwachsen, während *L. cristagalli* kaum bewachsen ist.
Lebensraum: Bereits im Flachwasser an lichtgeschützten Stellen. Häufig an Bootsstegen, an Mangrovewurzeln oder Holzpfählen mit ihren Byssusfäden fest verankert. Wird wie viele Muscheln von Einheimischen auch gegessen.
Aquarienhaltung: Wird wegen ihrem unattraktiven Aussehen praktisch nie eingeführt. Toleriert auch schlechtere Wasserverhältnisse.

Spondylus varius
Stachelauster

Familie Spondylidae

Erkennungsmerkmale: Die zwei bis zu 25 cm großen, halbkugelig geformten Schalen sind häufig mit Kalkalgen, Moostierchen etc. überwachsen. Der zwischen den geöffneten Schalen sichtbare, gleichmäßig gefältelte Mantel ist charakteristisch blauweiß gefärbt und von einem orangefarbenen Rand gesäumt.
Verwechslungsmöglichkeiten: Die Art *Spondylus aurantius* soll ähnlich aussehen. Möglicherweise handelt es sich hier aber um ein Synonym. Es gibt über 100 *Spondylus*-Arten, die aber alle nicht so groß wie *S. varius* werden.
Lebensraum: In Spalten und Höhlen des Riffs nicht selten. Stets an lichtgeschützten Stellen.
Besonderheiten: *S. varius* ist sehr licht- und erschütterungsempfindlich. Schon der geringste Schatten, der auf sie fällt oder kräftiges Ausatmen des Tauchers veranlassen das Tier zum sofortigen Schließen der Schalen. Alle *Spondylus*-Arten besitzen im Gegensatz zu den vorher beschriebenen Arten keine Byssusfäden, sondern heften sich mit einer kalkartigen Substanz fest.
Aquarienhaltung: Schon durch die Größe ungeeignet. Muscheln des tieferen Wassers sind in der Regel sehr (transport-) empfindlich. Sie dürfen derzeit nicht eingeführt werden, was vernünftig ist, denn diese Muscheln brauchen viele Jahre für das Wachstum. Eine Zucht erscheint aber lohnend und realisierbar (siehe *Tridacna*).

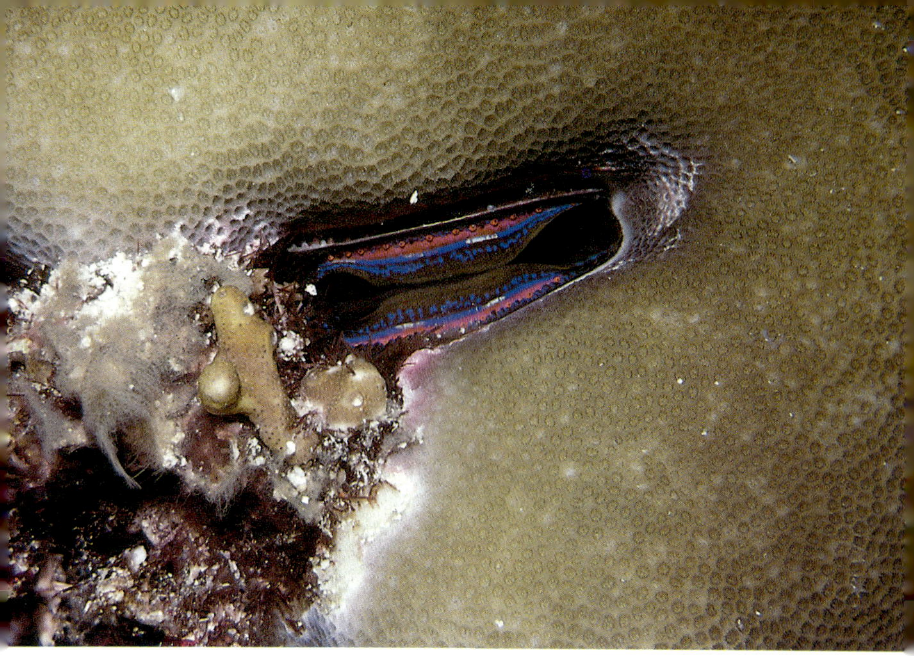

Pedum spondylium
Irisierende Kammuschel

Familie Pectinidae

Erkennungsmerkmale: Die Schalen dieser Muschel sind stets vollständig in lebende Korallenstöcke eingewachsen. Der Mantel irisiert in herrlichen Lilatönen. Deutlich sichtbar sind die rotgesäumten Augenflekken, die lichtempfindlich sind. Bis 5 cm.
Verwechslungsmöglichkeiten: *Pedum spondyloideum* ist wahrscheinlich ein Synonym. Es gibt noch andere Muscheln, die sich von lebenden Korallen umwachsen lassen. Sie sind aber alle nicht so leuchtend gefärbt wie *Pedum spondylium* und daher kaum zu verwechseln.
Lebensraum: Dort wo auch die bevorzugten Steinkorallen der Gattungen *Porites*, *Goniastrea* und *Platygyra* vorkommen, lebt zwangsläufig auch *P.spondylium*. Dies ist der Bereich zwischen der Wasseroberfläche und etwa 15 m.
Besonderheiten: Diese Muscheln setzen sich schon als winzige Larven auf den Korallen fest. Da sie einen Fremdkörper darstellen, werden sie von der Koralle mit der Zeit bis auf die Schalenöffnung umwachsen. Die Muschel, die nur sehr dünne Schalen hat, profitiert dadurch von dem steinharten Skelett der Korallen. Im Gegensatz zu anderen Steinkorallen-Bewohnern bohrt *P. spondylium* nicht. Die Steinkoralle wird also nicht zerstört.
Aquarienhaltung: Da alle Steinkorallen streng geschützt sind, werden auch diese Muscheln nicht mehr eingeführt.

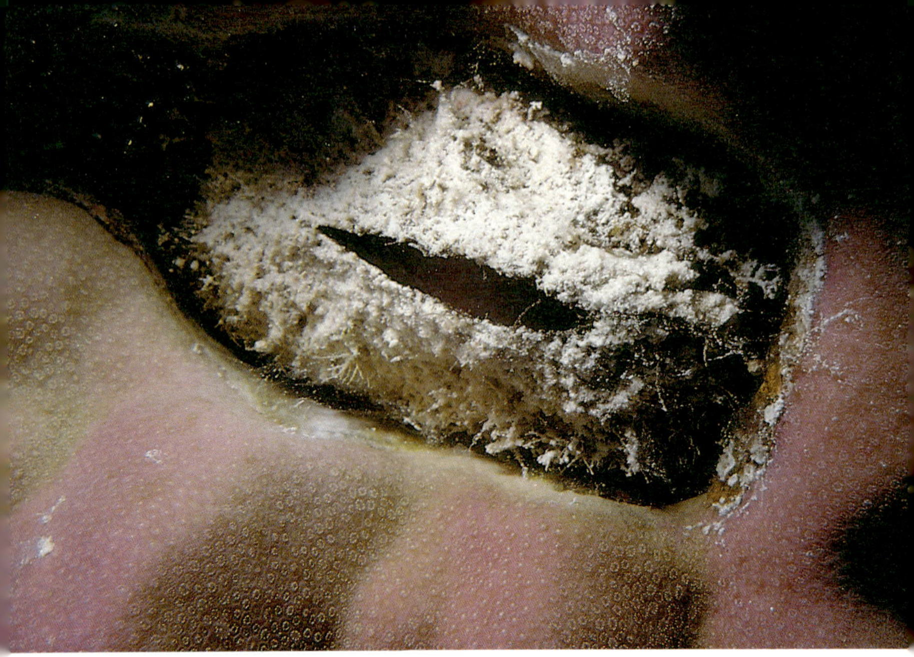

Unbekannte Spezies
Paranußmuschel

Klasse Bivalvia

Erkennungsmerkmale: Wie die vorangegangene Art, so wird auch diese Muschel bis auf die Schalenspitze und die Öffnung völlig von der Steinkoralle umwachsen. Das dem Licht ausgesetzte, nicht eingeschlossene Schalenstück selbst ist von fädigen Algen überwachsen. Bis 8 cm.
Verwechslungsmöglichkeiten: Im Gegensatz zur vorigen Art ist der Mantel dieser Muschel nicht sichtbar. Die Muschel ist relativ häufig, aber dennoch in der Literatur nicht auffindbar.
Lebensraum: Vor allem große, klobig wachsende Korallenarten wie *Porites* oder *Platygyra* werden bevorzugt. Gelegentlich werden auch tote Korallenstöcke bewohnt. Nur im Flachwasser häufig.
Besonderheiten: Viele verschiedene Muscheln bohren in den massiven Korallenblöcken, oft nur durch einen Syphon mit der Außenwelt verbunden. Sie sind durch diese Lebensweise vor Feinden fast völlig geschützt, schädigen auf Dauer aber die Struktur des Korallenstocks, so daß er an Stabilität einbüßt. Ganze Riffteile können so durch bohrende Organismen zerstört werden. Dies ist aber ein völlig natürlicher Vorgang.

Pteria penguin
Flügelauster, Flügelperlmuschel

Familie Pteriidae

Erkennungsmerkmale: Die Flügelauster fällt, wie alle *Pteria*-Arten, besonders durch die eigenartig geformten Schalen auf. Vor allem der einseitig verlängerte, flügelartig geformte Auswuchs der Schalen ist charakteristisch. Diese Schalen werden häufig von Schwämmen etc. überwachsen. *Pteria penguin* wird bis zu 20 cm lang, *Pteria aegyptica* bis zu 10 cm.

Verwechslungsmöglichkeiten: Die *Pteria*-Arten unterscheiden sich vor allem durch den mehr oder weniger ausgeprägten Auswuchs, der in der Größe und Gestalt typisch für jede Art ist, voneinander. Bei *Pteria penguin* ist dieser nicht länger als die eigentliche Schale und eher rund. Zwischen Schale und Dorn ist ein tiefer Einschnitt. Bei *P.aegyptica* ist der Dorn flacher und bildet zur Schale hin einen weichen Bogen. Der Dorn von *Pteria brevialata* ist wesentlich länger als die Schale.

Lebensraum: Die beschriebenen *Pteria*-Arten findet man an der der Strömung ausgesetzten Spitze von hochwachsenden Hornkorallen, in den Astgabeln von *Millepora* oder auf exponierten Felsspornen. *P.penguin* kann man erst in Tiefen ab 10 m beobachten, *P.aegyptica* schon im Flachwasser. Die Muscheln sind an ihrem Wirt mit Byssusfäden festgeheftet.

Besonderheiten: Eine enge Verwandte dieser Art, *Pinctada margaritifera*, ist die wichtigste Perlmuschel des Roten Meeres und wird zu diesem Zweck gezüchtet (Sudan, Dunganab-Bay).

Aquarienhaltung: Unbekannt.

Links oben: Pteria penguin, rechts oben: Pteria aegyptica.

Brachidontes cerebristriatus
Strandmuschel

Familie Mytilidae

Erkennungsmerkmale: Die Strandmuschel wird kaum 2 cm lang und besitzt zwar feste, aber brüchig aussehende, mit vielen rissähnlichen Längsfurchen versehene, schwarzgraue Schalen, die fest mit Byssusfäden am Untergrund festgeheftet sind. Sie kommt nur in Kolonien von mehreren bis unzähligen Exemplaren vor.

Verwechslungsmöglichkeiten: Es gibt ähnliche Arten, die aber kaum voneinander zu unterscheiden sind.

Lebensraum: Dieses miesmuschelartige Schalentier findet man bei Ebbe in Felsspalten und auf Steinen an der Ebbe-Flut-Linie in meist großen Ansammlungen dicht beieinander. Erst beim Ansteigen der Flut beginnen die Tiere sich zu öffnen und das Wasser nach eßbaren Partikeln durchzufiltrieren.

Besonderheiten: Strandmuscheln können bei Ebbe stundenlange Sonneneinstrahlung ohne Probleme auf dem Trockenen aushalten.

Aquarienhaltung: Nur in Ebbe-Flut-Aquarien möglich. Offensichtlich benötigen die Tiere den Wechsel von Trockenfallen und mit Wasser bedeckt sein.

Rudicardium sp.
Herzmuschel

Familie Cardiidae

Erkennungsmerkmale: Typisch sind die deutlichen Längsfurchen und die dunklen Querlinien auf den sonst hellen Schalen. Die Färbung ist aber variabel. Bis 6 cm.
Verwechslungsmöglichkeiten: *Rudicardium* ist nur eine der vielen Herzmuscheln und wiederum sind diese nur eine Familie der unzähligen Muschelarten, die verborgen im Sand und Schlamm leben.
Lebensraum: Stets mehrere Zentimeter tief im Sand oder Schlamm eingegraben.
Besonderheiten: Man findet solche Muscheln und vieles andere, wenn man vorsichtig mit den Händen den Sandboden durchsiebt. Herzmuscheln sind Filtrierer und stehen mit dem Wasserkörper über dem Sandboden mit schnorchelartigen Röhren, den sogenannten Syphonen, in Verbindung. Mit diesem Syphon können die Tiere auch im sauerstoffarmen Sand noch gut atmen. Weltweit werden Herzmuscheln auch gesammelt und gegessen.
Aquarienhaltung: Herzmuscheln können gut in Aquarien mit einer dickeren Sandschicht gehalten werden. Allerdings sieht man stets nur die durchsichtigen, kaum aus dem Sand ragenden Syphonen.

Glycymeris sp.
Pastetenmuschel

Familie Glycymeridae

Erkennungsmerkmale: Diese Muschel fällt vor allem durch die kräftige, von der Spitze bis an den Rand dunkler werdende, goldbraune Färbung auf. Wie bei vielen Muscheln ist aber die Färbung dieser Art ebenfalls variabel. Bis 6 cm.
Verwechslungsmöglichkeiten: Die *Glycymeridae* kommen weltweit mit vielen Arten vor.
Lebensraum: In Sandböden bis zu 15 cm tief eingegraben. Wird meist erst dann entdeckt, wenn die leeren Schalen einer toten Muschel von Wellen und Strömung freigesetzt werden.
Besonderheiten: Wie fast alle sandbewohnenden Muscheln, so kann sich auch die Pastetenmuschel mit ihrem kräftigen, fleischigen Fuß durch den Boden fortbewegen. Filtrierer.
Aquarienhaltung: Wie Herzmuschel. Gefüttert werden müssen diese Filtrierer nicht. Die im Wasser befindlichen organischen Feinpartikel genügen ihnen als Nahrung.

Stamm Arthropoda (Gliederfüßer)

Klasse Crustacea (Krebse)

Zum Stamm der Arthropoda gehören die Crustacea, die wiederum in verschiedene Unterklassen eingeteilt sind. Nur zwei dieser Unterklassen, die besonders wichtig oder auffällig sind, sollen in diesem Buch vorgestellt werden. Die Cirripedia oder Rankenfüßer und die Malacostraca, zu der alle höheren Krebse gehören.

Die *Cirripedia* unterscheiden sich von allen anderen Krebsen vor allem durch ihre Lebensweise. Sie sind festsitzend, d.h. sie sind mit ihrem Gehäuse auf festem Untergrund, z.B. auf Felsen der Ebbe-Flut-Linie, festgewachsen. Man nennt diese Tiere Seepocken. Der eigentliche Krebs sitzt in diesem Gehäuse. Da mit Beinen und Scheren bei dieser Lebensweise nicht viel angefangen werden kann, sind diese Extremitäten zu einem reußenartigen Fangapparat umgebildet.

Die Höheren Krebse, die *Malacostraca*, sind eine sehr artenreiche Unterklasse. Aber nur eine Ordnung, die *Decapoda* oder Zehnfüßigen Krebse, sind von größerer Bedeutung. Allein von dieser Gruppe sind bisher über 8000 Arten weltweit bekannt, die meisten hiervon aus den Tropen. Es ist völlig unmöglich, aus allen wichtigen Familien auch nur eine Art hier darzustellen. Lediglich besonders häufige oder auffällige Vertreter der häufigsten Familien sollen daher genannt werden.

Typisch für alle Höheren Krebse ist das aus einem chitinartigen, harten Material aufgebaute Außenskelett, das aus einem mehrfach gegliederten Hinterleib (Abdomen) und einem meist einteiligen Brust-Kopf-Panzer (Cephalothorax) besteht. Hinzu kommen verschiedenartige Extremitäten, wie Laufbeine, Scherenbeine, Mundwerkzeuge etc. Da das Skelett mit dem Körper nicht mitwachsen kann, muß es durch mehrere Häutungen erweitert werden.

Die Decapoda weisen an diesem Körper stets fünf Extremitätenpaare auf, die je nach Funktion auch Scheren tragen können. Zu diesen fünf Beinpaaren kommt noch der Freßapparat, der ebenfalls aus umgebildeten Extremitäten besteht. Von dieser Grundform abweichend gibt es die verschiedensten Modifikationen. Noch am ehesten der Grundform entsprechen die *Natantia*, zu denen die verschiedenen Garnelen gehören und die Reptantia oder Panzerkrebse. Zu ihnen gehören solch unterschiedliche Gruppen wie z.B. die Langusten und Bärenkrebse, die Einsiedlerkrebse, die Seespinnen, die Schwimmkrabben die Echten Krabben und viele mehr.

Die Ernährung ist bei den verschiedenen Gruppen unterschiedlich. Es gibt vom Planktonfänger über den Allesfresser bis zum Räuber viele Formen der Nahrungsbeschaffung.

Die Vermehrung ist bei den einzelnen Gruppen jedoch durchaus ähnlich. Typisch ist die äußere Befruchtung, bei der das Männchen ein Samenpaket an den Unterleib des Weibchens heftet, obwohl es z.B. unter den Garnelen auch zwittrige Arten gibt.

Die befruchteten Eier sind am Unterleib festgeheftet, der bei den Garnelen gerade gestreckt, bei den Krabbenartigen jedoch untergeschlagen getragen wird. Dort werden die Eier solange geschützt herumgetragen, bis die Larven schlüpfen. Diese werden dann dem Plankton übergeben, wo sie nach einiger Zeit und mehreren Häutungen die endgültige Gestalt annehmen und sich niederlassen. Auch die wenigen landlebenden Krebse haben eine ähnliche Fortpflanzungsweise. Allerdings werden die Eier solange an Land herumgetragen, bis sie schlupfreif sind. Erst nach dem Schlupf der Larven suchen die Weibchen das Meer auf und entlassen sie ins Wasser, wo sie wie die anderen Krebslarven im Plankton leben, bis sie metamorphisieren und wie ihre Eltern an Land gehen. Manche Arten kann man viele Kilometer weit im Landesinneren antreffen. Die meisten Landkrabben halten sich jedoch in Küsten- oder sogar in Ufernähe auf.

Tetraclita squamosa
Große Seepocke

Familie Balanidae

Erkennungsmerkmale: Das außen gerillte, kegelförmige Kalkgehäuse ist grau bis rosa gefärbt und fest mit dem Untergrund verbunden. Die Öffnung in der Mitte des Gehäuses wird von speziellen Platten beweglich verschlossen. Die grazilen, zu einem Fangapparat umgebildeten Extremitäten kann man nur im Aquarium erkennen. Bis 3 cm.

Verwechslungsmöglichkeiten: *T. squamosa* ist die auffälligste Art im Roten Meer. Es gibt aber eine große Zahl von Seepocken, die sich durch Form und Struktur des Gehäuses und die Anordnung der verschließenden Platten unterscheiden lassen. Die gestielten Entenmuscheln (*Lepas* sp.) sind eng verwandt und werden auf Treibholz, an *Sargassum*-Algen und sogar auf den Antennen von großen Langusten gefunden.

Lebensraum: In der Brandungszone auf größeren Steinen und Felsen. Gelegentlich auch an Pfeilern oder Holzpflöcken im Hafenbereich oder an Bootsstegen.

Besonderheiten: Seepocken sind stark umgebildete Krebse, die bei Flut mit ihren zu einer Fangreuse umgebildeten Beinen (Cirripedier = Rankenfüßer) nach Plankton fischen. Bei Ebbe können sie ihr Gehäuse verschließen und dann längere Zeit ohne Wasser überleben.

Aquarienhaltung: Nur in speziellen Ebbe- und Flutaquarien möglich. Feiner Ersatzplankton muß regelmäßig gereicht werden. Auf lebenden Steinen eingebrachte Tiere leben oft noch einige Monate weiter.

Ocypode ceratophthalma
(Pallas, 1772)
Reiterkrabbe

Familie Ocypodidae

Erkennungsmerkmale: Typisch für diese Art sind der eckige Körper und die langen Stielaugen mit ihren Fortsätzen. Die Zangen sind flach, aber dennoch kräftig. Ihre Oberfläche ist granuliert. Die Körperoberseite trägt eine deutliche, leicht variierende Zeichnung in Grautönen. Der Körper erreicht eine Breite von etwa 6 cm.
Verwechslungsmöglichkeiten: *Ocypode saratan* lebt ausschließlich im Roten Meer und besitzt keine Fortsätze an den Stielaugen.
Lebensraum: Am Sandstrand. Auf kleinen Inseln auch bis zur Inselmitte, wenn Grundwasser in die Wohnhöhlen eindringen kann.
Besonderheiten: Die *Ocypode*-Arten graben tiefe Höhlen, in denen sie leben. Meist kommen sie nur nachts zur Nahrungssuche an den Strand. Mit einer Taschenlampe kann man sie dann leicht beobachten. Tagsüber sind die Tiere sehr scheu und zeigen sich nur selten offen. Bei der geringsten Annäherung fliehen sie sofort.
Aquarienhaltung: In Aquaterrarien durchaus möglich. Ertrinken, wenn sie sich nicht über dem Wasserspiegel aufhalten können.

Uca lactea (De Haan, 1835)
Winkerkrabbe

Familie Ocypodidae

Erkennungsmerkmale: Die nicht zu übersehende, extrem vergrößerte Schere der Männchen ist typisch für die Winkerkrabben. Die Weibchen besitzen zwei gleichgroße, nur sehr kleine Scherenbeine. Die Art *U. lactea* fällt durch die schwarzweiße Zeichnung des Körpers und durch das rosa- bis orangefarbene große Scherenbein auf.

Verwechslungsmöglichkeiten: Die Form der großen männlichen Scheren ist das sicherste Bestimmungsmerkmal. Darüber hinaus ist der Vorderrand des Rückenpanzers artbestimmendes Merkmal. Die Färbung kann im Tagesablauf je nach Stimmung der Tiere variieren.

Lebensraum: Auf schlammigem Sand meist zwischen dem Strand und Mangrovegebieten. Häufigste Art im Indopazifik.

Besonderheiten: Die große Schere der Männchen ist wichtigster Bestandteil von Rangkämpfen (Imponiergehabe) und bei der Partnersuche. Die Männchen »winken« damit aber nur zu bestimmten Zeiten (Winkerkrabbe). Das Beobachten einer Kolonie Winkerkrabben ist hochinteressant und sehr empfehlenswert. Der Tagesablauf der Winkerkrabben läuft nach einem festen Schema ab und wird nicht durch Tag und Nacht, sondern durch Ebbe und Flut koordiniert. Sobald das Wasser sinkt, krabbeln die Winkerkrabben aus ihren bis dahin verschlossenen Wohnröhren im Schlamm und beginnen mit der Nahrungssuche. Erst danach beginnt die Phase der Rangkämpfe, anschließend folgt die Paarungsphase. Die nächste Flut beendet dann den Zyklus.

Aquarienhaltung: Im Aquaterrarium gut möglich. Ein größerer Landteil mit einer dicken Sandschicht muß aber vorhanden sein. Allesfresser, die den Sand nach Freßbarem durchkauen. Selbst aufgestreutes Trockenfutter genügt den anspruchslosen Tieren als Nahrung.

Uca urvillei
Blaue Winkerkrabbe

Familie Ocypodidae

Erkennungsmerkmale: Der Körper dieser Winkerkrabbe ist meist tiefblau gefärbt, variiert aber je nach Tageszeit und Gegend zwischen hellblau gesprenkelt bis dunkelblau. Das vergrößerte Scherenbein des Männchens ist gelbbraun bis weißlich. Bis zu 6 cm.

Verwechslungsmöglichkeiten: Durch die verschiedenen Farbvarianten sind die einzelnen Arten nicht immer leicht zu unterscheiden. Man achte vor allem auf die Farbe der großen Schere, die einigermaßen konstant ist. Besonders die Bezahnung dieser Schere und ihre Oberflächenstruktur sind für eine einwandfreie Identifikation wichtig.

Lebensraum: Zwischen Mangroven und auf ausgedehnten Schlammflächen. Flächen mit sauberem Sand werden gemieden, da er zu wenig Nahrung enthält und den Bau stabiler Wohnröhren nicht zuläßt.

Aquarienhaltung: Eine Ebbe-Flut-Einrichtung ist nicht notwendig, ermöglicht den Tieren aber das natürliche Verhalten zu zeigen.

Dotilla sulcata
Erbsenkrabbe

Familie Ocypodidae

Erkennungsmerkmale: Die kaum 1 cm groß werdende Erbsenkrabbe fällt durch die eigenartige Gravur des Rückenpanzers und durch die gelblichen Scherenbeine auf. Die graue Grundfarbe des Körpers ist mit feinen Pünktchen übersät.
Verwechslungsmöglichkeiten: Es gibt fünf *Dotilla*-Arten, die nur vom Fachmann unterschieden werden können. *D. fenestra* ist die häufigste Art an der Ostküste Afrikas.
Lebensraum: Sandstrand. Stets an der Ebbe-Flut-Linie oder knapp darüber.
Besonderheiten: Die Erbsenkrabben leben in selbstgegrabenen Höhlen, die sie nur zur Nahrungssuche verlassen. Auffällig sind die dabei entstehenden Sandkügelchen, die die Tiere bei Ebbe ordentlich nach einem einheitlichen Muster rund um den Bau herum ablegen.

Aquarienhaltung: In Aquaterrarien möglich. Das gesamte Verhaltensrepertoire kann aber nur in Ebbe-Flut-Becken beobachtet werden.

Grapsus tenuicrustatus
(Herbst, 1783)
Felsenkrabbe

Familie Grapsidae

Erkennungsmerkmale: Auffällig sind die langen, abgeplatteten Schreitbeine und der mit einer Linienzeichnung versehene Körper dieses Krebses. Die Grundfarbe ist beige bis hellgrün, Körperoberseite und Beinglieder sind dunkelgrün bis schwarz. Die relativ kleinen Scheren sind rotbraun. Der Panzer wird bis zu 8 cm breit.
Verwechslungsmöglichkeiten: Von den anderen *Grapsus*-Arten kann man diese Art an der Zeichnung und vor allem an der Farbe der Zangen gut unterscheiden. *G. albolineatus* ist sehr ähnlich gefärbt, hat aber weißliche Scherenspitzen, die an der Basis des Gliedes bräunlich gefärbt sind und wird nur 5 cm groß (Breite des Körpers). Die meisten Arten sind kleiner als *G. tenuicrustatus*.
Lebensraum: Auf den Felsen in der Brandungszone. Fliehen bei Annäherung ins Wasser oder unter Steine.
Besonderheiten: Die Felsenkrabben suchen die Felsen der Uferzone Tag und Nacht nach Algenaufwuchs ab.
Aquarienhaltung: Allesfresser für Aquaterrarien. Becken gut abdecken!

Geograpsus grayi
(H. Milne Edwards, 1853)
Landkrabbe

Familie Grapsidae

Erkennungsmerkmale: *Geograpsus grayi* wird bis zu 10 cm breit und ist von beiger Grundfarbe, wobei die Körperoberseite meist dunkelbraun gefärbt ist. Die kräftigen Knackzangen sind heller und etwa gleichgroß.
Verwechslungsmöglichkeiten: *G. grayi* ist nur ein Beispiel der Vielzahl von Landkrabben, die in den Tropen vorkommen. Typisch sind Form und Bezahnung der Zangen, Form und Zeichnung des Panzers und die Form des Körpervorderrands.
Lebensraum: Auf Inseln und an der Küste oft bis weit ins Land hinein zwischen Baumwurzeln oder in Löchern etc. versteckt.
Besonderheiten: Zur Paarungszeit suchen Landkrabben das Meer auf, um ihre Eier, die sie zu Tausenden unter dem eingeklappten Hinterleib tragen, im Meerwasser abzusetzen. Oft sind die Eier schon relativ weit entwickelt, bevor sie abgesetzt werden (Brutpflege).
Aquarienhaltung: Nur in Aquaterrarien mit großem Landteil. Allesfresser.

Percnon planissimum

(Herbst, 1804)

Seeigelkrebs

Familie Grapsidae

Erkennungsmerkmale: Der bis zu 4 cm breite, sehr flache Rückenpanzer hat zwei kräftige Augendornen und eine ebenfalls mit Dornen besetzte, gerade Stirn. Auch die Schreitbeine sind abgeplattet und vorne bedornt. Die Scherenbeine sind dagegen eher kurz und besitzen kurze, stumpfe Scheren. Die Färbung ist variabel.

Verwechslungsmöglichkeiten: Möglicherweise handelt es sich bei den je nach Fundort oft sehr unterschiedlich gefärbten Exemplaren um verschiedene Arten. Das abgebildete Tier stammt aus Kenia.

Lebensraum: Seeigelkrebse leben auf Bootsstegen, in Felsspalten und häufig im Schutz der Stacheln von großen Diademseeigeln. Daher stammt auch der populäre Name.

Besonderheiten: An Bootsstegen oder an Uferfelsen kann man die Pflanzenfresser an der Wasserlinie beim Abweiden von Algen beobachten. Kommt man ihnen zu nahe, verschwinden sie blitzschnell. Nachts kann man die Tiere mit einer Lampe auch aus der Nähe betrachten und fotografieren.

Aquarienhaltung: Gut haltbar, leben aber meist versteckt. Das Becken muß absolut dicht abgedeckt werden.

Dardanus megistos

(Herbst, 1804)

Weißpunkt-Einsiedler

Familie Diogenidae

Erkennungsmerkmale: Der bis zu 10 cm lange Weißpunkt-Einsiedler fällt durch die auffällige weiße Punktzeichnung auf orangerotem Grund auf. Die Antennen sind weiß, die Augen grün mit weißer Umrandung, die Augenstiele einfarbig orange. Eine Schere, meist die in Laufrichtung gesehen linke, ist deutlich größer als die rechte. Lauf- und Scherenbeine sind orangerot behaart. Das wurmförmige Hinterteil ist in einem Schneckenhaus verborgen.

Verwechslungsmöglichkeiten: Die bunten Einsiedlerkrebs-Arten sind meist eindeutig an der Färbung zu erkennen.

Lebensraum: Bereits im Flachwasser in der Lagune und auf dem Riffdach. Geht aber auch erheblich tiefer. Im Roten Meer seltener, sonst häufig.

Besonderheiten: Im Schneckenhaus von *Dardanus megistos* lebt gelegentlich eine winzige, rot-weiß gefärbte Garnele als Kommensale. Gelegentlich findet man auf dem Schneckenhaus kleine *Patella*-Napfschnekken festgeheftet.

Aquarienhaltung: Sehr gut haltbar, aber äußerst räuberisch. Nur mit großen Krebsen oder robusten Fischen zusammen halten.

Dardanus pedunculatus

(Herbst, 1804)

Schmarotzerrosen-Einsiedler

Familie Diogenidae

Erkennungsmerkmale: *Dardanus pedunculatus* (früher *D. tinctor*) gleicht im Körperbau der vorigen Art, hat aber eine braunweißliche Zeichnung auf den Schreit- und Laufbeinen. Die Augen sind grün, die Augenstiele weiß-braun geringelt. Die Behaarung ist hell. Bis 10 cm.

Lebensraum: Vom Flachwasser bis in größere Tiefen, auf Sand- und Korallengrund. Vor allem im Roten Meer häufig.

Besonderheiten: Auf dem Schneckenhaus von *Dardanus pedunculatus* leben fast immer mehrere Schmarotzerrosen *Calliactis parasitica* in einer echten Symbiose mit dem Einsiedlerkrebs. Beide Partner profitieren von der Liaison. *D. pedunculatus* genießt den Schutz der stark nesselnden Anemonen. Er hält sie zur Abwehr sogar aufdringlichen Fischen o. ä. drohend entgegen, indem er rückwärts läuft. Die Anemonen sind durch den Einsiedlerkrebs beweglich und gelangen so an nahrungsreiche Plätze.

Aquarienhaltung: Leicht zu halten. Die Anemonen müssen regelmäßig gefüttert werden, sonst werden sie immer kleiner. Der Einsiedlerkrebs ist allerdings sehr räuberisch und kann daher nur mit robusten Arten zusammengehalten werden.

Dardanus lagopodes
(Forsskål, 1775)
Riffeinsiedler

Familie Diogenidae

Erkennungsmerkmale: Dieser Einsiedlerkrebs wird etwa 8 cm lang, besitzt dünne, schlanke Scheren, von denen eine etwas größer ist. Das gesamte Tier ist bräunlichrot-weiß gefleckt und braunrot behaart. An den Beingelenken kann man braunrote, glatte Flecken erkennen. Die Augenstiele sind auffällig beige bis weiß, die kleineren 1. Antennen hellblau.
Verwechslungsmöglichkeiten: *Dardanus guttatus* (Olivier 1811) sieht täuschend ähnlich aus, hat aber auffällig blaue Gelenkflecken und wird noch größer.
Lebensraum: Zwischen Korallenstöcken schon im flachen Wasser. Selten tiefer als 15 m.
Besonderheiten: Alle Einsiedlerkrebse verbergen ihr weiches, ungeschütztes Hinterteil in einem Schneckenhaus, das sie, wenn sie wachsen, ab und zu wechseln und durch ein größeres ersetzen müssen.
Aquarienhaltung: Sehr gut haltbar. Im Gegensatz zu den meisten anderen *Dardanus*-Arten sehr friedlich. Frißt vor allem Algen und Futterreste.

Calcinus qaimardii
(H. Milne Edwards, 1848)
Weinroter Koralleneinsiedler

Familie Diogenidae

Erkennungsmerkmale: Dieser bis 2 cm große Einsiedlerkrebs ist vollkommen weinrot bis lila gefärbt. Lediglich die Gelenke, die Augenstiele, die Scherenspitzen und die Mundwerkzeuge sind weiß bzw. haben einen weißen Ring.
Verwechslungsmöglichkeiten: Durch den typischen Lebensraum und die eindeutige Färbung nicht zu verwechseln.
Lebensraum: Lebt ausschließlich zwischen den Zweigen von ästigen Korallen.
Besonderheiten: Die Gehäuse dieses Einsiedlers sind meist mit hellroten bis violetten Kalkalgen überwachsen. Dadurch ist er in ähnlich gefärbten Korallenstöcken kaum zu erkennen. In der Tat bevorzugt er daher auch die rosa bis weinrot gefärbten *Pocillopora-*, *Acropora-* und *Stylophora*-Arten.
Aquarienhaltung: Leicht zu halten, benötigt aber löchrige Steine oder Korallenstücke, in denen er sich gerne aufhält. Frißt hauptsächlich Algen und Futterreste, die sich für die Fische unzugänglich in der Dekoration verfangen haben. Ein idealer Resteverwerter also.

Calcinus laevimanus
(Randall, 1839)
Brauner Knackscheren-einsiedler

Familie Diogenidae

Erkennungsmerkmale: Die Scherenbeine dieses kleinen Einsiedlers sind dunkelbraun, die Laufbeine hellbraun mit dunkelbraunen Längsstreifen. Beinspitzen und Gelenke sowie die Scherenfinger sind weiß. Auffällig sind die blauen Augen und die ebenso blauen Augenstiele mit einem hellbraunen Ring.
Verwechslungsmöglichkeiten: Die Farbgebung ist eindeutig, obwohl es deutlich blassere Exemplare gibt. Manche Individuen besitzen anstatt der braunen Grundfärbung olivgrüne Töne. Auch frisch gehäutete Exemplare können blasser gefärbt sein.
Lebensraum: Vor allem in Ebbetümpeln oder unter Steinen im flachen Wasser. Nie tiefer als 2 bis 3 m.
Besonderheiten: Diesen Einsiedler findet man manchmal in ganzen Knäueln in Ebbetümpeln, die nach einigen Stunden in der Sonne bis zu 40 °C warm werden können.
Aquarienhaltung: Sehr gut haltbar. Einigermaßen friedlich. Genügend Ersatzhäuschen anbieten, da sonst schnell Kämpfe um die zur Verfügung stehenden Schneckenhäuser entbrennen.

Coenobita rugosus
H. Milne Edwards, 1837
Landeinsiedler

Familie Coenobitidae

Erkennungsmerkmale: Dieser Einsiedlerkrebs lebt wie fast alle Einsiedlerkrebse in einem leeren Schneckenhaus. Auffällig sind die schwarzen Stielaugen und die stark granulierten Schreit- und Scherenbeine. Die Farbe variiert zwischen cremeweiß und braunrot. Die Tiere können eine Gesamtlänge mit Schneckenhaus von etwa 10 cm erreichen.
Verwechslungsmöglichkeiten: Die verschiedenen *Coenobita*-Arten sind schwierig voneinander zu unterscheiden. *C. rugosus* ist aber die am häufigsten vorkommende Art. *C. perlatus* soll stets rot gefärbt sein, ist aber eher selten. Der Palmendieb *Birgus latro*, ein naher Verwandter, wird bis zu 25 cm lang und kommt ohne Schneckenhaus aus.
Lebensraum: Vom Strand bis mehrere hundert Meter ins Landesinnere auf Felsen, Bäumen oder auf dem Boden lebend.
Besonderheiten: Alle Landeinsiedler legen ihre Larven im Meer ab. Schon aus diesem Grund entfernen sie sich nie sehr weit von der Küste.
Aquarienhaltung: Leicht zu pflegen. Müssen aber in Terrarien mit hoher Luftfeuchtigkeit gehalten werden. Ertrinken im Wasser. Allesfresser.

Alpheus sp.
Pistolenkrebs

Familie Alpheidae

Erkennungsmerkmale: Pistolenkrebse weichen von der normalen Garnelenform nur durch ihre große Knallschere ab. Die andere Schere ist sehr klein. Die Färbung variiert bei den einzelnen Arten stark. Selbst rote Exemplare kommen vor.
Verwechslungsmöglichkleiten: Es gibt eine sehr große Zahl von Pistolenkrebs-Arten, die selbst von Spezialisten kaum bestimmt werden können.
Lebensraum: Pistolenkrebse leben stets in kleinen Löchern, unter Steinen oder sogar, wie die abgebildete Art, mit Grundeln zusammen. Obwohl im Riff eine riesige Anzahl dieser Krebse vorkommt, entdeckt man sie durch ihre versteckte Lebensweise fast nie.
Besonderheiten: Die Knallschere ist mit einem besonderen Mechanismus versehen, der es dem Krebs ermöglicht, einen laut hörbaren, pistolenschußähnlichen Knall auszulösen, der Feinde verjagt und kleine Beutetiere so lähmt, daß sie vom Krebs gefangen werden können. Arten, die mit Grundeln zusammenleben, graben ausgedehnte Tunnel, in die beide Partner bei Gefahr fliehen. Der Krebs arbeitet unablässig, die Grundel bewacht die Behausung.
Aquarienhaltung: Gut haltbar. Sollte stets mit der passenden Grundel zusammen gehalten werden. Pistolenkrebse ohne diese Beziehung werden oft mit lebendem Gestein eingeschleppt.

Lysmata amboinensis
(De Man, 1888)
Weißband-Putzergarnele

Familie Hippolytidae

Erkennungsmerkmale: Ein deutlicher weißer Streifen zieht sich auf der Mitte des kräftig rot gefärbten Rückens bis zum Schwanzfächer, wo er in zwei weißen Punkten endet. Die untere Körperhälfte der Garnele ist gelbbraun. Die Antennen sind weiß. Bis 7 cm.
Verwechslungsmöglichkeiten: Im Indischen Ozean und im Roten Meer gibt es sonst keine ähnliche Art. In der Karibik lebt *Lysmata grabhami*, die sich nur durch eine etwas andere Anordnung der Schwanzflekken unterscheidet.
Lebensraum: Ab wenigen Metern Tiefe in Spalten und Höhlen des Korallenriffes fast immer paarweise.
Besonderheiten: Die Putzergarnele lebt stets in der gleichen Höhle und wartet dort auf Putzkundschaft. Die Fische suchen diese Stelle regelmäßig auf, um sich lästige Parasiten entfernen oder Wunden reinigen zu lassen. Die Tiere sind Zwitter.
Aquarienhaltung: Beliebte Garnele für Riffbecken, die auch kleinere Fische vorsichtig putzt. Hält man sie paarweise, kann man mit Eiern und Larven rechnen. Die Aufzucht ist bereits gelungen.

Lysmata debelius Bruce, 1982
Kardinalsgarnele

Familie Hippolytidae

Erkennungsmerkmale: Die Kardinalsgarnele trägt auf feuerroter Grundfarbe eine Anzahl leuchtendweißer Punkte. Auch die Antennen und die zwei letzten Glieder der Schreitbeine sind weiß, die Scherenbeine jedoch rot gefärbt. Bis 8 cm.
Verwechslungsmöglichkeiten: Durch die auffällige Färbung unverwechselbar. Je nach Herkunft variiert die Zeichnung etwas.
Lebensraum: Im Korallenriff ab etwa 20 bis 30 m Tiefe. Nicht häufig. Bisher nur vom östlichen Indischen Ozean von Sri Lanka bis zu den Phillipinen und von den Malediven her bekannt.
Besonderheiten: Auch die Kardinalsgarnele putzt Riffische, ist aber scheuer als die vorgenannte Art. Sie lebt normalerweise in Paaren oder kleinen Gruppen.
Aquarienhaltung: Sehr gut haltbar. Friedlich und mit allen Wirbellosen vergesellschaftbar.

Thor amboinensis (De Man, 1888)
Thor-Garnele, Hohlkreuz-Garnele

Familie Hippolytidae

Erkennungsmerkmale: Auf braungelber Grundfarbe hat diese Garnele weiße Sattel- und Seitenflecken. Auch der Schwanzfächer besitzt solche Flecken. Bis 1,5 cm, meist erheblich kleiner.
Verwechslungsmöglichkeiten: Kann auf den ersten Blick mit *Periclimenes brevicarpalis* verwechselt werden. Diese ist aber größer und stets fast durchsichtig, während *T. amboinensis* kräftig braungelb gefärbt ist.
Lebensraum: Bereits im Flachwasser am Fuße von oder in Anemonen. Selten über 10 m Tiefe vorkommend.
Besonderheiten: Diese Art flüchtet bei Störungen zwar in die Fangarme ihres Wirtes, lebt aber normalerweise am Fuß der jeweiligen Anemone. Oft kann man bis zu zehn Exemplare auf einer einzigen Anemone entdecken. Selbst winzige Anemonen werden von einzelnen Exemplaren angenommen.
Aquarienhaltung: Gut geeignet, aber auf Grund der geringen Größe schwierig im Auge zu behalten. Ohne Anemone werden die Tiere schnell von Fischen etc. gefressen.

Oben: Die kleine Thor-Garnele fällt in der ähnlich gefärbten Anemone kaum auf. Man findet sie im Zentrum, am unteren Rand der grünen Fläche.

Rhynchocinetes uritai
Kubo, 1942

Rosengarnele, Tanzgarnele

Familie Rhynchocinetidae

Erkennungsmerkmale: Typisch für die Gattung ist der lange, beweglich angeordnete Stirnfortsatz (Rostrum). Die Tanzgarnele besitzt auf rotem Grund eine feine weiße Linienzeichnung. Die auffälligen, gestielten Augen sind grünlich. Die Männchen unterscheiden sich von den Weibchen durch die deutlich größeren Scherenbeine. Bis 4,5 cm.

Verwechslungsmöglichkeiten: Die anderen *Rhynchocinetes*-Arten weichen in der Färbung und Zeichnung von *R. uritai* ab. *R. uritai* ist mit Abstand die häufigste Art des Indischen Ozeans und kommt auch im Roten Meer vor.

Lebensraum: Man findet die Tanzgarnele in Felsspalten und kleinen Höhlen bereits im Flachwasser, aber auch in größeren Tiefen. Auch hier aber stets in Höhlen oder ähnlichen Unterständen.

Besonderheiten: Diese Garnele findet man nie allein, sondern stets in Gruppen von 10 bis über 100 Tieren und oft mit anderen Putzergarnelen vergesellschaftet. Möglicherweise putzen auch diese Garnelen, zumindest nähern sie sich dem Taucher, wenn er vor ihrer Höhle wartet.

Aquarienhaltung: Sehr gut geeignet. Zupfen manchmal an Röhrenwürmern etc. Anfangs sehr scheu.

Stenopus hispidus
(Olivier, 1811)
Scherengarnele

Familie Stenopodidae

Erkennungsmerkmale: Die Scherengarnele besitzt auffällig große, weiß-rot gebänderte Scheren, einen ebenso gefärbten schlanken Körper und lange, weiße Tentakel. Die Basis der Extremitäten ist blau gefärbt. Die Tiere erreichen eine Länge von etwa 7 cm.
Verwechslungsmöglichkeiten: Die anderen *Stenopus*-Arten sind deutlich anders gefärbt. *S. hispidus* kommt weltweit in allen tropischen Meeren vor und ist hier mit Abstand die häufigste Art der Familie.
Lebensraum: In Höhlen und Spalten vom Flachwasser bis in größere Tiefen. Nachts auch außerhalb ihrer Unterstände, um Nahrung zu suchen.
Besonderheiten: Diese Putzergarnele lebt meist paarweise zusammen. Sie bilden eine regelrechte Putzerstation. Die weißen Tentakel sieht man oft schon von größerer Entfernung.
Aquarienhaltung: Beliebte Putzergarnele, die man nur alleine oder als eingespieltes Paar halten kann, da sie sich sonst bis zum Tod bekämpfen. Allesfresser.

Leandrites cyrtorhynchus

Fujino & Miyake, 1869

Muränengarnele

Familie Palaemonidae

Erkennungsmerkmale: Die zarte, fast durchsichtige Garnele hat auf den Beinen und auf dem Körper eine zarte, rot-weiße Zeichnung. Sie wird bis zu 2,5 cm lang.

Verwechslungsmöglichkeiten: Unverwechselbar.

Lebensraum: Vom Flachwasser bis etwa 30 m Tiefe.

Besonderheiten: Diese zarten Garnelen leben häufig mit Muränen zusammen, die sie ständig putzen. Nähert sich ein Taucher, verlassen sie meist die Muräne und versuchen, den Taucher zu putzen. Oft erkennt man die Tiere erst sehr spät, da sie im freien Wasser heranschweben und fast durchsichtig sind.

Aquarienhaltung: Gut geeignet. Putzen auch kleine Riffbarsche sehr sorgfältig. Zu großen, wehrhaften Fischen passen diese zarten Garnelen nicht. Aquarien mit stark nesselnden Anemonen und Zylinderrosen eignen sich ebensowenig. Ideal sind Niedere-Tiere-Becken mit zarten Wirbellosen, Algen und kleinen Fischen.

Periclimenes brevicarpalis
(Schenkel, 1902)
Pfauenaugen-Partnergarnele

Familie Palaemonidae

Erkennungsmerkmale: Diese durchsichtige Garnele besitzt deutliche weiße Sattelflecken auf dem Körper und vier auffällige gelbe, braun umrandete Augenflecke auf dem Schwanzfächer. Die hell-dunkel gebänderten Scherenbeine sind relativ kurz und schlank. Der Vorderkörper ist hellbraun bis bernsteinfarben. Bis 4 cm.
Verwechslungsmöglichkeiten: Es gibt noch einige *Periclimenes*-Arten, die sich ebenfalls in Anemonen aufhalten. Sie sind jedoch anders gefärbt.
Lebensraum: Bereits auf dem Riffdach bis in größere Tiefen. Häufigste Art des Indischen Ozeans.
Besonderheiten: Diese Art findet man ausschließlich auf stark nesselnden Anemonen. Sie lebt dort vor Feinden geschützt zwischen den Fangarmen und wird nicht genesselt. Von Symbiose kann man nicht unbedingt sprechen, denn die Anemone hat keinen erkennbaren Nutzen von der Garnele.
Aquarienhaltung: Gut geeignet. Man benötigt aber eine größere Aktinie pro Garnele. Die verschiedensten Anemonenarten werden nach einiger Gewöhnung angenommen.

Periclimenes longicarpus
Rotmeer-Anemonengarnele

Familie Palaemonidae

Erkennungsmerkmale: *P. longicarpus* ist fast durchsichtig, und man erkennt sie nur an einer dünnen weißen Linie auf dem Körper und zwischen den Augen, an den weißen Augenstielen und an der weiß-violetten Zeichnung auf dem Schwanzfächer. Die Scherenbeine sind violett-weiß gebändert. Bis 3 cm.
Verwechslungsmöglichkeiten: Auch diese *Periclimenes*-Art ist charakteristisch gefärbt. Sehr ähnlich ist *P. ornatus*, die sich aber durch violett-weiß quergestreifte Scheren- und Schreitbeine und durch einen ebenso gefleckten Schwanzfächer unterscheidet. Auch *P. holthuisi* ähnelt dieser Art, ist allerdings deutlicher und stärker gefärbt.
Lebensraum: Ab wenigen Metern Tiefe meist auf verschiedenen Anemonen, aber auch häufig auf Blasenkorallen (*Plerogyra sinuosa*) und manchmal auch auf Weichkorallen.
Besonderheiten: Häufig leben mehrere Exemplare auf einer einzigen Anemone. Meist erkennt man die Tiere erst, wenn man sehr nahe herankommt, da sie fast durchsichtig sind.
Aquarienhaltung: Zusammen mit einer geeigneten Wirtsanemone nicht schwierig. Nie mit der Anemone zusammen transportieren, da die Tiere während der Häutung genesselt und verschlungen werden.

Periclimenes soror
Nobili, 1904
Variable Partnergarnele

Familie Palaemonidae

Erkennungsmerkmale: Diese nur bis zu 1,5 cm groß werdende *Periclimenes*-Art erkennt man an dem zum Kopf hin spitz zulaufenden weißen Rückenstreifen. Der übrige Körper und die Beine sind sehr variabel gefärbt. Es gibt rote, gelbe oder blaue Exemplare. Das Rostrum ist kurz, stark gezähnt und nach unten gebogen. Die Scheren sind kräftig, aber meist schlecht zu sehen, da sie selten kräftig gefärbt sind.
Verwechslungsmöglichkeiten: Junge Exemplare von *P. imperator* (auf Nacktschnecken lebend) ähneln *P.soror*. Die erwachsenen Tiere dieser Art werden aber mehr als doppelt so groß. Auf Seeigeln lebt *Athanas indicus*, eine ebenfalls sehr kleine Garnele, die aber ein glattes, spitzes und gerades Rostrum und kräftige, hakenartige Scheren hat.
Lebensraum: *P. soror* lebt auf Seesternen, ohne ihnen jedoch sichtbar zu schaden.
Besonderheiten: Auf Grund der dem Wirt angepaßten Färbung und der geringen Größe kann man diese Partnergarnele nur schwer entdecken. Sie ist häufiger, als man gemeinhin annimmt. *P. soror* verläßt ihren Wirt erst, wenn man ihn aus dem Wasser nimmt.
Aquarienhaltung: Gut haltbar. Wird aber stets übersehen. Eventuell für sehr kleine Aquarien zusammen mit einem Seestern etc.

Periclimenes tenuipes
Rotscheren-Periclimenes

Familie Palaemonidae

Erkennungsmerkmale: Diese *Periclimenes*-Art ist fast durchsichtig, besitzt aber am Körper zwei dünne, braune Längsstreifen und hat lange, dünne, orangerot gefärbte Scheren, die boxerartig nach vorne gehalten werden. Länge bis 6 cm.
Verwechslungsmöglichkeiten: Es gibt eine ähnliche Art, die dieselbe Körperform, aber rote Augen und eine rote Streifenzeichnung auf dem Körper hat. Sie ist bislang jedoch noch nicht beschrieben worden und wurde nur auf den Malediven beobachtet. Möglicherweise handelt es sich hier um eine neue Art.
Lebensraum: Unter Steinvorsprüngen oder in den Zwischenräumen von Geröll bereits ab wenigen Metern Tiefe. Wird aber auch noch in größeren Tiefen gefunden. Im Roten Meer und im gesamten Indischen Ozean verbreitet.
Besonderheiten: Diese Art lebt meist in Schutthalden in den Zwischenräumen herumliegender Steine. Sie wird oft übersehen, ist aber überall häufig.
Aquarienhaltung: Gut haltbar, aber eher unauffällig.

(Bild oben)
Panulirus versicolor
(Latreille, 1804)
Vielfarbige Languste

(Bild Seite 251)
Panulirus penicillatus
(Olivier, 1791)
Violette Languste

Panulirus ornatus
(Fabricius, 1798)
Kenia-Lobster

(Bild Seite 250)
Panulirus longipes
(A. Milne Edwards, 1868)
Braune Languste

Familie Palinuridae

Erkennungsmerkmale: *P. versicolor* erreicht eine Körperlänge von bis zu 60 cm. Besonders auffällig sind die an der Basis rosafarbenen, sonst aber weißen Fühler (2. Antennen). Der Körper selbst ist auf der vorderen Hälfte schwarz-blau und grünlich-weiß gezeichnet, der Schwanzteil trägt abwechselnd grüne, schwarze und weiße Ringe. Die Schreitbeine sind grünschwarz-weiß gestreift.
Die Fühler von *P. penicillatus* sind bräunlich und an der Basis rosa bis lila, der Körper hat aber auf schwarzer Grundfarbe eine leuchtendweiße Punktzeichnung. Die Schreitbeine sind schwarz-weiß längsgestreift. Bis 35 cm.
P. ornatus: Diese Art unterscheidet sich von den vorangegangenen vor allem durch die schwarz-weiß quergestreiften Schreitbeine. Auch die 1. Antennen (das kleine innere Fühlerpaar) sind so gefärbt. Der Brustpanzer ist blau bis schmutzig grün, der Schwanzteil ist blaugrün-schwarz quergestreift mit weißen Flecken. Bis 55 cm.

Panulirus longipes: Auf rotbrauner Grundfarbe besitzt diese Languste eine dunkelbraune Zeichnung und leuchtendweiße, kleine Punkte. Die Schreitbeine sind dunkelbraun-rötlich längsgestreift. Sie wird maximal 35 cm lang.

Verwechslungsmöglichkeiten: Häufig sieht man von den Langusten nur die Fühler. *P. penicillatus* hat ebenfalls weiße Fühler, ist aber am Körper völlig anders gefärbt.

Die Art *P. marginatus* wird möglicherweise mit *P. penicillatus* verwechselt oder ist ein Synonym.

Panulirus japonicus sieht ähnlich wie *P. longipes* aus, wird aber erheblich größer und kommt im besprochenen Gebiet nicht vor.

Lebensraum: Unter großen Korallenblöcken, in Höhlen und unter engen Felsüberhängen. Junge Exemplare auch im flacheren Wasser, ältere Exemplare meist tiefer.

Besonderheiten: Langusten sind nachtaktiv. Man kann bei Dunkelheit sogar ausgewachsene Exemplare über das Riffdach klettern sehen. In schwer zugänglichen Höhlen findet man oft ganze Gruppen dieser Langusten. Erst nachts verlassen sie ihren Unterschlupf, um Nahrung zu suchen. Langusten besitzen am unteren Rand des Schwanzteiles (Abdomen) scharfe, kräftige Dornen. Gerät man zwischen diese (z. B. beim unvorsichtigen Greifen nach den Tieren) wird der muskulöse Schwanz meist kräftig untergeschlagen (Fluchtreflex) und man kann sich erheblich verletzen. Ohnehin ist es abzulehnen, Langusten aus ihren Löchern zerren zu wollen. Fast immer reißen dabei die für das Tier lebenswichtigen Fühler ab. Die Languste ist dann bis zur nächsten Häutung bei der Nahrungssuche stark eingeschränkt.

Die Fühler älterer Tiere werden gelegentlich von Entenmuscheln besiedelt. Erst bei der in diesem Alterstadium etwa einmal jährlich stattfindenden Häutung können sich die Tiere von diesem Aufwuchs befreien, der die Funktion der Antennen (Tastsinn, Geruchssinn) einschränkt.

Callichirus laurae
Hügelgarnele

Familie Callihiridae

Erkennungsmerkmale: Von der Garnele selbst sieht man normalerweise nur die bis zu 70 cm hohen Sandhügel. Das Tier selbst bekommt man nie zu Gesicht.
Verwechslungsmöglichkeiten: Es gibt in tropischen Meeren öfter hügelbauende Krebse und Würmer. Diese Art wurde bisher nur im Golf von Aqaba gefunden und baut sehr große Sandhügel.
Lebensraum: Ab etwa 10 m Tiefe. Stets auf ausgedehnten Sandflächen zwischen den Riffen.
Besonderheiten: In diesem Sandhügel lebt die Garnele stets verborgen in einer Wohnröhre. Der Aushub dieser Wohnröhre vergrößert den Hügel ständig. Bis vor kurzem waren die Verursacher der unübersehbaren Bauwerke unbekannt, *C. laurae* ist also eine Neuentdeckung.

Petrolisthes lamarcki (Leach 1820)
Violetter Porzellankrebs

Familie Porcellanidae

Erkennungsmerkmale: Typisch ist das degeneriert vorhandene fünfte Beinpaar, dessen Stummel am Körperende angelehnt sind. Der Körper selbst ist rund und flach mit einem geraden Stirnrand. Die kräftigen Scheren werden kaum benutzt. Bis 1,5 cm.
Verwechslungsmöglichkeiten: Es gibt eine große Zahl von Porzellankrebsen, die man leider trotz ihrer oft hübschen Zeichnung nur selten (nachts) zu Gesicht bekommt.
Lebensraum: Unter Steinen und in Spalten bereits im Flachwasser des Riffdachs.
Besonderheiten: Porzellankrebse benutzen ihre verhältnismäßig kräftigen Scheren praktisch nie. Sie sind nämlich Filtrierer, die ihre zu Keschern umgewandelten Mundwerkzeuge zum Planktonfang verwenden.
Aquarienhaltung: Gut geeignet. Die relativ kleinen Tiere leben aber sehr versteckt.

Neopetrolisthes maculatus

(Milne-Edwards, 1837)

Anemonen-Porzellankrebs

Familie Porcellanidae

Erkennungsmerkmale: Auf beigem Untergrund hat dieser Porzellankrebs eine feine, dichte, braunrote Punktierung. Auch die Scheren und die Schreitbeine sind so gezeichnet. Lediglich die Stirn und die Gelenke sind ohne Punkte. Bis 2 cm breit.

Verwechslungsmöglichkeiten: *Neopetrolisthes oshimai* sieht sehr ähnlich aus, hat aber eine sehr grobe Fleckenzeichnung. Außerdem kommt diese Art nur im zentralen Indopazifik und vor Australien vor.

Lebensraum: Im Flachwasser in großen Riffanemonen.

Besonderheiten: Diese Art lebt in Riffanemonen der Gattungen *Stoichactis*, *Heteractis* u.a In den stark nesselnden Fangarmen und am Fuß der Anemone sind sie sicher vor Freßfeinden. Häufig findet man die Tiere paarweise in ihrer Anemone. Das Zusammenleben bringt der Anemone vermutlich keine Vorteile, schadet ihr aber auch nicht. Es handelt sich hier also nicht um eine Symbiose, sondern um eine Karpose.

Aquarienhaltung: Zusammen mit einer entsprechend großen Anemone leicht möglich.

Ovalipes punctatus
(De Haan, 1833)
Schwimmkrabbe

Familie Portunidae

Erkennungsmerkmale: Schwimmkrabben erkennt man sofort an den zu Paddeln umgeformten letzten Gliedern der Hinterbeine. *O. punctatus* ist hellbraun geärbt, besitzt spitze Scheren und stark gezähnte Seitenränder am Rückenpanzer. Dieser wird bis zu 10 cm breit.
Verwechslungsmöglichkeiten: Es gibt viele verschiedene Schwimmkrabben, die man nicht immer leicht voneinander unterscheiden kann. Bestimmungsmerkmale sind die Form und Bezahnung der Seitenränder und des Stirnrandes am Rückenpanzer, Form und Zeichnung der Schreit- und Scherenbeine und die Färbung.
Lebensraum: Auf Sandgrund und in Seegraswiesen. In Korallenriffen eher selten bzw. verborgen lebend.
Besonderheiten: Mit den paddelartigen letzten Hinterbeingliedern können Schwimmkrabben recht gut und schnell schwimmen. Sie sind arge Räuber, die sogar Fische angreifen.
Aquarienhaltung: Gut haltbar, aber sehr räuberisch. Bei Einzelhaltung sehr interessant. Gefressen wird jede Art von tierischer Nahrung, die in nicht zu kleinen Stücken angeboten werden sollte.

Carpilius convexus
(Forsskål, 1775)
Korallenkrabbe

Familie Xanthidae

Erkennungsmerkmale: Diese Krabbe hat einen fast runden, kräftig braunroten Körper und ebenso gefärbte Scheren- und Schreitbeine. Die Färbung kann variieren. Bis 15 cm Durchmesser.
Verwechslungsmöglichkeiten: *C. maculatus* hat die gleiche Körperform, aber große braune Flecken auf beigebraunem Grund.
Lebensraum: Tagsüber tief in Spalten des Korallenriffs ab 5 Meter Tiefe. Nachts frei auf Felsen und Korallen.
Besonderheiten: *C. convexus* ist ausschließlich nachtaktiv. Selbst dann ist sie aber sehr scheu und flüchtet bereits, wenn sie mit einer Lampe angestrahlt wird.
Aquarienhaltung: Die Korallenkrabbe besitzt kräftige Knackscheren, mit denen sie alles auf Freßbarkeit prüft, was sie findet. Nur für Einzelhaltung geeignet. Solch große Krebse können nur in speziell für sie eingerichteten Aquarien einzeln gehalten werden. Selbst andere Krebse der gleichen Art werden angegriffen oder in der Häutungsphase überfallen. Alleingehalten sind sie aber interessant und leicht zu ernähren.

Carpilodes rugatus
(A. Milne Edwards, 1865)
Rosenkrabbe

Familie Xanthidae

Erkennungsmerkmale: Der ovale Körper ist wie die Schreitbeine und die Scherenbeine kräftig rosenrot gefärbt. Die Scherenfinger sind braun, die letzten Glieder der Schreitbeine und die Gelenke sind weiß. Die gesamte Körperoberfläche ist granuliert. Bis 1 cm.
Verwechslungsmöglichkeiten: *Liomera rugata* ist ein Synonym für dieselbe Art. Die anderen Arten aus dieser Familie werden stets größer und sind meist nicht so auffällig gefärbt.
Lebensraum: Unter Steinen auf dem Riffdach.
Besonderheiten: Diese winzige Krebsart lebt auf dem Riffdach und verkriecht sich bei Ebbe unter hohl aufliegende Steine, um sich vor der Sonnenstrahlung und damit vor Überhitzung oder Austrocknung zu schützen. Erst bei Nacht wagen es die Tiere, ihr Versteck zu verlassen.
Aquarienhaltung: Gut möglich aber uninteressant, da dieser Krebs wie viele andere Krebse ständig versteckt lebt.

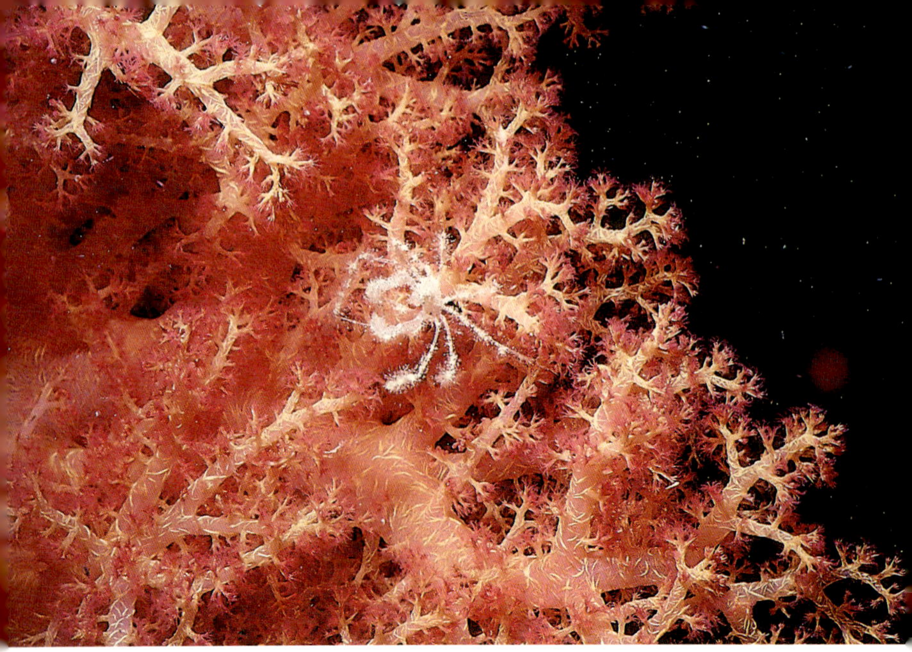

Achaeus spinosus
Miers, 1879

Weichkorallen-Seespinne

Familie Majidae

Erkennungsmerkmale: Diese Seespinne besitzt einen dreieckigen Körper, lange, dünne Schreitbeine und ebenso lange Scherenbeine mit kräftigen Zangen. Sie ist am ganzen Körper kräftig behaart und weißlich bis hellbraun gefärbt. Der Körper wird bis zu 7 mm breit.
Verwechslungsmöglichkeiten: Behaarte Seespinnen sind schwer zu bestimmen, da die wichtigsten Körpermerkmale am lebenden Tier nur schwer erkannt werden können. Außerdem sind die Tiere zu klein, um unter Wasser genaue Einzelheiten an ihnen erkennen zu können.
Lebensraum: Tagsüber verborgen.
Besonderheiten: Diese Seespinne klettert nachts auf Weichkorallen und frißt dort in den Armen der Korallen hängengebliebene organische Partikel. Der Koralle schadet sie damit jedoch nicht.
Aquarienhaltung: Möglich. Lebt aber sehr versteckt. Ausschließlich nachtaktiv. Allesfresser. Weichkorallen müssen nicht vorhanden sein.

Oben: Kaum zu erkennen ist die weißliche Weichkorallen-Seespinne im Bildzentrum auf ihrem farbenprächtigen Wirtstier.

Stamm Echinodermata (Stachelhäuter)

Die Stachelhäuter sind eine sehr alte Tiergruppe, denn schon im Kambrium lebten Vertreter der Echinodermaten. Sie sind außerdem der einzige große Tierstamm, der ausschließlich im Meer vorkommt.
Drei Charakteristika zeichnen die Stachelhäuter besonders aus:
1. Sie besitzen alle eine **fünfstrahlige Radiärsymmetrie**, d. h., man kann im Körperbau aller Stachelhäuter immer eine Fünfteilung erkennen, da viele Körperteile fünffach vorhanden sind. Bei manchen Arten (bilaterale Seeigel, z. B. Herzigel, Sanddollar) kann diese Symmetrie allerdings auch verdeckt sein. Bei den fünfarmigen Seesternen ist sie am deutlichsten ausgeprägt, bei den Seegurken jedoch äußerlich kaum zu erkennen.
2. Sie besitzen ein **Innenskelett** aus Kalkplatten oder Kalknadeln, die aus Kalzit bestehen, das dem stark kalkhaltigen Meerwasser entzogen wird.
3. Sie besitzen als einzige Tiergruppe das **Ambulakralsystem**, ein im Körperinnern befindliches Wassergefäßsystem, das mittels Wasserdruck und Muskelkontraktionen die außen befindlichen winzigen Füßchen der Echinodermaten steuern kann.
Fünf Klassen werden unterschieden:

Crinoidea (Haar- oder Federsterne)
Holothuroidea (Seegurken)
Echinoidea (Seeigel)
Asteroidea (Seesterne)
Ophiuroidea (Schlangensterne)

Die meisten Stachelhäuter sind getrenntgeschlechtlich. Es findet eine äußere Befruchtung statt, d. h. Spermien und Eier werden einfach ins Wasser abgegeben. Um die Befruchtung dennoch sicherzustellen, werden die Geschlechtsprodukte häufig gleichzeitig ausgestoßen. Dies wird wie bei vielen Meerestieren zum Beispiel durch Mondphasen (Ebbe und Flut) oder durch Wassertemperaturschwankungen gesteuert. Aus der Verschmelzung dieser Geschlechtsprodukte entstehen planktonische Larven, die zunächst noch zweiseitig-symmetrisch sind. Erst nachdem sie verschiedene Entwicklungsphasen durchlaufen haben setzen sie sich fest und nehmen die charakteristische, fünfstrahlig-radiärsymmetrische Form an.
Über 5000 Echinodermaten des Roten Meeres und des Indischen Ozeans wurden bisher beschrieben. Viele Arten harren aber noch der Entdeckung.

Klasse Crinoidea (Haarsterne)

Die Haarsterne sind sicherlich die urtümlichsten Stachelhäuter, denn ihre Verwandten, die Seelilien, gab es schon in den Urmeeren. Auch heute noch gibt es über 100 Arten von Seelilien, die allerdings in Tiefen vorkommen, die für Taucher nicht zugänglich sind.
Die Haarsterne (etwa 500 Arten) unterscheiden sich von den Seelilien vor allem durch einen Umstand: Sie sind frei beweglich, während die Seelilien festgewachsen und damit unbeweglich (sessil) sind.
Die meisten Haarsterne nutzen dies aber kaum aus. Tagsüber halten sie sich für gewöhnlich versteckt, nachts klettern sie auf exponierte Stellen, wo sie sich mit ihren krallenartigen Zirren festhalten und nach Plankton fischen. Einmal an der gewählten Stelle angekommen, wechseln sie die ganze Nacht ihren Standort nicht mehr ohne Not.
Haarsterne besitzen außer den schon erwähnten Zirren, die durch Form, Bauweise und Anzahl wichtig für die Bestimmung der Arten sind, einen relativ unauffälligen, fingerhutförmigen Körper, auf dessen Oberseite sich der Mund und daneben der After befinden. Von dieser Körperoberseite aus verzweigen sich die fünf Arme mehr oder weniger oft. Manche Arten besitzen weniger als zehn Verzweigungen, andere haben über 100. Jeder Arm hat unzählige Fiederchen. Dazwischen befindet sich eine Rinne,

in der die von den Fiederchen eingesammelte Nahrung wie auf einem Förderband zum Mund transportiert wird. Diese Förderrinnen setzen sich auf der Mundscheibe bis zur Mundöffnung fort. Die Arme selbst sind mit winzigen Dornen und Widerhaken besetzt. Beim Anfassen verhaken sich diese in der Haut oder im Gewebe des Handschuhs. Ohne die zarten Tiere zu verletzen kann man sie dann kaum mehr entfernen. Es ist also das Beste, man läßt sie in Ruhe. Anschauen oder fotografieren kann man sie ja trotzdem.

Auch die Eier und Spermien der getrenntgeschlechtlichen Tiere wachsen im Körper und in den Armbasen heran und werden direkt ins Wasser entlassen. Die sich nach einiger Zeit festsetzende Planktonlarve wächst auf dem einmal gewählten Untergrund fest. Sie wird daher Seelilienstadium genannt und beweist damit die enge Verwandschaft. Erst nach etwa einem Jahr wachsen die Zirren, die Basalscheibe wird abgetrennt und der winzige Haarstern kann sich nun fortbewegen.

Wie die meisten Stachelhäuter sind auch die Haarsterne sehr regenerationsfähig. Dies ist auch wichtig, denn die Arme oder Teile davon werden bei Störungen sehr schnell abgeworfen. Allerdings haben die Tiere außer den häufig vorkommenden Parasiten, wie Asseln, Flohkrebse, Schnecken oder Saugfischen, kaum Feinde. Einige Bewohner der Haarsterne sind harmlos (Kommensalen). Hierzu gehört der im Indopazifik weitverbreitete Springkrebs *Allogalathea elegans*, der auf der Mundscheibe und in den Armen vieler Haarsterne lebt.

Lamprometra klunzingeri
Klunzingers Haarstern

Familie Mariametridae

Erkennungsmerkmale: Dieser Haarstern hat etwa 20 stark gefiederte Fangarme, die normalerweise gelbbraun-hellbeige gebändert sind. Die Zirren (Greifarme an der Unterseite der Körperscheibe) sind kurz und kräftig.
Verwechslungsmöglichkeiten: Haarsterne sind nur schwer exakt zu bestimmen. Die nächstverwandte Art, *Lampometra palmata*, ist manchmal ähnlich gefärbt. Nur die Anzahl, Länge, Verzweigung und Struktur der Arme und Zirren kann zur genaueren Bestimmung herangezogen werden. Dies ist aber am lebenden Tier kaum möglich.
Lebensraum: Tagsüber in den Spalten und Löchern des Riffdachs versteckt. Nachts überall im flacheren Wasser auf exponiert stehenden Korallen, Gorgonien usw. Häufigste Art im Flachwasser des Roten Meeres.
Besonderheiten: In den Fangarmen lebt gelegentlich ein kleiner Springkrebs, *Allogalathea elegans*, der genau wie der Wirt gefärbt ist.
Aquarienhaltung: Schwierig. Sehr transportempfindlich. Die Tiere müssen häufig mit Ersatzplankton gefüttert werden und vertragen schwankende Wasserqualitäten sehr schlecht. Die Regeneration abgeworfener Arme funktioniert im Aquarium kaum.

Lampometra palmata
(J. Müller, 1841)
Gemeiner Haarstern

Familie Mariametridae

Erkennungsmerkmale: *L. palmata* ist sehr variabel, aber stets deutlich gebändert. Häufig sind Tiere mit braunschwarzen Armen, die weiß gebändert sind. Etwa 20 Fangarme. Die Zirren sind kurz und kräftig. Durchmesser etwa 25 cm.
Verwechslungsmöglichkeiten: Sehr ähnlich ist der hauptsächlich im Roten Meer vorkommende *Lamprometra klunzingeri*, der aber meist bräunlich bis orange gebändert ist. Im Indischen Ozean und im tropischen Pazifik ist *L. palmata* die häufigste nachtaktive Art.
Lebensraum: Auf dem Riffdach bis in 15 m Tiefe in der Strömung stehend. Nachtaktiv. Tagsüber versteckt unter Korallen etc. Die Tiere verkriechen sich in kleinste Spalten und Löcher.

Aquarienhaltung: Schwierig, da sehr empfindlich. Planktonfresser, der häufig gefüttert werden muß, was in Riffbecken meist unerwünscht ist.

Dichrometra flagellata

(J. Müller, 1841)

Malediven-Haarstern

Familie Mariametridae

Erkennungsmerkmale: *D. flagellata* hat etwa 20 rostrot-hellbeige gebänderte Arme. Die Zirren sind lang und kräftig.

Verwechslungsmöglichkeiten:. Abgesehen von der Färbung, die aber variabel ist, ähnelt er der Art *Lampometra palmata*, mit der er auch gemeinsam vorkommt.

Lebensraum: Vom Flachwasser bis in 15 m Tiefe.

Besonderheiten: Wie viele Haarsterne nachtaktiv. Fängt Plankton von erhaben stehenden Korallen aus.

Aquarienhaltung: Unbekannt.

Comatella maculata
(P. H. Carpenter, 1888)
Rostroter Haarstern

Familie Comasteridae

Erkennungsmerkmale: Dieser Haarstern hat etwa 20 kräftige, drahtige Fangarme, die er aus seinem Unterschlupf herausstreckt. Die Tiere sind stets einfarbig rostrot gefärbt und werden maximal 20 cm groß. Der Körper und die Cirren sind stets verborgen.
Verwechslungsmöglichkeiten: Wie alle Haarsterne nur schwer sicher zu bestimmen. Typisch sind in diesem Fall die Färbung und die eher wenig zahlreichen, kaum sichtbaren Fangarme.
Lebensraum: Lebt tagsüber unsichtbar in kleinen Löchern oder in Steinkorallen verborgen. Nachts streckt er einige der Fangarme aus seinem Versteck, ohne dies aber ganz zu verlassen. Dies ist ein sicheres Erkennungsmerkmal.

Aquarienhaltung: Unbekannt. Da die Tiere ihren Unterschlupf nie ganz verlassen, können sie nur mit roher Gewalt gefangen werden, was abzulehnen ist. Generell sind Haarsterne nur für Spezialisten geeignet.

Oben: Comatella maculata.
Rechts oben und unten: Farbvarianten von Comanthus bennetti.

Comanthus bennetti
(J. Müller, 1841)
Goldhaarstern

Familie Comasteridae

Erkennungsmerkmale: Dieser sehr variable Haarstern hat über 70, meist in Gelbtönen gefärbte Arme, die er wie alle Haarsterne eng einrollen kann. Die Zirren sind kräftig und sehr zahlreich. Bis 25 cm.
Verwechslungsmöglichkeiten: Haarsterne aus der Gattung *Comanthus* sind wie die meisten Haarsterne nur von Experten sicher bestimmbar. Dazu werden aber in der Regel konservierte Exemplare benötigt.
Lebensraum: An exponierten Stellen im Korallenriff.
Besonderheiten: *C. bennetti* ist in Tiefen ab 15 m bei entsprechend kräftiger Strömung auch tagaktiv.
Aquarienhaltung: Unbekannt. Wahrscheinlich sehr empfindlich. Wird erfreulicherweise nie eingeführt.

Comantheria briareus
(Bell, 1882)
Haarstern

Familie Comasteridae

Erkennungsmerkmale: Dieser Haarstern hat etwa 20 Arme, die an der Basis messingfarben und braun gefärbt sind. Das obere Drittel der Arme ist stets weiß. Bis 20 cm.
Verwechslungsmöglichkeiten: Unter Wasser kaum sicher zu bestimmen. Kommt häufig mit anderen Flachwasserarten gemeinsam vor.
Lebensraum: Auf dem Riffdach stets nachts aktiv. Tagsüber unter Korallen etc. verborgen.
Aquarienhaltung: Unbekannt.

Pontiometra andersoni
(P. H. Carpenter, 1888)
Krallen-Haarstern

Familie Colobometridae

Erkennungsmerkmale: Die zahlreichen, schwarzrot gefärbten Arme, deren Mittelader einfarbig weiß ist, sind üblicherweise halb eingerollt.
Verwechslungsmöglichkeiten: *Himerometra robustipinna* sieht ähnlich aus. Seine Fangarme sind aber tagsüber stets voll geöffnet. Außerdem ist er völlig schwarz.
Lebensraum: Ab 10 m Tiefe auf Korallenfels etc. Auch tagsüber nicht versteckt.
Besonderheiten: Die Fangarme dieses Haarsterns sind stets halb eingerollt. Doch auch so fängt das Tier wohl noch genügend Plankton.
Aquarienhaltung: Unbekannt. Wird selten eingeführt. Muß auf alle Fälle regelmäßig mit feinem Ersatzplankton und *Artemia*-Nauplien gefüttert werden.

Himerometra robustipinna
(P. H. Carpenter, 1881)
Gorgonien-Haarstern

Familie Himerometridae

Erkennungsmerkmale: Die 30 bis 70 Arme dieses Seesterns sind bis auf die hellere Mittelader völlig schwarz gefärbt. Durchmesser maximal 25 cm.
Verwechslungsmöglichkeiten: Kann mit *Pontiometra andersoni* verwechselt werden, der ebenfalls tagaktiv ist, aber dessen Fangarme dabei meist halb eingerollt sind. Der ebenfalls völlig schwarze *Tropiometra afra* bevorzugt Löcher und Spalten und hat keine hellere Mittelrippe.
Lebensraum: Erst ab etwa 10 m Tiefe häufiger auf großen Gorgonienfächern.
Besonderheiten: Eine der wenigen tagaktiven Haarsternarten.
Aquarienhaltung: Diese Art wird gelegentlich eingeführt und soll bei guter Fütterung sehr haltbar sein.

Oligometra serripinna
(P. H. Carpenter, 1881)
Vielfarbiger Zehnarm-Haarstern

Familie Colobometridae

Erkennungsmerkmale: Diese Art hat maximal zehn Arme, die jedoch sehr variabel gefärbt sind. Auch einfarbig beige oder braune Tiere kommen vor. Die meisten sind jedoch zweifarbig gebändert.
Verwechslungsmöglichkeiten: Kann mit anderen zehnarmigen Haarsternen aus den Gattungen *Antedon*, *Colobometra* oder *Decametra* verwechselt werden.
Lebensraum: Erst ab 15 m Tiefe und dort nur unter größeren Korallenstöcken. Bevorzugt im Schatten von Wracks oder großen Felsen. Hält sich auch dort stets an Gorgonien oder anderen Korallen fest.
Besonderheiten: Tagaktiv. Verschieden gefärbte Arten kommen nebeneinander vor.
Aquarienhaltung: Als Bewohner des tieferen Wassers sicherlich sehr empfindlich.

Klasse Holothuroidea (Seegurken)

Äußerlich betrachtet würde man die Seegurken oder Seewalzen, wie sie auch genannt werden, wohl kaum zu den sonst eher farbenprächtigen Stachelhäutern stellen. Der unförmige, dicke, häufig mit Sand oder Seegras bedeckte Körper der meisten Arten erinnert eher an einen überdimensionalen Wurm als an einen Stachelhäuter. Doch im Inneren der Seegurken findet man die gleiche fünffache Symmetrie wieder, die für alle Stachelhäuter typisch ist.

Anstatt eines festen Skeletts, wie es die Seeigel haben, besitzen Seegurken lediglich eine derbe, ledrige Haut, in der zusätzlich feine Kalknadeln (Sklerite) eingelagert sind, die beim Betasten von manchen Seegurken regelrecht »erfühlt« werden können. Sie verleihen den Tieren eine rauhe Oberfläche. Diese mikroskopisch kleinen Sklerite sind für den Wissenschaftler wichtig, denn jede Art hat anders geformte Kalknadeln.

Der Mund der Seegurken befindet sich am Vorderende und ist von zehn bis dreißig einziehbaren Tentakeln umgeben. Der After befindet sich am Hinterende. Der ganze Körper wird von kräftigen Ring- und Längsmuskeln bewegt. Wie alle Stachelhäuter besitzen auch die Seegurken Ambulakralfüßchen, die in fünf Reihen längs des Körpers angeordnet sind. Drei Reihen davon sitzen üblicherweise an der meist abgeflachten Körperunterseite. Bei etlichen Arten sind diese Füßchen aber rückgebildet oder zu Warzen und Körperanhängseln umgewandelt. Manche Arten halten auf ihrem Rükken mit den Füßchen allerlei Seegrasreste, Sand oder Steinchen fest, um sich gegen die grelle Sonne des Flachwassers zu schützen.

Die meisten Seegurken leben kriechend auf Sandböden oder klettern auf Felsen und Korallenstöcke. Einige Arten sind aber auch andauernd im Sand oder Schlamm eingegraben, ja sogar planktonische Formen kommen vor, die ständig im freien Wasser schweben, vom Laien allerdings kaum als Seegurken erkannt werden.

Eine Gruppe der Seegurken ernährt sich, indem die verästelten Tentakel gegen die Strömung gestellt werden, um Plankton aus der Strömung herauszufangen, der an den Tentakeln kleben bleibt. Die meisten Arten ernähren sich aber von organischen Teilchen im Sand- oder Schlammboden, indem sie ihn einfach auffressen und die nicht eßbaren Bestandteile wieder ausscheiden. Dies führt zu den überall auf Sandboden zu findenden »Würstchen«.

Seegurken geben ihre Geschlechtsprodukte einfach ins Wasser ab. Dazu wird meist der Vorderkörper aufgerichtet, um eine bessere Verteilung zu erreichen. Damit sich Spermien und Eier auch treffen können, geben männliche und weibliche Seegurken ihre Geschlechtsprodukte gleichzeitig ab. Dies kann man gelegentlich abends oder nachts beobachten. Die entstehenden Larven treiben einige Zeit im Plankton, bis sie sich zu kleinen Seegurken umbilden und sich an geeigneter Stelle niederlassen. Einige Arten sind brutpflegend oder sogar lebendgebärend.

Seegurken sind oft von Schmarotzern oder Kommensalen »befallen«. So leben einige Seenadeln und Eingeweidefische im Darm der Seegurken. Auf der Körperoberfläche tummeln sich verschiedene Krebse, Muscheln oder Schnecken, im Körperinnern verstecken sich Borstenwürmer oder kleine Krabben.

Im asiatischen Raum werden Seegurken zu »Trepang« verarbeitet und gegessen. Ohne entsprechende Aufbereitung sind aber viele Seegurken ungenießbar, denn ihr Fleisch ist giftig (Holothurin). Seegurken haben daher kaum Feinde. Trotzdem verfügen viele Arten über weitere Abwehrmechanismen. Bei unvorsichtiger Berührung (z. B. durch Taucher) oder wenn sie von potentiellen Feinden bedrängt werden, stoßen sie die sogenannten »Cuvier'schen Schläuche« aus, lange, klebrige, weiße Fäden, die überall hängenbleiben. Schreckt dies den Gegner

nicht ab, greifen manche Seegurken zum letzten Mittel – sie stoßen ihre Eingeweide aus. Diese können zwar regeneriert werden, trotzdem sollte man dies nicht provozieren. Die Tiere sind dadurch wehrlos und können lange Zeit keine Nahrung mehr aufnehmen. Taucher sollten Seegurken also nicht anfassen.

Thelenota ananas (Jaeger, 1833) Ananas-Seegurke

Familie Stichopodidae

Erkennungsmerkmale: Diese Seegurke wird bis zu 70 cm lang. Der Körper ist vollständig mit spitz zulaufenden, fleischigen Papillen bedeckt, die vor allem zu den Körperenden hin länger werden. Die Grundfarbe ist ein gelbliches Braun.
Verwechslungsmöglichkeiten: *Stichopus pseudhorrens* hat weniger, aber dafür längere Anhängsel (Papillen). Diese sind am ganzen Körper gleichlang. Außerdem wird diese Art lediglich 50 cm lang und variiert farblich stark.
Lebensraum: Vom Flachwasser bis in größere Tiefen.
Besonderheiten: Wie bei allen Seegurken findet man auch bei dieser Art gelegentlich Eingeweidefische, die im Darm der Seegurken leben. Zu Gesicht bekommt man die winzigen Fischchen aber selten.
Aquarienhaltung: Wegen der Größe und der Giftigkeit nicht empfehlenswert. Dies gilt für alle Stichopodidae.

Stichopus horrens Selenka, 1867
Noppenseegurke

Familie Stichopodidae

Erkennungsmerkmale: Kräftige, warzenartige, im Zentrum dunklere Papillen sind über den ganzen Körper verteilt. Bei beiger bis schmutziggelber Grundfärbung sind die Papillen mal heller und mal dunkler, was der Seegurke ein unregelmäßig geflecktes Aussehen verleiht. Bis zu 50 cm lang und 12 cm dick.
Lebensraum: Auf dem gesamten Korallenriff.

Stichopus chloronotus Brandt, 1835
Grüne Seegurke

Familie Stichopodidae

Erkennungsmerkmale: Bei samtig-dunkelgrüner Grundfärbung besitzt diese Seegurke vier Reihen von 1 bis 2 cm langen Papillen, die an ihrer Spitze einen kleinen orangefarbenen Fleck haben. Bis 50 cm.
Verwechslungsmöglichkeiten: Durch die auffällige Färbung unverwechselbar.
Lebensraum: *S. chloronotus* wird bereits im Flachwasser in geringer Tiefe meist auf Hartböden angetroffen. Häufig ist sie auf dem Riffdach oder in der Lagune der Korallenriffe zu finden. Sandboden meidet sie meist.

Stichopus variegatus
Semper, 1868

Punktierte Seegurke

Stichopodidae

Erkennungsmerkmale: Diese große Seegurke wird bis zu 70 cm lang. Die Färbung variiert von einer fast weißen bis zu einer grüngrauen Grundfarbe. Die kleinen, warzigen Papillen sind jedoch dunkelbraun. Dadurch erscheint diese Seegurke wie mit vielen Punkten übersät.
Lebensraum: *S. variegatus* wird meist erst im tieferen Wasser angetroffen.

Holothuria fuscogilva
Cherbonnier, 1980

Große Riffseegurke

Familie Holothuriidae

Erkennungsmerkmale: Bis 60 cm lange, dicke, leicht von oben zusammengedrückt erscheinende Seegurke mit brauner Grundfarbe, die an den Seiten langsam in ein fleckiges Weiß übergeht. Die am Boden aufliegenden Seitenränder sind gewellt.
Lebensraum: Schon im Flachwasser ab 5 Meter Tiefe auf Sandböden.
Besonderheiten: Stets mit einer dünnen Sandschicht, manchmal auch mit organischen Partikeln bedeckt. Die Färbung bleibt dabei aber stets sichtbar.
Aquarienhaltung: Solch große Holothurien sind für die Aquarienhaltung stets ungeeignet.

Holothuria fuscopunctata
Jaeger, 1833
Zweifarbige Seegurke

Familie Holothuriidae

Erkennungsmerkmale: Diese Art wird bis zu 70 cm lang und fällt vor allem durch die rotbraune bis gelbbraune Oberseite und die hellbeige bis weiße Unterseite auf. Meist ist das Tier am gesamten Körper zusätzlich noch gelbbraun gepunktet. Die ledrige Haut hat stets einige Querfalten.
Verwechslungsmöglichkeiten: Mit der vorgenannten Art kaum zu verwechseln, da die Färbung deutlich unterschiedlich ist.
Lebensraum: Bereits auf dem Riffdach auf Korallengestein etc.
Besonderheiten: Diese Art ist selten mit Sand o. ä. verunreinigt.
Aquarienhaltung: Ungeeignet.

Holothuria nobilis
(Selenka, 1867)
Schwarze Seegurke

Familie Holothuriidae

Erkennungsmerkmale: Der kurze, gedrungene Körper dieser bis zu 60 cm lang werdenden Seegurke ist normalerweise schwarzbraun gefärbt. Eine manchmal vorkommende hellere Fleckenzeichnung ist durch die meist mit Sand überzogene Haut kaum zu sehen. Die Mundtentakel aller *Holothuriidae* sind normalerweise kaum sichtbar, da sie meist eingezogen sind.
Verwechslungsmöglichkeiten: Es gibt mehrere dunkelgefärbte *Holothuria*-Arten, mit denen *H. nobilis* verwechselt werden kann.
Lebensraum: Die Schwarze Seegurke kommt schon im Flachwasser der Korallenriffe, meist aber in den sandigen Lagunen und in Seegraswiesen vor.

Holothuria atra
Jaeger, 1833
Gewöhnliche Seegurke

Familie Holothuriidae

Erkennungsmerkmale: Diese bis zu 60 cm lange Seegurke ist pechschwarz gefärbt, wobei sie bei entsprechender Lichteinstrahlung eher rotbraun wirkt. Häufig ist sie mit Sand überzogen, so daß man die eigentliche Farbe kaum erkennen kann. Die 20 Mundtentakel sind normalerweise nicht sichtbar.
Lebensraum: *H. atra* lebt fast ausschließlich auf Sandboden zwischen Korallenstökken oder am Rande von Seegraswiesen in Tiefen bis zu 30 Metern.
Besonderheiten: Wie viele Seegurken ist *H. atra* ebenfalls in der Lage, bei Gefahr Cuvier'sche Schläuche auszustoßen, die unangenehm kleben und außerdem giftig sind (siehe Abbildung oben; die weißen Flecken sind solche Cuvier'schen Schläuche).

Holothuria edulis
Lesson, 1830
Rosafarbene Seegurke

Familie Holothuriidae

Erkennungsmerkmale: *H. edulis* wird nur mittelgroß, etwa 20 bis 30 cm. Der Körper ist einfarbig rosa, wobei die Oberseite meist eine braune oder schmutziggraue Färbung aufweist.
Lebensraum: Vom Flachwasser bis in etwa 25 m Tiefe häufig.
Besonderheiten: Gelegentlich leben winzige, orangerot gefärbte Krebse auf dieser Seegurke, die sich wie Zecken auf der Haut festzuhalten scheinen. Über deren Biologie ist bislang nichts bekannt.
Aquarienhaltung: Diese Seegurke wurde schon erfolgreich in Aquarien gehalten. Auch sie kann aber nach ihrem Tod das Gift Holothurin ausscheiden.

Bohadschia graeffei

(Semper, 1868)

Strichel-Seegurke

Familie Holothuriidae

Erkennungsmerkmale: Diese Seegurke erkennt man sofort an der weißen Grundfarbe, die mit braunen Flecken abwechselt. Über den ganzen Körper sind kleine schwarze Punkte verstreut, die mit ebenso feinen schwarzen Querstrichen abwechseln. Die undeutlichen Papillen enden in einem weissen Dorn. Maximal 35 cm lang.
Lebensraum: Stets auf felsigem Untergrund ab 5 m Tiefe.
Besonderheiten: Diese Seegurke kann man beobachten, wie sie mit ihren schwarzen, dünn weiß umrandeten Tentakeln organische Nahrung zwischen den Korallen auftupft. Bei der geringsten Störung zieht sie diese allerdings ein.

Actinopyga spinea

Cherbonnier, 1980

Goldbraune Seegurke

Familie Holothuriidae

Erkennungsmerkmale: Diese bis zu 40 cm lange Seegurke ist goldbraun gefärbt, wobei man aber durch einen sandigen Überzug die eigentliche Färbung nicht immer deutlich sehen kann. Die Mundtentakel sind normalerweise nicht sichtbar.
Verwechslungsmöglichkeiten: Es gibt einige ähnliche Arten, die nur durch Untersuchung der mikroskopisch kleinen Spiculae sicher bestimmt werden können.
Lebensraum: Auf sandigen und schlammigen Böden bereits ab 5 m Tiefe.
Besonderheiten: Nachtaktiv. Man sieht vor allem in Vollmondnächten gelegentlich Tiere, die halb aufgerichtet sind. Dies hängt wie bei vielen Seegurken mit der Vermehrung zusammen, denn in dieser Position werden die Spermien und Eier abgegeben. Das Mondlicht dient dabei als Zeituhr, um eine gleichzeitige Abgabe der Geschlechtsprodukte und damit eine sichere Befruchtung zu gewährleisten.
Aquarienhaltung: Unbekannt.

Synapta maculata
Chamisso u. Eysenhardt, 1821
Schlangen-Seegurke

Familie Synaptidae

Erkennungsmerkmale: Die Schlangen-Seegurke wird bis zu 2,5 Meter lang und ist unregelmäßig dunkel-braun-beige quergebändert mit zusätzlicher Längsmusterung und feinen Punkten. Die gefiederten Mundtentakel sind meist gut zu sehen. Der Körperdurchmesser beträgt etwa 3 bis 5 cm.
Verwechslungsmöglichkeiten: *Euapta goddefroyi* (Semper 1886) ist weiß-graugrün gebändert mit einem weißen Mittel-Längsstrich.
Lebensraum: Auf Sand- und Schlammgrund sowie in Seegraswiesen bereits ab wenigen Metern Tiefe.
Besonderheiten: Die in der Haut eingeschlossenen arttypisch geformten Spiculae (Kalknadeln) der *Synaptidae*-Seegurken ragen über die Außenhaut leicht hinaus und man kann sie daher mit den Fingern erfühlen. Da sie hakenartig geformt sind »kleben« die Tiere an rauhen Handschuhen, Neopren o. ä. sofort fest und lassen sich nur schwer wieder entfernen. Mit Handschuhen also nicht anfassen.
Aquarienhaltung: An sich geeignet. Die Tiere werden aber leicht vom Filter angesaugt, bleiben aufgrund der dünnen Haut dann hängen und verletzen sich dabei. Wie bei vielen Seegurken kann dabei das Körpergift ins Aquarienwasser gelangen. Detritusfresser.

Klasse Echinoidea (Seeigel)

Seeigel sind meist annähernd runde, mit mehr oder weniger langen Stacheln bewehrte Tiere, die in ihrer Körperwand ein aus normalerweise unbeweglich miteinander verbundenen Kalkplatten bestehendes Skelett aufweisen.

Sie fallen besonders durch ihre Stacheln auf, die mit speziellen Muskeln bewegt werden können. Einige Arten besitzen dünne Stacheln mit Giftdrüsen, die in der Wunde eines Unvorsichtigen abbrechen und üble Entzündungen hervorrufen können. Andere Arten besitzen extrem lange und dünne Stacheln, die ebenso gefährlich sind, während die Griffelseeigel z. B. bleistiftdicke Stacheln haben. Die irregulären (bilateral-symmetrischen) Seeigel dagegen weichen von dem üblichen Seeigelbild vollständig ab. Sie haben ein regelrechtes »Fell« aus dünnen, kurzen Stacheln.

Oft findet man Gruppen verschieden langer Stacheln (Primär- und Sekundärstacheln), die z. B. zur Fortbewegung, zum Nahrungstransport oder zur Feindabwehr dienen können. Zwischen den Stacheln befinden sich verschieden geformte, winzige Zangen (Pedicellarien) und Füßchen mit und ohne Saugnäpfe, die durch das schon erwähnte Ambulakralsystem bewegt werden. Die Zangen dienen der Feindabwehr oder dem Nahrungstransport und können bei manchen Arten Giftdrüsen besitzen, die Füßchen dienen der Fortbewegung oder werden zum Festhalten von Tarnmaterial benutzt.

Stirbt ein Seeigel, so bleibt, nachdem sich das Gewebe aufgelöst hat, nur noch das zerbrechliche Innenskelett aus Kalk übrig. Bei den meisten Arten ist dieses Skelett fest, die in zehn Doppelreihen angeordneten Platten sind miteinander mehr oder weniger haltbar verwachsen. Bei den Lederseeigeln jedoch sind die einzelnen Platten zueinander beweglich angeordnet, so daß diese Seeigel insgesamt auch beweglicher sind. Man unterscheidet die Ambulakralplatten, die winzige Durchbrüche (Poren) für die Füßchen aufweisen, von den Interambulakralplatten, denen diese Poren fehlen.

Im Gegensatz zu den radiärsymmetrischen (*Reguläre Seeigel*) sind die bilateral-symmetrischen Seeigel (*Irreguläre Seeigel*) nicht rund, sondern eher länglich geformt. Bei Ihnen ist der After nicht an der Körperoberseite wie bei den »normalen« Seeigeln, sondern hinten, während die Mundöffnung im Laufe der Entwicklung nach vorne gewandert ist. Bei den regulären Seeigeln ist sie stets unten in der Mitte. Die irregulären Seeigel laufen dementsprechend nur in eine Richtung, was der grabenden Lebensweise dieser Seeigelgruppe natürlich entgegenkommt, während die regulären Seeigel sich nach allen Seiten fortbewegen können.

Eine Besonderheit ist der kompliziert aus vielen winzigen Skeletteilen aufgebaute Kauapparat der Seeigel, genannt die »Laterne des Aristoteles«. Er befindet sich in der unteren Mundöffnung, die stets dem Boden aufliegt. Nur die fünf Zähne dieses Kauapparates sind sichtbar. Damit wird die Nahrung , z. B. Algen oder Aas, zerkleinert oder von Felsen etc. abgeraspelt. Da die Kalkzähnchen hierbei schnell verschleißen, werden sie ständig nachgeführt. Manche Arten bohren sich mit ihren Zähnen sogar in massiven Fels oder Korallenkalk ein.

Seeigel sind getrenntgeschlechtlich. Aus den Eiern und Spermien entwickelt sich eine planktonische Larve (Echinopluteus), die nach vier bis sechs Wochen zu Boden sinkt und sich dort langsam zum Seeigel umbildet (Metamorphose).

Seeigel sind für das Korallenriff überaus wichtig, weil sie meist Pflanzenfresser sind, die das Riff von Algen befreien, die die Korallen sonst überwuchern würden. Es gibt aber auch räuberische Seeigel und Allesfresser.

Seeigel erreichen in den meisten Fällen ein Alter von etwa vier bis acht Jahren.

Echinometra mathaei
(de Blainville, 1825)
Steinseeigel

Familie Echinometridae

Erkennungsmerkmale: E*chinometra mathaei* hat einen Durchmesser von etwa 8 cm, besitzt kräftige, mäßig spitze, relativ kurze Stacheln und kann sich mit seinen Saugfüßchen sehr gut am Korallenfels festhalten. Die Färbung ist variabel und reicht von dunkelbraun über violett bis olivgrün und dunkel mit weissen Stacheln.
Verwechslungsmöglichkeiten: *Echinometra mathaei* kann mit *Parasalenia gratiosa* A.Agassiz 1863 verwechselt werden. Diese Art hat aber an der Basis der Stacheln deutliche weiße Ringe, die bei *E.mathaei* nicht so auffällig sind. In Zweifelsfällen kann nur die Untersuchung des Gehäuses Sicherheit geben.
Lebensraum: Man findet ihn tagsüber unter Steinen auf dem Riffdach versteckt. Nachts begibt er sich auf Nahrungssuche. Seine Nahrung besteht ausschließlich aus Niederen Algen, die er von den Felsen abweidet. Er ist im gesamten indopazifischen Raum sehr häufig.
Besonderheiten: *E. mathaei* ist häufig mit der kaum 3 mm großen Garnele *Athanas indicus* vergesellschaftet, die im Schutz der Stacheln lebt und wie der Wirt gefärbt ist.
Aquarienhaltung: *E.mathaei* ist sehr gut für Riffaquarien geeignet, da er absolut friedlich ist und auch zarte Wirbellose unangetastet läßt. Er vergreift sich nicht an Höheren Algen, wie z. B. *Caulerpa*-Arten.

Echinostrephus aciculatus

A. Agassiz, 1863

Bohrender Riffseeigel

Familie Echinometridae

Erkennungsmerkmale: Der Körper mißt maximal 3 cm im Durchmesser und ist dunkel gefärbt. Die Stacheln sind 3 bis 7 cm lang, sehr dünn und spitz, einfarbig bläulich bis violett oder bräunlich bis rosa. Nachts, im Licht der Lampen, wirken sie grau oder rosa.

Lebensraum: *E.aciculatus* lebt vom Flachwasser bis in etwa 15 m Tiefe in selbstgebohrten Löchern, in die er genau hineinpaßt und die er wahrscheinlich nie verläßt. Er ernährt sich von organischen Partikeln, die er mit seinen Stacheln einfängt oder die in seinem Bohrloch liegenbleiben.

Besonderheiten: Wie bei den Diademseeigeln sind auch die Stacheln von *E.aciculatus* extrem dünn und brechen in der Wunde leicht ab!

Aquarienhaltung: Im Aquarium ist er gut haltbar, wenn man ihm die Möglichkeit gibt, sich in weiches Gestein einzubohren. *E. aciculatus* ist Kleinpartikelfresser und damit harmlos.

Diadema setosum

(Leske, 1778)

Gemeiner Diademseeigel

Familie Diadematidae

Erkennungsmerkmale: Dieser Seeigel hat unterschiedlich lange, dünne und innen hohle Stacheln, die bei erwachsenen Tieren normalerweise schwarz gefärbt sind. Gelegentlich findet man Exemplare mit einzelnen oder vielen grauen bis weissen Stacheln. Bei juvenilen Tieren sind die Stacheln manchmal hell-dunkel gebändert, selten auch bei adulten Exemplaren. Das Gehäuse wird etwa 5 bis 7 cm groß, während die Stacheln bis zu 15 cm lang werden können. Die Analblase an der Oberseite ist häufig leuchtend orange gefärbt, aber nicht immer sichtbar. Im Golf von Aqaba ist diese Analblase meist Schwarz mit einem roten Innenrand, gelegentlich aber auch ganz schwarz. Um diese Öffnung herum und entlang der Ambulakralplatten sind bei entsprechender Beleuchtung irisierend blaue Linien in Y-Form und fünf leuchtend weiße Punkte zu erkennen. Interessanterweise erscheint dieser Seeigel im Scheinwerferlicht bei Nachttauchgängen eher grau und die blau irisierenden Linien sind dann grauweiß.

Verwechslungsmöglichkeiten: *Diadema savignyi* soll eine schwarze Analpapille und keine weißen Flecken besitzen, kann aber sicher nur anhand des Gehäuses von *D. setosum* unterschieden werden.

Lebensraum: Auf Sandgrund und am Fuße von Korallenstöcken. Im Riff selbst findet man ihn eher seltener. Dort hält er sich tagsüber in Löchern oder unter Steinen versteckt. Tiefenverbreitung von 0 bis 25 Meter.

Besonderheiten: Diademseeigel rotten sich vor allem tagsüber häufig in großen Gruppen zusammen. Dies dient als Schutz vor Feinden. Auf den Stacheln aller Diademseeigel sind gelegentlich winzige Garnelen oder ebenso kleine Grundeln zu finden, die

sich längs der Stacheln festhalten und durch ihre Färbung auch kaum zu erkennen sind. Gelegentlich findet man auch Rippenquallen der Gattung *Coeloplana* an den Stacheln oder kleine Schwärme von Kardinalfischen, die dort Schutz suchen. Die Stacheln sind vermutlich giftig, zumindest aber sehr schmerzhaft!

Aquarienhaltung: *Diadema setosum* ist für Riffquarien gut geeignet, da er Algenfresser ist. In Fischaquarien ohne seine Feinde, die Drückerfische, kann er ebenfalls gut mitgepflegt werden. Leider werden meist sehr große Exemplare eingeführt, obwohl man bereits in Ufernähe winzige Jungtiere finden kann, die sich hervorragend für kleinere Aquarien eignen.

Rechts oben: Tagsüber sammeln sich Diademseeigel oft in Gruppen.
Oben: Diadem setosum, Normalform.
Unten: Die gleiche Art mit gebänderten Stacheln und einfarbig-dunkler Analpapille.

Echinotrix calamaris
(Pallas, 1774)
Schwarzer Diademseeigel

Familie Diadematidae

Erkennungsmerkmale: Dieser Seeigel fällt durch die langen, vor allem seitlich oft stumpfen Primärstacheln und die in senkrechten Reihen angeordneten, wesentlich kürzeren, dünnen, spitzen Sekundärstacheln auf. Unter der Lupe erkennt man, daß die Stacheln mit Widerhaken besetzt sind. Die Färbung erscheint auf größere Entfernung betrachtet tiefschwarz. Bei genauerem Hinsehen ist der Körper des Tieres aber dunkelrot. Die Art ist jedoch variabel und kann auch schwarz-weiß gebänderte oder braunrote Stacheln mit schwarzen Spitzen aufweisen. Die Analöffnung ist jedoch stets durch eine helle, dunkelgefleckte Blase gekennzeichnet. Mit den Stacheln kann die Art bis zu 15 cm Durchmesser erreichen. Die Jugendform von *E. calamaris* (kleines Bild) besitzt wenige dicke, stumpfe Primärstacheln, die hell-dunkel gebändert sind. Die Sekundärstacheln sind winzig, extrem dünn und daher kaum sichtbar. Die Analpapille ist genau wie die der adulten Tiere gefärbt, aber im Verhältnis viel größer.

Verwechslungsmöglichkeiten: Die Primärstacheln sind deutlich dicker und im Verhältnis zum Körper erheblich kürzer als bei der sonst ähnlichen Art *Diadema setosum*, deren Körper viel kleiner ist. Die Art *Echinotrix diadema* kann nur schwer von *E. calamaris* unterschieden werden, da sie ebenfalls sehr variabel gefärbt ist.

Lebensraum: *E. calamaris* ist vom Flachwasser bis in größere Tiefen anzutreffen.

Besonderheiten: Tagsüber lebt er versteckt unter Korallenblöcken. Die extrem spitzen Sekundärstacheln brechen leicht ab und verursachen schmerzhafte Wunden.

Aquarienhaltung: Normalerweise tastet *E. calamaris* keine sessilen Wirbellosen an, er muß aber regelmäßig mit Algen oder gebrühtem Salat gefüttert werden.

Asthenosoma varium

Grube, 1886

Giftiger Lederseeigel

Familie Echinothuriidae

Erkennungsmerkmale: Dieser Seeigel gehört zu den interessantesten und schönsten Arten im Riff. Die Färbung ist sehr variabel und stets an verschiedenen Fundorten verschieden. Auffällig sind ein Kranz weißer, kräftiger Stacheln am unteren Seitenrand des Körpers, in senkrechten Reihen angeordnete Bündel schwarzer, gestreifter, roter oder sogar weißer kurzer Stacheln, vor allem aber kurze Stacheln mit stecknadelkopfgroßen, giftgefüllten Blasen am Ende. Meist sind diese Blasen herrlich irisierend blau gefärbt, im Roten Meer sind sie stets weiß oder rötlich. Bis 30 cm.

Verwechslungsmöglichkeiten: Unter Umständen handelt es sich bei den verschiedenen Farbformen um verschiedene Arten oder Gebietsformen derselben Art. Die Lebensweise dieser Varianten ist jedoch identisch.

Lebensraum: In allen Tiefenregionen des Korallenriffs.

Besonderheiten: Dieser Seeigel ist ausgesprochen giftig! Die Skelettplatten des Gehäuses sind nicht miteinander verwachsen. Dadurch sind Lederseeigel wesentlich beweglicher als ihre Verwandten mit festen Gehäusen und erreichen auch verborgen liegende Nahrung.

Aquarienhaltung: Allesfresser. Bei regelmäßiger Fütterung mit Futtertabletten, feingeschnittenen Möhren und gefrorenen Garnelen etc. ist dieser Seeigel sehr haltbar. Leider frißt er sessile Wirbellose an und ist daher und aufgrund seiner Größe für Riffaquarien nicht geeignet.

Asthenosoma ijimai
Blauschwarzer Lederseeigel

Familie Echinothuriidae

Erkennungsmerkmale: Die Stacheln dieses Seeigels sind kurz, in breiten Reihen angeordnet und dunkelrot-schwarz-weiß gebändert. Zwischen den Reihen befinden sich dünne Stacheln, auf denen die blauirisierenden Giftblasen und Giftzangen sitzen. Auch diese Art hat wie *A. varium* am unteren Rand einige weiße, stumpfe Stacheln, mit denen sie sich fortbewegen kann.
Verwechslungsmöglichkeiten: Möglicherweise handelt es sich bei dieser Art um eine Gebietsform von *A. varium* aus dem zentralen oder östlichen Indischen Ozean. Die bisher gefundenen Exemplare waren aber stets nur bis zu 10 cm groß, während Exemplare aus dem Roten Meer abgesehen von der völlig abweichenden Färbung selten kleiner als 20 cm sind. Dies spricht für eine eigene Art.
Lebensraum: Vom Flachwasser bis in größere Tiefen.
Besonderheiten: Auch dieser Seeigel ist sehr giftig!
Aquarienhaltung: Aufgrund der geringen Größe besser geeignet als *A. varium*, allerdings ist er ebenso Allesfresser, der sich auch an Leder- und anderen Weichkorallen vergreift. Haltung einfach, er muß aber ständig mit gefrorenen Garnelen, Tabletten etc. gefüttert werden.

Tripneustes gratilla (Linné, 1758)
Pfaffenhutseeigel

Familie Toxopneustidae

Erkennungsmerkmale: Die Färbung dieses Seeigels variiert sehr stark und reicht von fast schwarz bis weiß. Die in fünf Reihen angeordneten, relativ kurzen, eher vereinzelten Stacheln, sind unregelmäßig nach allen Seiten gerichtet und unauffällig. Die weißen Ambulakralfüßchen sind ebenfalls in fünf doppelten Reihen angeordnet und deutlich auffälliger und länger als die Stacheln. Dazwischen liegen fünf auffällige, breite Zonen mit kurzen Giftzangen (Pedicellarien), die wie eine wabernde, weiche Masse erscheinen und nur unter der Lupe als solche erkennbar sind.

Verwechslungsmöglichkeiten: Aufgrund der Variabilität wird *T.gratilla* häufig mit Seeigeln aus der Gattung *Mespilia*, *Asthenosoma* oder *Astropyga* verwechselt. Auffälligstes Unterscheidungsmerkmal sind die wirr durcheinander stehenden Stacheln und die deutlich längeren, durchsichtigen Füßchen.

Lebensraum: Auf dem Riffdach meist zwischen Algen, im Seegras der Lagune, an Hafenmauern, auf Sand- und Schlammböden. Jungtiere leben häufig versteckt unter Steinen.

Besonderheiten: Dieser Seeigel tarnt sich gerne mit Steinchen und Algenstücken. Er hat wirkungsvolle Giftzangen und Giftblasen, die bei Berührung starke Schmerzen verursachen können und deren Gift schon zu Lähmungen geführt haben soll. Ähnlich wie bei *Diadema setosum* findet man häufig größere Ansammlungen dieser Seeigelart (Schutzfunktion).

Aquarienhaltung: Trotz der Giftigkeit ist *T. gratilla* ein idealer Insasse für das Wirbellosenbecken. Er hält dort die stark wuchernden *Caulerpa*-Algen kurz, ist aber sehr gefräßig und frißt auch alle anderen Algen (je nach Herkunft und Hunger auch Blaualgen).

Mespilia globulus
(Linné, 1758)
Kletterseeigel

Familie Temnopleuridae

Erkennungsmerkmale: Dieser Seeigel besitzt fünf vertikale Reihen, die blau bis oliv gefärbt und völlig ohne Stacheln und Füßchen sind. Die bräunlich-hell gefleckten, dünnen und kurzen Stacheln sind ebenfalls in Reihen dazwischen angeordnet. Das Gehäuse erreicht eine Größe von etwa 5 cm.
Verwechslungsmöglichkeiten: Ähnlich sehen manche Farbformen von *Tripneustes gratilla* aus. Bei ihm sind aber die stachellosen Segmente erheblich breiter. Im Gegensatz zu dem von *T. gratilla* ist das Gehäuse von *M. globulus* ebenfalls blau gestreift.
Lebensraum: Auf dem Riff in geringer Tiefe.
Besonderheiten: *M. globulus* tarnt sich meist mit Algen oder Korallenstückchen. Der Sinn dieses Verhaltens ist noch nicht ganz geklärt. Einerseits könnte dies als Tarnung dienen, was aber potentielle Feinde kaum abhalten würde. Andererseits könnte eine gewisse Vorratshaltung der Grund sein. Möglicherweise handelt es sich aber um beides, denn solche Seeigel tarnen sich auch mit Papier oder Kronkorken von Getränkeflaschen, also auch mit nicht freßbarem.
Aquarienhaltung: Dieser Seeigel ist friedlich und frißt nur Algen. Daher ist er für Riffaquarien gut geeignet.

Heterocentrotus mammillatus

(Linné, 1758)

Griffelseeigel

Familie Echinometridae

Erkennungsmerkmale: Besonders auffällig sind die etwa 10 cm langen, bleistiftdikken, dreikantigen, stumpf endenden glatten Primärstachel. Sie sind braunrot gefärbt und manchmal zusätzlich hell gebändert. Der bis zu 8 cm messende Körper hat dieselbe Grundfarbe, ist aber völlig mit weißen, kurzen Sekundärstacheln bedeckt. Die Basis der Stacheln ist von einem weißen Ring umrandet.

Verwechslungsmöglichkeiten: *Heterocentrotus trigonarius* ist kaum von *H. mammilatus* zu unterscheiden.

Die ähnlichen Lanzenseeigel haben anders geformte Stachel, die meist von allerlei Aufwuchs bedeckt sind.

Lebensraum: *H. mammillatus* lebt in engen Höhlen und Löchern des Riffdachs bis in eine Tiefe von etwa 8 Metern. Dort ist er fest eingekeilt und verläßt diese schützende Behausung höchstens nachts, was aber selten beobachtet werden kann.

Besonderheiten: Die Primärstacheln dieses Seeigels wurden früher als Tafelgriffel verwendet.

Aquarienhaltung: Unbekannt.

Phyllacanthus imperialis
(Lamarck, 1816)
Lanzenseeigel

Familie Cidaridae

Erkennungsmerkmale: Die bis zu 10 cm langen, dicken Stacheln dieses Seeigels weisen deutlich sichtbare Längsrillen auf, sind meist mit verschiedenen Epibionten bewachsen und dadurch schmutzigbraun gefärbt. Einzelne Stacheln sind jedoch braunrot. Der Körper ist dunkelrotbraun bis schwarz. Bis 15 cm.
Verwechslungsmöglichkeiten: *P. forcipulatus* soll ähnlich aussehen. Sicherheit kann nur die Untersuchung des Skelettes geben. Möglicherweise handelt es sich aber um dieselbe Art, da viele Stachelhäuter von Herkunftsgebiet zu Herkunftsgebiet leicht variieren können.
Lebensraum: Bereits im Flachwasser bis maximal 15 m Tiefe. Stets zwischen Korallen eingekeilt und nur mit Gewalt von dort zu entfernen.
Besonderheiten: Tagsüber nicht sichtbar. Erscheint erst nachts und hält sich selbst dann in Löchern und Höhlen auf.
Aquarienhaltung: Ungeeignet. Kann auch große Gesteinsbrocken mühelos wegstemmen.

Eucidaris metularia
Lamarck, 1816
Minenseeigel

Familie Cidaridae

Erkennungsmerkmale: Dieser bis zu 10 cm im Durchmesser erreichende Seeigel hat runde, längsgeriffelte, stumpf endende dicke Stacheln, die häufig mit Kalkalgen etc. bewachsen und braunrot-hellbraun gebändert sind. Der Körper ist ebenfalls braunrot gefärbt und weist an der Oberseite eine charakteristische, kreisförmige Linienzeichnung auf.
Lebensraum: Man findet *E. metularia* meist versteckt in Spalten und unter Korallenblöcken. Jungtiere findet man häufig unter flach aufliegenden Steinen. Erst bei Nacht werden die Tiere aktiv.
Verwechslungsmöglichkeiten: In der Gattung *Eucidaris* gibt es noch einige ähnliche Arten, die aber meist verschiedene Verbreitungsgebiete haben. Im Roten Meer und im Indischen Ozean ist *E. metularia* der häufigste Vertreter der Gattung.
Aquarienhaltung: Anspruchsloser Algenfresser, der aber immer genügend Algenaufwuchs braucht, da er sonst kümmert. Harmlos.

Maretia planulata

(Lamarck, 1816)

Herzseeigel

Familie Spatangidae

Erkennungsmerkmale: Die bis zu 6 cm große Herzseeigel-Art besitzt neben dem kurzen, flaumartigen, bräunlichen Stachelüberzug noch einige lange, dünne, biegsame Stacheln.

Verwechslungsmöglichkeiten: Es gibt eine große Zahl von Herzseeigeln, die nur anhand des Skelettes sicher unterschieden werden können. *M. planulata* ist die häufigste Form im Roten Meer.

Lebensraum: In gröberen Sandböden bereits im Flachwasser. Faulige Sandschichten werden gemieden.

Besonderheiten: Wie alle Herzseeigel lebt auch diese Art in wenigen Zentimetern Tiefe im Sandboden, den sie nie verläßt. Gräbt man die Tiere mit der Hand aus, so graben sie sich in wenigen Sekunden wieder vollständig ein.

Aquarienhaltung: Möglich aber uninteressant, da nie sichtbar. Restevertilger, die vor allem dickere Sandschichten sauber halten. Mindestschichtdicke des Sandes 10 cm.

Clypeaster humilis
(Leske, 1778)
Sanddollar

Familie Clypeasteridae

Erkennungsmerkmale: Die weißlichbeige, im Durchmesser etwa 8 cm erreichende, kaum 1 cm dicke Körperscheibe ist mit extrem kurzen, dünnen Stacheln flaumartig bewachsen. Auf der Oberseite ist eine sternförmige, dunkelbraune Zeichnung erkennbar.
Verwechslungsmöglichkeiten: Aus der Gattung *Clypeaster* sind etliche Arten bekannt, die kaum voneinander unterscheidbar sind.
Lebensraum: Im Sandboden bis zu 10 cm tief eingegraben. Am häufigsten in wenigen Metern Tiefe.
Besonderheiten: Diese Art kann sich selbst nur langsam wieder eingraben. Sie sollte daher stets mit einer Handvoll Sand bedeckt werden, um sie vor Freßfeinden zu schützen. Bodenbewohnende Seeigel haben viele Feinde. daher findet man immer wieder Skelette, die Bohrstellen oder größere Verletzungen aufweisen. Vor allem *Conus*-Schnecken greifen die Tiere immer wieder an und fressen die Weichteile im Körperinnern auf. Das Skelett bleibt so fast unversehrt, lediglich ein kleines Loch ist sichtbar, durch das die Schnecke mit ihrer Radula in das Seeigelinnere gelangt ist.
Aquarienhaltung: Möglich aber unattraktiv, da eingegraben lebend.

Echinodiscus bisperforatus truncatus (L. Agassiz, 1841) Schlüsselloch-Sanddollar

Familie Scutellidae

Erkennungsmerkmale: Dieser bis zu 12 cm lang werdende, sehr dünne, irreguläre Seeigel besitzt durch die feine Bestachelung eine lediglich rauhe, schokoladenbraune Oberfläche. Am hinteren Ende befinden sich zwei längliche Einschnitte, die manchmal nach hinten offen sind. Auf der Mitte des Körpers erkennt man aber gut die fünfstrahlige Symmetrie.
Lebensraum: Im groben Sand des Flachwassers in wenigen Zentimetern Tiefe eingegraben. Bevorzugt wie alle bodenbewohnenden Seeigel eine bestimmte Sandkörnung. Fauliger oder zu grober Sand werden nicht besiedelt.
Besonderheiten: Kann sich nur extrem langsam wieder selbst eingraben. Wenn man einen solchen Seeigel beim Durchsuchen des Sandes entdeckt hat, sollte man ihn nach dem Betrachten oder Fotografieren wieder etwas mit Sand bedecken, um ihn vor Feinden zu schützen. Sanddollar-Seeigel ernähren sich von Detritus und Aas. In größeren Tiefen über 15 m werden sie normalerweise nicht mehr gefunden.
Aquarienhaltung: Wie vor. Wird aber praktisch nie eingeführt.

Klasse Asteroidea (Seesterne)

An den Seesternen erkennt man am deutlichsten den typischen Aufbau der Stachelhäuter. Die fünffache Symmetrie ist bei fast allen Seesternen eindeutig vorhanden – sie haben mit wenigen Ausnahmen fünf Arme. Die dornige, stachelige (Stachelhäuter) oder porige Oberseite ist meist auffällig gefärbt, während die Unterseite stets hell oder weiß ist. An der Unterseite der Arme befinden sich in Rinnen (Ambulakralrin-

nen) die typischen Füßchen, die vom bereits besprochenen Ambulakralsystem gesteuert werden. Das Maul der Seesterne ist gleichzeitig auch der After. Er befindet sich exakt in der Mitte der Unterseite. Auf der Oberseite erkennt man bei genauem Hinsehen die feinen Löcher der siebartigen Madreporenplatte, mit der das Ambulakralsystem der Seesterne mit der Außenwelt Kontakt hält.
Die Grundform der Seesterne kann vom Ideal stark abweichen. So gibt es Arten, die besonders dünne und lange Arme besitzen, während andere diese auf ein Fünfeck reduziert haben. Wieder andere Arten besitzen 15 und mehr Arme. Auch in der Größe variieren die Seesterne. Die kleinsten Arten bringen es auf kaum einen halben Zentimeter, während die Riesen dieser Tiergruppe bis zu 50 cm messen können. Der Grundbauplan ist aber trotzdem bei allen Arten gleich.
Einige Seesterne sind Kleinpartikel- oder Aufwuchsfresser, die meisten Arten jedoch Allesfresser oder leben räuberisch. Einige wenige sind auf bestimmte Nahrungstiere spezialisiert.
Seesterne sind getrenntgeschlechtlich. Eier und Spermien werden direkt ins Freiwasser abgegeben. Die entstehenden, winzigen Larven treiben längere Zeit im Plankton und setzen sich danach an einem geeigneten Ort fest. Einige Arten sind lebendgebärend. Bekannt sind die Seesterne für ihre Regenerationsfähigkeit. Von Feinden abgerissene Arme können also in vielen Fällen wieder nachwachsen, wenn auch nicht immer in der ursprünglichen Größe.
Seesterne besiedeln alle Bereiche des Korallenriffs und kommen auch auf den vorgelagerten Sandflächen, in Seegraswiesen und in der Mangrove vor. Es gibt tag- und nachtaktive Arten.
Das Sammeln und Trocknen der farbenprächtigen Seesterne ist sinnlos. Schon nach kurzer Zeit stinken die Tiere und verlieren ihre schönen Farben vollständig. Man sollte Sie also besser im Meer belassen.

Patiriella exiqua (Lamarck, 1816)
Fünfeckstern

Familie Asterinidae

Erkennungsmerkmale: Durchmesser maximal 4 cm. Bei graugrüner Grundfarbe rote, graue, grüne und braune Flecken. Manche Individuen haben nur eine Fünfeckform; die Arme sind dann kaum noch als solche zu erkennen.
Lebensraum: Auf dem Riffdach unter Steinen. In Ebbetümpeln auch über der Niedrigwasserlinie.
Besonderheiten: Die Formvarianten sind vermutlich auf unterschiedliche Lebensräume (Brandung/Stillwasserzonen) zurückzuführen.
Aquarienhaltung: Gut haltbar, wenn er gelegentlich direkt gefüttert wird. Allesfresser.

Linckia multifora

(Lamarck, 1816)

Vielfarbiger Rundarmstern, Kometstern

Familie Ophidiasteridae

Erkennungsmerkmale: Dieser Seestern hat die typische Form der Gattung *Linckia*: fingerförmige, schlanke, runde, stumpf endende Arme ohne erkennbare Körperscheibe. Die Farbe ist sehr variabel und reicht von einfarbig rosa bis dunkel rot, schwarz, und orange gefleckt. Bis zu 12 cm.
Verwechslungsmöglichkeiten: *Linckia guildingi* ist stets einfarbig beige bis rosa und erheblich größer.
Lebensraum: Vom Flachwasser bis in 30 m Tiefe.
Besonderheiten: Es wird vermutet, daß sich *L. multifora* asexuell durch Teilung vermehren kann. Tatsache ist, daß häufig Exemplare gefunden werden, denen Arme fehlen, während man ebenso oft einzelne Arme findet, die sich gerade zu einem kompletten Seestern regenerieren (Kometform).
Aquarienhaltung: Allesfresser, der sessile Wirbellose aber verschont. Ohne gelegentliche Fütterung verhungert er langsam.

Linckia guildingi
Gray, 1840
Gelber Rundarmstern

Familie Ophidiasteridae

Erkennungsmerkmale: Einfarbig beige bis rosa mit poriger Oberfläche. Durchmesser bis zu 25 cm.
Verwechslungsmöglichkeiten: *Linckia multifora* bleibt wesentlich kleiner und ist meist mehrfarbig gefleckt, *L. guildingi* stets einfarbig..
Lebensraum: Ab 15 Meter Tiefe.
Besonderheiten: Wie bei der nachfolgenden Art findet man auf den Armen diese Seesterns die kaum 1 cm große Garnele *Periclimenes soror*, die dort lebt (s.Seite 247). Sie ist exakt wie ihr Wirt gefärbt und wird dadurch leicht übersehen, obwohl sie relativ häufig vorkommt.
Aquarienhaltung: *L.guildingi* wird für Aquarien meist zu groß. Über seine Ernährung ist wenig bekannt.

Linckia laevigata
(Linné, 1758)
Blauer Rundarmstern

Familie Ophidiasteridae

Erkennungsmerkmale: Unübersehbar durch seine hellblaue bis tiefblaue Färbung und die runden, stumpf endenden Arme. Durchmesser bis 20 cm.
Lebensraum: Von geringer Tiefe bis etwa 25 m. Stets auf festem Untergrund, nie auf Sandgrund.
Besonderheiten: Auch auf *L. laevigata* findet man *Periclimenes soror*, die hier blau gefärbt ist.
Aquarienhaltung: Für Riffaquarien bestens geeignet. Gelegentliche Fütterung mit Futtertabletten o.ä. notwendig. Wird in letzter Zeit nur noch selten eingeführt.

Gomophia egyptiaca
Gray, 1840

Ägypterseestern

Familie Ophidiasteridae

Erkennungsmerkmale: Dieser bis zu 10 cm groß werdende Seestern fällt durch die scharf vom braunen Körper abgesetzten Stacheln auf. Hellere Bänder und ebenfalls scharf abgesetzte, kreisförmige Ringe wechseln mit ziegelroten Flächen ab. Bei der Rotmeerform sind die Stacheln weiß gefärbt, bei der Maledivenform grau bis rostrot.
Verwechslungsmöglichkeiten: Sehr ähnlich ist *Gomophia watsoni*, der aber weniger erhabene Stacheln aufweist und insgesamt unauffälliger gefärbt ist. Diese Art lebt jedoch im Pazifik bis zum australischen Barriereriff und kann daher mit *G. egyptiaca* kaum verwechselt werden.
Lebensraum: Am Riffabhang in schattigen Zonen des Korallenriffs zwischen 5 und 40 Meter. Meist auf mit verschiedenstem Aufwuchs überzogenen Felsen, zwischen und unter Steinen etc.
Aquarienhaltung: Kleinpartikelfresser, der Lebende Steine braucht. Ersatzfutter unbekannt. Wird zum Glück selten eingeführt.

Fromia monilis Perrier, 1875
Roter Maschenstern

Familie Ophidiasteridae

Erkennungsmerkmale: Auf dunkelrotem Grund befindet sich eine beigefarbene Fleckzeichnung, die wie netzartig erscheint. Die schlanken Arme laufen spitz zu. Die Körperoberfläche ist nicht glatt sondern wellig. Durchmesser bis zu 8 cm.

Verwechslungsmöglichkeiten: Kaum zu unterscheiden ist die viel seltenere *Celerina heffnerani* (Livingstone 1931), die aber vermutlich nicht im besprochenen Gebiet vorkommt. Möglicherweise handelt es sich aber auch um Doppeltbenennungen.

Lebensraum: Vom Flachwasser bis in größere Tiefen häufig. Stets auf Riffgestein zwischen Aufwuchs.

Aquarienhaltung: Empfindlicher Kleinpartikelfresser, der nur mit reichlich lebendem Riffgestein zu ernähren ist, da er sonst kümmert. Ersatzfutter unbekannt.

Fromia ghardaqana
Hurghada-Stern

Familie Ophidiasteridae

Erkennungsmerkmale: Die fünf schlanken, spitz zulaufenden Arme diese Seesterns sind wie die Körperscheibe tiefrot gefärbt. Auf dem gesamten Körper befinden sich weiße bis hellblaue Punkte, deren Zahl aber zur Körpermitte hin abnimmt. Durchmesser maximal 7 cm.

Verwechslungsmöglichkeiten: Kann kaum verwechselt werden, da er wahrscheinlich nur im Roten Meer vorkommt. Nicht häufig.

Lebensraum: Auf dem Riff schon im Flachwasser. Eher versteckt lebend.

Besonderheiten: Die rote Farbe ist für Meerestiere eher eine Tarnfarbe, da sie schon nach wenigen Metern Tiefe braun und unauffällig wirkt (Filterwirkung des Wassers). Daher sind rote Seesterne unter Wasser schon in mittlerer Tiefe recht unauffällig und meist schwer zu entdecken.

Fromia elegans
Orangefarbener Strichelstern

Familie Ophidiasteridae

Erkennungsmerkmale: Dieser bis zu 8 cm große Seestern ist ziegelrot. Die Körperoberfläche ist aber mit feinen, dünnen, netzartig angelegten schwarzen Linien gezeichnet, die der Haut ein schuppenartiges Aussehen verleihen.
Verwechslungsmöglichkeiten: Juvenile Exemplare von *F. elegans* können mit *Fromia milleporella* verwechselt werden, da sie von der Erwachsenenfärbung deutlich abweichen. Die Einordnung von *F. milleporella* ist aber unsicher.
Lebensraum: Dieser Seestern kommt ab etwa 5 m Tiefe auf dem Korallenriff vor, versteckt sich aber meist unter Steinen etc. Eher selten.
Aquarienhaltung: Zu empfindlich und nur mit Lebenden Steinen zu ernähren. Wird daher kaum mehr eingeführt.

Echinaster callosus
von Marenzeller, 1895
Knotiger Seestern

Familie Echinasteridae

Erkennungsmerkmale: Der Knotige Seestern besitzt fünf spitz zulaufende Arme, die von knotenartigen Warzen bedeckt sind. Die Färbung variiert von beigebraun hell gefleckt bis orange-gelb gefleckt.
Lebensraum: Schon ab wenigen Metern Tiefe unter Steinen und in Spalten. Eher selten, aber im gesamten Indopazifik vorkommend.
Besonderheiten: Nachtaktiv. Meist auf abgestorbenen Riffstücken, wo er Algen und Ähnliches abweidet.
Aquarienhaltung: Unbekannt.

Choriaster granulatus
Lütken, 1869
Gekörnter Kissenstern

Familie Oreasteridae

Erkennungsmerkmale: Dieser 15 bis 20 cm messende Kissenstern besitzt im Gegensatz zu anderen Kissensternen noch erkennbare, wenn auch besonders plumpe und dicke Arme. Der blaßrosa bis blaßorange Grundton ist stets vorhanden, während die Fleckenzeichnung der Papillenfelder von verwaschen bräunlich bis leuchtend orangerot variieren kann. Exemplare von der ostafrikanischen Küste z. B. sind wesentlich kräftiger gefärbt als solche von den Malediven.
Lebensraum: Man findet diesen Kissenstern meist in Tiefen zwischen 10 und 20 m auf dem Riff.
Besonderheiten: An der Körperunterseite von Kissensternen findet man gelegentlich die kommensalische Garnele *Periclimenes soror*, die auch auf anderen Seesternen zu finden ist und sich farblich an ihren Wirt anpassen kann.
Aquarienhaltung: Großer Räuber. Nur für geräumige Fischaquarien geeignet, da fast alle Wirbellosen auf Grund der räuberischen Lebensweise angenagt oder gefressen werden. Auch vor stark nesselnden Anemonen macht er nicht halt.

Kleines Bild: Choriaster granulatus von den Malediven;
großes Bild: Choriaster granulatus aus den Riffen vor Kenia.

Culcita novaeguineae
Müller u. Troschel, 1842
Neuguinea-Kissenstern

Familie Oreasteridae

Erkennungsmerkmale: Diese armlose, fünfeckige Art erreicht max. 20 cm Durchmesser. Die Färbung ist variabel. Die Grundfarbe ist ein bräunliches Beige, das durch die kräftig braun oder rot gefärbten Papillenfelder unterbrochen wird.
Verwechslungsmöglichkeiten: *Culcita schmideliana* (Retzius) ist von gleicher Form und Größe, die Grundfarbe ist jedoch graugrün bis beige, während die Papillenfelder grünlich bis braun gefärbt sind. Außerdem sind auf der Körperoberfläche dunkelrote Punkte verstreut.
Lebensraum: Man findet *C. novaeguineae* von 5 bis 20 Meter Tiefe stets in der Nähe von Korallen an, von denen er teilweise lebt.
Besonderheiten: Auch auf diesem Kissenstern findet man Kommensalen aus der Gattung *Periclimenes.* Darüber hinaus entdeckt man hier gelegentlich auch kleine Porzellankrebse, die bislang noch nicht bestimmt sind.
Aquarienhaltung: Auch dieser Kissenstern lebt sehr räuberisch und kann daher nur mit Fischen etc. vergesellschaftet werden. Besondere Ansprüche stellt er nicht. Leicht zu halten, da jede Futterart angenommen wird.

Acanthaster planci
(Linné, 1758)
Dornenkronenseestern

Familie Acanthasteridae

Erkennungsmerkmale: Der Dornenkronenseestern wird bis zu 35 cm im Durchmesser. Bei beiger bis grünlicher Grundfarbe weist er auffällige, spitze, blaßbeige, orange oder rot bis violett gefärbte Stacheln auf. Die Armzahl variiert zwischen 9 und über zwanzig Armen.
Lebensraum: Der Dornenkronenseestern kommt bereits im Flachwasser des Riffdachs vor. Da Korallen seine Hauptnahrung sind, ist er im tiefen Wasser kaum mehr anzutreffen.
Besonderheiten: Dieser Seestern sammelt sich gelegentlich in Massen und frißt dann ganze Riffabschnitte leer. Normalerweise bricht eine solche Population nach einiger Zeit von selbst zusammen. Bekämpfungsmaßnahmen sind sinnlos. Achtung! Der Dornenkronenseestern besitzt einen giftigen Hautschleim, der beim Berühren der spitzen Stacheln in die Wunde gelangt und sehr schmerzhaft ist. Die weitere Folge sind zumindest Übelkeit und Erbrechen. Nicht anfassen!
Aquarienhaltung: Nur in großen Spezialaquarien mit unempfindlichen Fischen möglich. Die Ernährung ist einfach, da er räuberisch lebt.

Klasse Ophiuroidea (Schlangensterne)

Auch die Schlangensterne lassen die fünffache Symmetrie der Stachelhäuter gut erkennen. Allerdings sind ihre Arme aus wirbelförmigen Skelettstücken aufgebaut und daher sehr beweglich. Zwischen den Plattenreihen, die die Oberseite der Arme schützen, befinden sich Füßchen ohne Saugnäpfe, die vor allem dem Nahrungserwerb und -transport dienen. Die fünfeckige Körperscheibe ist oberseits ebenfalls von Skelettplatten bedeckt; auf der Unterseite befinden sich die erheblich größeren Mundplatten.
Schlangensterne sind sehr zerbrechlich und werfen oft schon bei der geringsten Beunruhigung ganze Arme ab. Sie werden aber ebenso schnell wieder regeneriert, was man oft daran erkennt, daß solche nachgewachsenen Arme noch sehr unterentwickelt sind. Die verschiedensten Ernährungsmethoden kommen vor. So fangen manche Arten mit ihren Armen Plankton aus dem Wasser, andere fressen direkt von der dünnen Oberflächenschicht im Flachwasser, wieder andere sind Aasfresser oder leben vom Aufwuchs auf Felsen und Pflanzen. Alle sind sie aber sehr scheu und leben tagsüber meist versteckt. Man findet sie daher oft unter Steinen, in den Hohlräumen von Schwämmen oder um Gorgonien oder Feuerkorallen gewickelt.
Wie die meisten Stachelhäuter sind auch die Schlangensterne getrenntgeschlechtlich. Die Vermehrungszeit dauert oft recht lange. Es werden wie so oft Spermien und Eier einfach in Wolken ins Wasser abgegeben. Die bewimperten Larven leben längere Zeit planktonisch und werden schließlich nach einigen Formveränderungen zu Bodentieren.
Die Medusen- oder Gorgonenhäupter (Gorgonocephalidae) weichen äußerlich von den anderen Schlangensternen (Ophiurida) etwas ab, da die fünf Arme sich mehrfach stark verzweigen. Dadurch entstehen farnartige, oft sehr große Wedel, die enorm effektive Planktonnetze darstellen. Ältere Exemplare – Gorgonenhäupter können zwanzig bis dreißig Jahre alt werden – haben Fächer bis zu einem Quadratmeter Größe. Auch sie sind extrem lichtscheu und klettern nur nachts auf exponierte Korallen etc., um dort in günstige Fangpositionen zu kommen. Leuchtet man die Tiere direkt an, schließen sie sofort ihre Fächer. Auch tagsüber verstecken sie sich, indem sie ihre Fangarme regelrecht zusammenknäueln und so in kleinen Spalten oder Rissen Unterschlupf finden.

Ophiothrix purpurea

von Martens, 1867

Purpurner Schlangenstern

Familie Ophiotrichidae

Erkennungsmerkmale: Körperscheibe bis 1 cm, Gesamtdurchmesser bis 20 cm. Färbung variabel von hellbeige mit Bänderung bis einfarbig rotbraun. Arme schlank mit deutlicher, heller Mittellinie und dünner, langer, haarähnlicher Bestachelung.
Verwechslungsmöglichkeiten: Besonders ähnlich ist *Ophiothrix trilineata*, der äußerlich aufgrund der Variabilität beider Arten kaum sicher abgegrenzt werden kann. Zahlreiche weitere Arten, die nur schwierig bestimmt werden können.
Lebensraum: Im Riff von 15 m bis über 40 m zu finden. Vermutlich noch erheblich tiefer gehend. Stets hält sich dieser Seestern an Gorgonien, Feuerkorallen, Lederkorallen oder in Röhrenschwämmen fest. Nie im Flachwasser. Im Roten Meer die häufigste Art des tieferen Wassers. Kommt aber in allen besprochenen Gebieten vor.
Aquarienhaltung: Im Aquarium gut haltbar. Sehr friedlich. Allesfresser. Alle Schlangensterne sollten gelegentlich zugefüttert werden, da sie sonst wegen der nächtlichen Lebensweise zu kurz kommen.

Macrophiothrix belli
(Döderlein, 1896)
Sandfarbener Schlangenstern

Familie Ophiotrichidae

Erkennungsmerkmale: Dieser sandfarbene Schlangenstern hat lange, dünne, gelegentlich dunkel quergebänderte Arme ohne deutlich erkennbare Mittellinie. Die Bestachelung der Arme ist gleichfarbig und kräftig. Die bis zu 1,5 cm messende Körperscheibe ist leicht skulpturiert, aber sonst ohne besondere Merkmale.
Verwechslungsmöglichkeiten: Ähnliche Arten aus der Gattung *Macrophiothrix* sind anders gefärbt oder haben eine deutliche Zeichnung der Körperscheibe. Dennoch ist die Bestimmung von Schlangensternen in vielen Fällen äußerst schwierig, da Unterschiede in der Gestaltung der Körperglieder oft als Merkmal herangezogen werden müssen. Die vielen Farbvarianten erschweren die Bestimmung zusätzlich.
Lebensraum: Bereits im Flachwasser unter Steinen sehr häufig. Soll bis 30 m Tiefe noch vorkommen.
Besonderheiten: Bei der geringsten Berührung werden von dieser Art einzelne Arme abgeworfen. Aufsammeln ohne Beschädigung ist nur schwer möglich. Die verlorenen Arme werden allerdings schnell wieder regeneriert. Auch aus den einzelnen Armstükken können neue Tiere entstehen. Dennoch sollte man die Tiere nie anfassen.
Aquarienhaltung: Gut haltbar, aber stets versteckt lebend. Nachtaktiver Restevertilger.

Großes Bild: Ophiothrix purpurea; kleines Bild: Macrophiothrix belli.

Astroboa nuda

(Lyman, 1874)

Gorgonenhaupt

Familie Gorgonocephalidae

Erkennungsmerkmale: Die filigranartig verzweigten , meist weiß bis braun gefärbten Arme diese Seesterns sind unübersehbar, da sie ein Planktonfangnetz von bis zu einem Meter Umfang bilden. Die Körperscheibe, die immerhin bis zu 9 cm erreichen kann, ist im Gewirr der Fangarme kaum zu erkennen. Zum Festhalten auf dem Untergrund dienen Zirren, ähnlich denen der Haarsterne.

Verwechslungsmöglichkeiten: Im Roten Meer kommt nur diese Art im flacheren, für Taucher zugänglichen Wasser vor. Ähnliche Arten gibt es im Zentralpazifik und vor Australien. Sie bleiben aber kleiner und leben meist erst in großer Tiefe.

Lebensraum: Im Flachwasser bereits in geringer Tiefe auf exponierten Korallenblöken, Gorgonien usw. in der Strömung nach Plankton fischend. Ausschließlich nachtaktiv. Tagsüber verborgen lebend. Im Roten Meer nur stellenweise häufig.

Besonderheiten: Tagsüber findet man *Astroboa nuda* praktisch nie. Die Tiere verstecken sich völlig zusammengeknäuelt in unzugänglichen Spalten und Löchern des Riffs und erklimmen erst nachts ihre Standplätze. Nachttauchgänge sind allein wegen dieser prächtigen Tierart lohnend.

Aquarienhaltung: Nicht geeignet. Extrem transportempfindlich.

Stamm Tunicata (Manteltiere)

Die in der Systematik an letzter Stelle vor den Wirbeltieren stehenden Seescheiden würde man wohl kaum spontan an dieser Stelle einordnen, denn sie sehen im erwachsenen Zustand alles andere als hochentwickelt aus. In der Tat sind sie aber mit den Wirbeltieren eng verwandt, denn die Larven der Seescheiden ähneln Fischlarven und besitzen eine Chorda dorsalis, eine einfache Wirbelsäule also, die man bei den erwachsenen Tieren allerdings nicht wiederfindet.

Zwei Klassen, die *Ascidien* (Seescheiden) und die *Thaliaceen* (Salpen und Feuerwalzen) kann man im und am Korallenriff beobachten, wobei die Salpen und Feuerwalzen im freien Wasser schwimmen, nur gelegentlich dicht ans Riff herangetrieben werden und daher hier nicht besprochen werden sollen.

Allein von den Seescheiden wurden weltweit bisher etwa 2000 Arten beschrieben. Aber nur farblich oder durch ihre charakteristische Form auffallende Arten sind eindeutig unterscheidbar. Die meisten Arten lassen sich exakt nur mit Hilfe der inneren Körpermerkmale bestimmen.

Man findet die stets festgewachsenen Seescheiden entweder als größere Einzeltiere, als dicht zusammenstehende Tiergruppen oder als ganze Kolonien aus winzigen Einzeltieren (Zooide) auf und am Riff. Solitäre (einzeln stehende) Seescheiden können bis zu 20 cm groß werden. Koloniale Seescheiden bilden oft noch größere Einheiten, hier sind die Einzeltiere aber meist nur wenige Millimeter groß.

Die äußere Körperhülle der Seescheiden, der Mantel oder die Tunica (Tunicata), ist meist ledrig-fest oder gallertig-knorpelig. Das Material hierfür ähnelt stark der Zellulose aus den Zellwänden der Pflanzen und wird Tunicin genannt. Bei einigen Arten, z. B. bei den Didemniden, werden in die eher weiche Körperhülle zur Stabilisierung noch winzige sternförmige Kalknadeln (Spiculae) eingebaut.

Alle Seescheiden sind im erwachsenen Zustand auf festem Untergrund angewachsen und können sich von der Stelle, die die Larve einmal ausgesucht hat, nie wieder lösen.

Allerdings können sich Seescheiden im Gegensatz zu den Schwämmen, mit denen sie oft verwechselt werden, durchaus aktiv bewegen. Schwimmt man z. B. über eine Seescheide hinweg und wirft einen Schatten auf sie, so zieht sie sich sofort zusammen, wobei sich die beiden Körperöffnungen sofort schließen. Normalerweise sind diese beiden Öffnungen aber weit offen, denn alle Seescheiden sind Filtrierer und pumpen ständig planktonreiches Meerwasser durch ihren Körper. Die obere, größere Öffnung dient hierbei als Einlaß, die kleinere, zumeist seitlich befindliche Öffnung als Auslaß. Die für das Filtrieren notwendige Strömung erzeugen die Seescheiden mit den im Kiemendarm befindlichen winzigen Cilien, die sich ständig hin und her bewegen. Immerhin schafft es damit eine gerade 3 cm große Ascidie, stündlich 1 Liter Wasser zu filtrieren.

Das im Wasser befindliche Plankton wird durch einen siebartigen Körperteil (Pharynx) zurückgehalten. Ein Schleimfilm hält die Partikel fest. Der gesamte Schleimfilm wird dann langsam verdaut und gleichzeitig wieder neu gebildet, um weitere Nahrung festhalten zu können.

Die Vermehrung verläuft ähnlich wie bei anderen sessilen Meerestieren. Alle Ascidien sind jedoch hermaphrodit, d. h., jedes Einzeltier produziert sowohl Eier als auch Spermien. Allerdings geschieht dies nach unterschiedlichem Muster. Einige Seescheiden geben beide Geschlechtsprodukte gleichzeitig ins Wasser ab. Dadurch kann es natürlich zu Selbstbefruchtungen kommen. Andere verhindern dies, indem sie nur ein Produkt gleichzeitig abgeben. Koloniale Seescheiden vermehren sich häufig auch vegetativ. Bei der sexuellen Fortpflanzung geben sie nur männliche Spermien ins Wasser ab. Die Eier bleiben im Körper und werden dort befruchtet. Gelegentlich findet sogar Brutpflege statt. Es werden dann relativ weit entwickelte Larven ins Wasser abgegeben.

Allerdings dauert die Larvenentwicklung bei den Seescheiden ohnehin nicht lange. Meist setzen sich die Larven schon nach wenigen Tagen fest. Am schnellsten sind die Larven von *Didemnum molle* (s. Abb. rechts). Sie nehmen ihren endgültigen Platz im Riff unter günstigen Umständen schon nach weniger als 10 Minuten ein!

Wie bei vielen sessilen Tieren mit Körperhohlräumen findet man auch in Seescheiden gelegentlich kleine Garnelen, Asseln, Würmer oder Ähnliches. Meistens sind dies lediglich Kommensalen, die ihrem Wirt nicht weiter schaden. Auch Symbiosealgen sind bei einigen Arten zu finden. Es handelt sich um blaugrüne Algen aus der Gattung *Prochloron*, die z. B. bei *Didemnum molle* gefunden wurden und die wie die Zooxanthellen der Steinkorallen mit den Tieren in einer engen Symbiose zusammenleben. Interessanterweise bilden gerade die Arten mit Symbiosealgen Kalknadeln im Mantel, was ähnliche Mechanismen wie bei den Steinkorallen vermuten läßt, bei denen ja die Zooxanthellen die Kalkproduktion der Korallen erheblich steigern und so das Riffwachstum beschleunigen.

Didemnum molle
Grüne Riffseescheide

Familie Didemnidae

Erkennungsmerkmale: 1 bis 4 cm große, kugelförmige Einzeltiere, die in Gruppen von fünf bis 20 Exemplaren dicht zusammenstehen. Die große, an der Oberseite befindliche Körperöffnung ist innen leuchtend grün gefärbt, während die Außenseite des Tieres weiß bis hellbraun ist. Deutlich sind dunklere Poren an der Außenseite des Körpers zu erkennen. Im Gegensatz zu anderen Seescheiden ist der Körper der Didemniden häutig , weich und dadurch leicht verformbar. Er wird lediglich durch winzige, sternförmige Kalknadeln (Spiculae) verstärkt. Außerdem können sich die Didemniden im Gegensatz zu anderen Seescheiden nicht aktiv zusammenziehen.

Lebensraum: *Didemnum molle* lebt oft auf dem Riffdach in der vollen Sonne, kommt aber auch in etwas tieferem Wasser vor.

Besonderheiten: Die bräunliche Färbung stammt von Symbiosealgen, die in der äußeren Gewebeschicht der Seescheiden leben. Im tieferen Wasser sind die Tiere heller oder ganz weiß gefärbt, da hier das Licht für das Wachstum dieser Algen nicht mehr ausreicht.

Aquarienhaltung: Müßte in Riffaquarien eigentlich haltbar sein, wurde aber bislang noch nicht eingeführt. Durch den zarten Körperbau nur an einem Styroporstück schwimmend transportieren! Äußerst empfindlich gegen Quetschungen.

Didemnum moseleyi
Vielfarbige Didemnide

Familie Didemnidae

Erkennungsmerkmale: Die kaum 1 cm großen, mit einer kleinen zentralen Öffnung und zahlreichen kleinen Poren ausgestatteten Tiere kommen in den verschiedensten Farben vor. Gelbe, grüne, leuchtend rote oder rosarote Exemplare sind häufig und leben oft an derselben Stelle dicht beieinander.
Verwechslungsmöglichkeiten: Diese Tiere werden leicht mit kleinen Schwämmen oder mit Moostierchen verwechselt, mit denen sie häufig vergesellschaftet sind. Die zentrale Öffnung und die deutlich sichtbaren Poren sind aber ein sicherer Hinweis auf Seescheiden. Wegen der geringen Größe kolonialer Seescheiden sind diese Merkmale aber nur schwer erkennbar. Die große Farbenvielfalt macht eine eindeutige Bestimmung schwierig, zumal über Seescheiden ohnehin wenig Bestimmungsliteratur vorliegt.
Lebensraum: Stets in lichtgeschützten Spalten oder unter Überhängen vom Flachwasser bis in größere Tiefen.
Besonderheiten: Häufig findet man ganze Knäuel von wirbellosen Tieren, die außer aus Hydrozoen, kleinen Korallen, Algen usw., auch aus verschiedenen solcher Seescheiden bestehen. Die Artzugehörigkeit ist bei diesen wenig untersuchten Tieren kaum sicher feststellbar.
Aquarienhaltung: Unbekannt. Auf lebenden Steinen zufällig eingeführte Tiere müssen lichtgeschützt untergebracht werden. Mikropartikelfresser, die im Aquarium wohl keine adäquate Nahrung erhalten.

Eusynstyela sp.
Aufsitzer-Seescheide

Familie Styelidae

Erkennungsmerkmale: Die aus Hunderten von kleinen Seescheiden bestehenden Kolonien bilden rosafarbene Überzüge auf Korallenfelsen. Das bis zu 5 mm große Einzeltier besitzt an der Oberseite zwei etwa gleichgroße, schlotartig erhabene, kräftig rosa gefärbte Öffnungen. Der Körper des Tieres ist gelblich gefärbt und nicht durchsichtig.
Verwechslungsmöglichkeiten: Farblich unterschiedliche Kolonien gehören möglicherweise zur gleichen Art. Man muß aber die Form und Stellung der Öffnungen sehr genau betrachten, denn es gibt eine große Zahl von ähnlich aussehenden, ebenfalls kolonialen Seescheiden.
Lebensraum: Unter überhängenden Felsen und in Höhlen ab 5 m Wassertiefe.
Besonderheiten: Diese Art überwuchert oft inkrustierende Schwämme.

Eudistoma sp.
Koloniale Seescheide

Familie Botryllinae

Erkennungsmerkmale: Diese aus wenige Millimeter großen Seescheiden aufgebauten, kompakten Kolonien sind an ihren charakteristisch angeordneten Öffnungen gut zu erkennen. Einzeltiere können nicht mehr ausgemacht werden. Die Grundfarbe ist weinrot oder blau, vermutlich gibt es aber noch andere Farbstellungen derselben Art. Kolonie bis 10 cm.
Verwechslungsmöglichkeiten: Es gibt eine Vielzahl ähnlicher kolonial lebender Seescheiden, die aber mangels geeigneter Literatur nicht sicher bestimmt werden können.
Lebensraum: Immer an dunklen, lichtgeschützten Stellen im Riff auf festem Untergrund.
Besonderheiten: Häufig mit anderen sessilen Lebewesen vergesellschaftet.
Aquarienhaltung: Unbekannt.

Clavelina cyclus
Gelbe Keulenascidie

Familie Clavelinidae

Erkennungsmerkmale: Etwa 1 bis 1,5 cm lange, aufrechtstehende, hellgelbe Seescheide. Die seitlich liegende Einlaßöffnung ist nicht wesentlich kleiner als die oben liegende Auslaßöffnung. Meist leben viele Exemplare dicht beieinander.

Verwechslungsmöglichkeiten: Es gibt einige ähnliche gelbe Seescheiden, die Färbung ist aber im Gegensatz zu diesen Arten mattgelb und das Tier ist nicht transparent. Außerdem sind die Öffnungen kragenartig erweitert.

Lebensraum: An abgedunkelten Stellen und unter Überhängen bereits in geringer Tiefe.

Besonderheiten: Lebt oft mit anderen Seescheiden, Algen, Hydrozoen und anderen sessilen Kleintieren in ganzen Büscheln dicht zusammen.

Aquarienhaltung: Wie viele Seescheiden, so hat auch diese Art einen kurzen Lebenszyklus. Im Aquarium verschwindet sie daher nach anfänglichem Wachstum meist bald wieder.

Phallusia julinea
Braune Schlauchascidie

Familie Ascidiidae

Erkennungsmerkmale: Diese bis zu 10 cm hohe Ascidie ist auf gelbbrauner Grundfarbe braunrot gefleckt. Auffällig ist die große Einlaßöffnung. Die deutlich kleinere Auslaßöffnung ist seitlich relativ tief angeordnet. Dadurch wird verhindert, daß das gefilterte, aber mit Ausscheidungsprodukten versetzte Wasser erneut angesaugt wird.
Verwechslungsmöglichkeiten: Durch die charakteristische Färbung kann diese Seescheide kaum mit anderen verwechselt werden.
Besonderheiten: In der Körperhöhle dieser relativ großen Seescheide leben oft kleine Krebse, Garnelen, Asseln oder Würmer als harmlose Untermieter (Kommensalen).
Lebensraum: Auf Riffgestein an abgeschatteten Stellen und in Höhlen.
Aquarienhaltung: Unbekannt.

Microcosmus pupa
Mikrokosmos

Familie Pyuridae

Erkennungsmerkmale: *Microcosmus pupa* wird etwa 8 bis 10 cm hoch und ist normalerweise nur an seinen innen auffällig hell-rosa längsgestreiften, faltigen Siphonen zu erkennen. Die feste, ledrig-faltige Außenhaut ist meist völlig mit Sekundärbesiedlern und Algen überwachsen.
Verwechslungsmöglichkeiten: Es gibt einige ähnliche Arten, die aber äußerlich nicht unterschieden werden können.
Lebensraum: Vom Flachwasser bis in größere Tiefen auf festem Untergrund.
Besonderheiten: Der Mikrokosmos wird oft erst entdeckt, wenn er sich bei einer Störung zusammenzieht. Meist genügt ein Schatten oder das Ausatemgeräusch des Tauchers, um diese Reaktion auszulösen.
Aquarienhaltung: Gut haltbar, wird aber selten eingeführt. Feinstplanktonfresser.

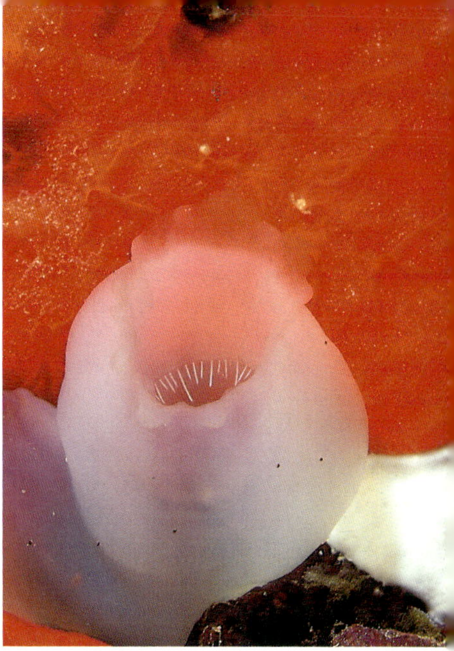

Unbekannte Spezies
Bohrende Korallenseescheide

Familie Pyuridae

Erkennungsmerkmale: Von dieser Seescheide sind nur die vierfach gelappten, behaarten Siphonen zu erkennen. Zwischen den Lappen sitzen kleine, helle Zähnchen. Auf dem gelbbraunen Körper sieht man weißliche Wärzchen und Härchen. Der Rest des Tieres ist eingewachsen.
Verwechslungsmöglichkeiten: Da man nur die Siphonen sieht, ist eine eindeutige Bestimmung nicht möglich.
Lebensraum: In Korallen eingewachsen bereits ab 5 m Tiefe.
Besonderheiten: Die Tiere lassen sich vermutlich schon als Larven auf Korallen nieder. Später werden sie dann bis auf die Syphonen total umwachsen, was ihnen einen sicheren Schutz gegen Freßfeinde sichert.
Aquarienhaltung: Ungeeignet, da in massiven Korallen eingewachsen.

Ascidia sp.
Bohrende Riffascidie

Familie Ascidiiae

Erkennungsmerkmale: Diese farblose, fast völlig durchscheinende, zarte Seescheide wird bis zu 15 cm lang, ein großer Teil des Körpers ist aber im Riffgestein eingewachsen. Nur ein Teil des Körpers und die Siphonen ragen heraus. Auffällig sind die reusenartigen Dornen in der Öffnung.
Verwechslungsmöglichkeiten: Aufgrund der teilweise verborgenen Lebensweise ist eine eindeutige Bestimmung ohnehin nicht möglich.
Lebensraum: Nur an geschützten, abgeschatteten Stellen zu finden.
Besonderheiten: Vermutlich kann diese Seescheide mit ätzenden Ausscheidungen ähnlich Bohrschwämmen ihre Behausung erweitern, um ein regelmäßiges Wachstum zu ermöglichen.
Aquarienhaltung: Unbekannt.

Unbekannte Spezies
Korkige Lederseescheide

Familie Pyuridae

Erkennungsmerkmale: Die 6 bis 7 cm groß werdende Lederseescheide hat ihren Namen durch die ledrige, derbe Falten werfende Außenhaut erhalten. Typisch sind die mit zähnchenartigen Lamellen geschützten Siphonen (Ein- und Auslaßöffnungen). Ihre Färbung variiert von fleckig schwarzbraun bis milchigweiß mit dunklen Linien oder Flecken.
Verwechslungsmöglichkeiten: Im Gegensatz zu den ähnlichen *Microcosmus*-Arten ist diese Seescheide nur unwesentlich von Epibionten (Aufwuchs) überzogen. Außerdem ist die Öffnung bei *Microcosmus* stets ohne Zwischenwände sondern lediglich gefaltet.
Lebensraum: Eine der wenigen Seescheiden, die auf dem Riffdach im Sonnenlicht vorkommt. Durch die Färbung oft schwer zu erkennen. Wird regelmäßig für einen Schwamm gehalten.
Aquarienhaltung: Erfolge bislang unbekannt, da die Art bisher nicht eingeführt wurde. Eine erfolgreiche Haltung wie bei *Microcosmus pupa* erscheint aber möglich.

Anhang

Literaturverzeichnis

Arnberger, E. u. H.: Die tropischen Inseln des Indischen und pazifischen Ozeans. Deuticke-Verlag, Wien 1983

Baensch, A. u. H. Debelius: Meerwasser-Atlas. Mergus-Verlag, Melle 1992

Catala, R.: Offrandes de la mer. Times Editions, Singapur 1986

Coleman, Neville.: Encyclopedia of Marine Animals. Angus and Robertson, Pymble 1991

Faulkner, D. u. R. Chesher: Living Corals. Clarkson N. Potter, Inc./Publishers, New York 1979

Grizmek, B: Grizmeks Tierleben, Band 3 Weichtiere und Stachelhäuter. dtv, München 1979

Guille, A., P. Laboute u. J.-L. Menou: Guide des étoiles de mer, oursins et autres échinodermes du lagón de Nouvelle-Calédonie. Éditions de l'ORSTOM, Paris 1986

Masuda, H.: Marine Shell-Bearing Mollusks. Tokai University Press, Tokio 1987

Matsuda, H.: Marine Invertebrates. Tokai University Press, Tokio 1986

Mebs, D.: Gifte im Riff. Wissenschaftliche Verlagsanstalt, Stuttgart 1989

Miyake, S.: Japanese Crustacean Decapods and Stomatopods in Color. Hoikusha Publishing, Osaka 1982

Reader's Digest Book of the Great Barrier Reef. Reader's Digest Services Pty, Surry Hills 1984

Schmid, P. u. D. Paschke: Unterwasserführer Rotes Meer. Niedere Tiere. Verlag Stephanie Naglschmid, Stuttgart 1987

Schuhmacher, H.: Korallenriffe. Verbreitung, Tierwelt und Ökologie. BLV, München 1976

Wood,M.: Corals of the World. T. F. H. Publications, Neptune City 1983

Vine, P.: Red Sea Invertebrates. Immel Publishing, London 1986

Wissenschaftliche Namen

Acabaria biserialis 154
Acabaria erythrea 153
Acabaria pulchra 153
Acabaria sp. 152 ff.
Acabaria splendens 153
Acanthaster planci 303
Acanthella aurantiaca 30
Acanthella carteri 30
Acanthopleura haddoni 178
Achaeus spinosus 258
Acropora citherea 88
Acropora divaricata 89
Acropora grandis 86
Acropora humilis 85, 86
Acropora hyacinthus 88
Acropora nasuta 85
Acropora robusta 85
Acropora sp. 85 ff.
Actinodendron arboreum 77
Actinodendron plumosum 77
Actinodiscus sp. 61
Actinopyga spinea 277
Adeona sp.163
Aglaophenia cupressina 50
Alcyonaria sp. 143
Alcyonium fulvum 134
Allogalathea elegans 261
Alpheus sp. 238
Amplexidiscus sp. 63
Anacropora sp. 90
Antedon 269
Anthelia sp. 138
Anthogorgia sp. 157
Antipathes dichotoma 56
Antipathes sp. 58
Ascidia sp. 312
Asthenosoma ijimai 286
Asthenosoma varium 285
Astroboa nuda 306
Astropyga sp. 287
Athanas indicus 247
Axinella sp. 29

Birgus latro 237
Bohadschia graeffei 276
Bonellia sp. 169
Bonellia viridis 169
Brachidontes cerebristriatus 220

Calcinus laevimanus 236
Calcinus qaimardii 235
Calliactis parasitica 233
Callichirus laurae 252
Callioplana marginata 167
Callyspongia elegans 33
Callyspongia sp. 33
Carpilius convexus 256
Carpilius maculatus 256
Carpilodes rugatus 257
Cassiopea andromeda 55
Cavernularia sp. 161
Celerina heffnerani 299
Cerianthus maua 60
Cespitularia sp. 135
Chicoreus palmarosae 189
Chicoreus saulii 189
Chlathraria rubrinodis 150
Choriaster granulatus 301
Chromodoris boucheti 195
Chromodoris geminus 195
Chromodoris godeffroyana 193
Chromodoris quadricolor 194
Chromodoris tertianus 195
Cirripathes anguina 59
Cirripathes spiralis 59
Cladiella sp. 132
Clathrina clathrus 28
Clavelina cyclus 311
Clavularia sp. 125
Cliona sp. 38
Cliona vastifica 37
Clypeaster humilis 293
Coeloplana sp. 127
Coenobita perlatus 237
Coenobita rugosus 237
Colobometra 269
Comantheria briareus 266
Comanthus bennetti 265
Comatella maculata 264
Conus omaria 191
Conus pennaceus 191
Conus textile 191
Conus tigrinus 191
Convolutriloba retrogemma 168
Corallium rubrum 151
Cryptodendron adhesivum 76
Cryptodendron sp. 76
Ctenactis echinata 94
Culcita novaeguineae 302
Culcita schmideliana 302
Cycloseris sp. 93
Cypraea annulus 186
Cypraea carneola 187
Cypraea moneta 186
Cypraea talpa 187

Dardanus guttatus 234
Dardanus lagopodes 234
Dardanus megistos 232
Dardanus pedunculatus 233
Dardanus tinctor 233
Decametra 269
Dendronephthya gigantea 140, 141
Dendronephthya habereri 140, 141
Dendronephthya hemprichi 140, 141
Dendronephthya klunzingeri 140, 141
Dendronephthya sp. 140, 141
Dendrophyllia micrantha 120
Dendrophyllia sp. 118
Dendropoma maxima 183
Diadema savignyi 282
Diadema setosum 282
Dichrometra flagellata 263
Didemnum molle 308
Didemnum moseleyi 309
Diploastrea heliopora 105
Disidea cinerea 42
Disidea herbacea 42
Distichophora violacea 48
Dotilla fenestra 228
Dotilla sulcata 228

Echinaster callosus 300
Echinodiscus bisperforatus truncatus 294
Echinometra mathaei 280
Echinophyllia aspera 114
Echinopora gemmacea 109
Echinopora lamellosa 109
Echinostrephus aciculatus 281
Echinotrix calamaris 284
Echinotrix diadema 284
Edwardsia sp. 70
Ellisella plexauroides 160
Ellisella sp. 159
Elysia sp. 205
Entacmea quadricolor 72
Enzinopsis lineata 188
Epitonium sp. 118
Euapta goddefroyi 278
Eucidaris metularia 291
Eudistoma sp. 310
Euphyllia anchora 117
Euprymna morsei 207
Eusynstyela sp. 310

Favia favus 102
Favia stelligera 102
Favites sp. 103

Fromia elegans 300
Fromia ghardagana 299
Fromia milleporella 300
Fromia monilis 299
Fryeria rippeli 197
Fungia fungites 96, 97
Fungia klunzingeri 97
Fungia repanda 96, 97
Fungia scutaria 96, 97
Fungia simplex 97
Fungia sp. 97

Galaxea fascicularis 110
Geograpsus grayi 230
Glycymeris sp. 222
Gomophia egyptiaca 298
Gomophia watsoni 298
Goniastrea sp. 104
Goniopora planulata 99
Grapsus albolineatus 229
Grapsus tenuicrustatus 229
Grayella cyathophora 46
Gyrostoma quadricolor 72

Halgerda sp. 200
Halichondria sp. 42
Haliclona permollis 36
Haliclona sp. 35
Halocordyle disticha 52
Hapalocarcinus marsupialis 83
Heliofungia actiniformis 98
Herpetoglossa simplex 95
Herpolitha limax 95
Herpolitha weberi 95
Heteractis aurora 73
Heteractis crispa 73
Heteractis magnifica 75
Heterocentrotus mammillatus 289
Heterocentrotus trigonarius 289
Heteroxenia fuscescens 136
Hexabranchus sanguineus 201
Himerometra robustipinna 269
Holothuria atra 275
Holothuria edulis 275
Holothuria fuscogilva 273
Holothuria fuscopunctata 274
Holothuria nobilis 274
Homaxinella sp. 31

Ianthella basta 44

Junceella rubra 158

Lamprometra klunzingeri 261
Lamprometra palmata 262
Latrunculia magnifica 39
Leandrites cyrtorhynchus 244
Lemnalia sp. 131
Lepas sp. 224
Lepidozona sp. 179
Leptoria phrygia 108
Linckia guildingi 297
Linckia laevigata 297
Linckia multifora 296
Liomera rugata 257
Lithophytum arboreum 130
Lobophyllia corymbosa 111
Lobophyllia hemprichii 112
Lobophytum pauciflorum 133
Lopha cristagalli 215
Lopha folium 214, 215
Lybia leptochelis 71
Lysmata amboinensis 239
Lysmata debelius 240
Lysmata grabhami 239
Lytocarpus philippinus 50

Macrodactyla doreensis 72
Macrophiothrix belli 305
Macrorhynchia phoenicea 51
Maretia planulata 292
Megalactis hemprichii 77
Melithaea sp. 156
Mespilia globulus 288
Microcosmus pupa 313
Millepora dichotoma 48
Millepora platyphylla 49
Montipora foliosa 91
Montipora sp. 91
Mycale fistulifera 42
Mycedium elephantotus 113

Nemanthus nitidus 67
Neopetrolisthes maculatus 254
Neopetrolisthes oshimai 254
Nephthya sp. 142
Nerita undata 182
Notobryon wardi 204

Octopus cyaneus 207
Octopus macropus 206, 207
Octopus vulgaris 207
Ocypode ceratophthalma 225
Ocypode saratan 225
Oligometra serripinna 269
Ophiothrix purpurea 304
Ophiothrix trilineata 304
Ovalipes punctatus 255
Oxypora lacera 115

Pachycerianthus mana 60
Pachyseris speciosa 92
Palythoa tuberculosa 64
Panulirus japonicus 250
Panulirus longipes 250
Panulirus marginatus 250
Panulirus ornatus 249
Panulirus penicillatus 249
Panulirus versicolor 249
Paralemnalia sp. 132
Paramuricea sp. 148
Parasalenia gratiosa 280
Parerytrhropodium fulvum 134
Patella sp. 181
Patiriella exiqua 295
Pedum spondyliodeum 217
Pedum spondylium 217
Percnon planissimum 231
Periclimenes brevicarpalis 245
Periclimenes holthuisi 246
Periclimenes imperator 247
Periclimenes longicarpus 246
Periclimenes ornatus 246
Periclimenes soror 247
Periclimenes tenuipes 248
Petrolisthes lamarcki 252
Phallusia julinea 312
Phestilla melanobranchia 118
Phyllacanthus forcipulatus 290
Phyllacanthus imperialis 290
Phyllidia arabica 197
Phyllidia elegans. 198
Phyllidia maeandrina 196
Phyllidia varicosa 197
Phyllidia zeylanica 196
Phymanthus sp. 69
Physogyra sp. 117
Pinctada margaritifera 219
Platygyra daedalea 107
Platygyra lamellina 107
Plerogyra simplex 117
Plerogyra sinuosa 117
Pleurobranchus sp. 203
Plexaura sp.149
Pocillopora damicornis 83
Pocillopora eydouxi 84
Pocillopora verrucosa 83
Pontiometra andersoni 267
Porites sp. 100
Protula magnifica 175
Protula tubularia 175
Psammocora contigua 78
Pseudoceros sp. 165
Pseudoceros zebra 165
Ptereolidia semperi 202
Pteria aeqyptica 219
Pteria brevialata 219
Pteria penguin 219
Pteroeidida sp. 162
Pusiostoma mendicaria 188

Radianthus koseirensis 73
Radianthus kuekenthalii 73
Radianthus ritteri 75
Reteterebella queenslandica 170
Rhynchocinetes uritai 242
Rudicardium sp. 221

Sabella sp. 174
Sabellastarte japonica 172, 173
Sabellastarte sanctijosephi 172, 173
Sarcophyton sp. 126, 127
Sarcophyton trocheliophorum 126
Scleronephthya sp. 139
Sepia latimanus 208

Sepia officinalis 209
Sepia prashadi 208
Sepioteuthys lessoniana 209
Seriatopora calendrium 82
Seriatopora histrix 82
Serpulorbis imbricatus 184
Sertularella sp. 54
Sinularia flexibilis 128
Sinularia sp. 128, 129
Siphonochalina siphonella 34
Siphonogorgia mutabilis 151
Solanderia sp. 53
Spirastrella coccinea 45
Spirastrella sp. 45
Spirobranchus giganteus 176, 177
Spondylus aurantius 216
Spondylus varius 216
Stenopus hispidus 243
Stichopus chloronotus 272
Stichopus horrens 272
Stichopus pseudhorrens 271
Stichopus variegatus 273
Strombus plicatus plicatus 192
Stychodactyla gigantea 74
Stychodactyla haddoni 74
Stychodactyla mertensii 74
Stylophora pistillata 80
Stylophora sp. 81
Subergorgia hicksoni 145 ff.
Subergorgia mollis 144 ff.
Subergorgia sp.145 ff.
Symphyllia sp. 112
Synapta maculata 278

Tectus dentatus 190
Tetraclita squamosa 224
Tetralia sp. 83
Thelenota ananas 271
Thor amboinensis 241
Trapezia sp. 83, 84, 86
Triactis producta 71
Tridacna crocea 212
Tridacna gigas 212, 213
Tridacna maxima 210, 212
Tridacna sp. 210 ff.
Tridacna squamosa 210, 212
Tripneustes gratilla 287
Tropiometra afra 269
Tubastrea aurea 119
Tubastrea coccinea 119
Tubastrea micrantha 120
Tubipora musica 124
Turbinaria frondens 123
Turbinaria mesenterina 121

Uca lactea 226
Uca urvillei 227

Vermetus sp. 185

Xenia umbellata 137

Zoanthus sp. 65, 66

Deutsche Namen

Ägypterseestern 298
Algensauger 205
Ananas-Seegurke 271
Anemonen-Porzellankrebs 254
Anemonenkoralle 98
Ästiger Brotschwamm 40
Aufsitzer-Seescheide 310

Bäumchenanemone 77
Bergkoralle 100
Blasenanemone 72
Blasenkoralle 117
Blasser Röhrenschwamm 34
Blaue Winkerkrabbe 227
Blauer Geweihschwamm 31
Blauer Krustenschwamm 36
Blauer Rundarmstern 297
Bläulicher Krumenschwamm 42
Blaupunkt Sargassumseehase 204
Blauschwarzer Lederseeigel 286
Bohrende Korallenseescheide 313
Bohrende Riffascidie 312
Bohrender Riffseeigel 281
Braune Himbeerkoralle 84
Braune Languste 249
Braune Schlauchascidie 312
Brauner Knackschereneinsiedler 236
Brokkoli-Koralle 130
Bumerangkoralle 95
Bunter Spiralröhrenwurm 177

Christmas-Tree-Worm 177

Doppelter Federwurm 172
Dornenkronenseestern 303
Dornige Reihenkoralle 82
Dreiaktinie 71
Dreifarbige Warzenschnecke 197
Dünnästige Griffelkoralle 81

Echte Favia 102
Elefantenhaut-Koralle 113
Erbsenkrabbe 228

Fächergorgonie 145
Fadenschnecke 202
Fahler Geweihschwamm 31
Falsche Echinopora 114
Falsche Favia 103
Falsche Geweihkoralle 90
Falsche Hirnkoralle 108
Falsche Lemnalia 132
Falsche Pumpende Straußenkoralle 136
Falsche Pyjamaschnecke 195
Federmoos 51
Felsenaktinie 69
Felsenkrabbe 229
Feuerschwamm 39
Finger-Lederkoralle 128
Flügelauster 219
Flügelperlmuschel 219
Fünfeckstern 295

Gebänderte Kaurischnecke 187
Gehörnter Samtplattwurm 167
Gekörnter Kissenstern 301
Gelbe Besengorgonie 159
Gelbe Keulenascidie 311
Gelber Kalkröhrenschwamm 28
Gelber Röhrenschwamm 35
Gelber Rundarmstern 297
Gelbes Seemoos 54
Gemeine Sepia 208
Gemeiner Diademseeigel 282
Gemeiner Haarstern 262
Gerillte Plattenkoralle 92
Geweihkoralle 85
Gewöhnliche Seegurke 275
Gewundene Drahtkoralle 59
Gezähnte Kreiselschnecke 190
Giftiger Lederseeigel 285
Glatte Pilzkoralle 93
Goldbraune Seegurke 277
Goldhaarstern 265
Gorgonenhaupt 306
Gorgonien-Haarstern 269
Gorgonien-Wurmschnecke 185
Griffelkoralle 80
Griffelseeigel 289
Große Riffseegurke 273
Große Seepocke 224
Große Wurmschnecke 184
Grünaugen-Sepia 209
Grüne Riffseescheide 308
Grüne Seegurke 272
Grüne Zäpfchenkoralle 120
Grüner Netzschwamm 41
Grüngelber Krumenschwamm 44
Grünrote Röhrenkoralle 125

Haarstern 266
Hahnenkammauster 215
Herzmuschel 221
Herzseeigel 292
Himbeerkoralle 83
Hirnkoralle 107
Höhlen-Seefeder 162
Hohlkreuz-Garnele 241
Horndeckel-Wurmschnecke 183
Hornkorallen-Seemoos 53
Hügelgarnele 252
Hurghada-Stern 299

Igelwurm 169
Indischer Federwurm 172
Irisierende Kammmuschel 217

Käferschnecke 178, 179
Kardinalsgarnele 240
Kaurischnecke 186
Kenia-Bäumchen 130
Kenia-Lobster 249
Kleine Warzenschnecke 196
Kleiner Seefächer 157
Kletterseeigel 288
Klunzingers Haarstern 261
Knotige Weichkoralle 142
Knotiger Seestern 300
Koloniale Seescheide 311
Kometstern 296
Korallen-Krustenanemone 64
Korallenkrabbe 256
Korkige Lederseescheide 314
Krallen-Haarstern 267
Krustenanemone 65
Krustenkoralle 78

Landeinsiedler 237
Landkrabbe 230
Langarmkrake 206
Lanzenseeigel 290
Lappige Lederkoralle 133
Lavendelschwamm 36
Lederkoralle 126
Ledriger Korbschwamm 32
Lemnalia-Koralle 131
Leoparden-Plattwurm 165

Mäanderkoralle 112
Malediven-Haarstern 263
Mangrovenanemone 77
Mangrovenzackenauster 215
Mangrovequalle 55
Margheriten-Koralle 99
Metallische Straußenkoralle 135

Mikrokosmos 313
Minenseeigel 291
Moostierchen 163
Mördermuschel 212
Muränengarnele 244

Napfschnecke 181
Netz-Feuerkoralle 48
Netz-Halgerda 200
Netz-Warzenschnecke 198
Netzfächer 153
Neuguinea-Kissenstern 302
Noppenseegurke 272

Orangeblauer Plattwurm 165
Orangefarbene Leistenschnecke 189
Orangefarbener Riffschwamm 30
Orangefarbener Strichelstern 300
Orangeflecken-Nacktschnecke 193
Orgelkoralle 124
Ovale Pilzkoralle 94

Paranußmuschel 218
Pastetenmuschel 222
Peitschen-Dörnchenkoralle 58
Pfaffenhutseeigel 287
Pfauenaugen-Partnergarnele 245
Philippinenmoos 50
Pilzkoralle 97
Pistolenkrebs 238
Platten-Feuerkoralle 49
Pockenkoralle 115
Porenkoralle 100
Porzellan-Chromodoris 195
Prachtanemone 75
Prachtröhrenwurm 175
Pumpende Straußenkoralle 137
Punktierte Seegurke 273
Purpurner Schlangenstern 304
Pyjamaschnecke 194

Rasenkoralle 110
Rauher Krumenschwamm 42
Reiterkrabbe 225
Riesen-Tischkoralle 88
Riesenanemone 74
Riesengorgonie 145
Riffanemone 73
Riffeinsiedler 234
Riffzackenauster 215
Rosafarbene Seegurke 275
Rosaroter Kelchschwamm 33
Rosengarnele 242
Rosenkoralle 111
Rosenkrabbe 257
Rostroter Haarstern 264
Rote Gorgonie 148
Rote Peitschenkoralle 158
Rote Scheibenanemone 61
Rote Stachelkoralle 91
Rote Zäpfchenkoralle 118
Roter Bohrschwamm 37
Roter Buschschwamm 29
Roter Krustenschwamm 42
Roter Maschenstern 299
Roter Plattwurm 168
Rotknoten-Hornkoralle 150
Rotmeer-Anemonengarnele 246
Rotmeer-Strombus 192
Rotscheren-Periclimenes 248
Runzelige Weichkoralle 139

Salatkoralle 121
Samtblaue Schwammschnecke 199
Sanddollar 293
Sandfarbener Schlangenstern 305
Sandröhrenwurm 174
Sandrose 70
Schalenkoralle 123
Scherengarnele 243
Schlangen-Seegurke 278
Schlüsselloch-Sanddollar 294
Schmarotzer-Krustenanemone 67
Schmarotzerrosen-Einsiedler 233
Schornstein-Bohrschwamm 38
Schraubensabelle 172
Schwamm-Krustenanemone 66
Schwarze Koralle 56
Schwarze Seegurke 274
Schwarzer Diademseeigel 284
Schwefelkoralle 134
Schwimmkrabbe 255
Seeigelkrebs 231
Sofakissen-Schnecke 203
Spaghettiwurm 170
Spanische Tänzerin 201
Stachelauster 216
Stachelige Koralle 109
Stachelige Prachtkoralle 140
Stammlose Straußenkoralle 138
Steinseeigel 280
Sternkoralle 104
Sternschwamm 45
Strahlenkoralle 105
Strandmuschel 220
Strandschnecke 182
Strichelseegurke 276

Tanzgarnele 242
Tentakel-Scheibenanemone 63
Teppichanemone 76
Textil-Kegelschnecke 191
Thor-Garnele 241
Tropische Meerhand 143
Trug-Gorgonie 151

Variable Partnergarnele 247
Verwachsene Zäpfchenkoralle 119
Verzweigte Tischkoralle 89
Vielfarbige Didemnide 309
Vielfarbige Languste 249
Vielfarbiger Grottenfächer 156
Vielfarbiger Rundarmstern 296
Vielfarbiger Zehnarm-Haarstern 269
Violette Languste 249
Violetter Porzellankrebs 253

Wabenschwamm 46
Walzen-Seefeder 161
Weichkorallen-Seespinne 258
Weihnachtsbaum-Hydroide 52
Weinrote Besengorgonie 160
Weinroter Koralleneinsiedler 235
Weißband-Putzergarnele 239
Weißpunkt-Einsiedler 232
Wespenschnecke 188
Winkerkrabbe 226

Zebra-Plattwurm 165
Zweifarbige Gorgonie 149
Zweifarbige Seegurke 274
Zwergsepia 207
Zylinderrose 60